“十三五”江苏省高等学校重
重点教材编号：2018-2-



# 捷联式惯性导航系统初始对准理论与方法

刘锡祥　程向红　编著

江苏高校品牌专业建设工程资助项目（PPZY2015B125）

科学出版社
北京

## 内 容 简 介

惯性导航作为一类自主导航技术手段，在航空、航天、航海以及车辆导航领域有着重要的应用。初始对准技术一直是惯性导航的核心和关键技术之一，对准精度、对准速度以及方法的稳定性在很大程度上决定了导航系统性能。本书系统地阐述了捷联式惯性导航初始对准的原理和方法，共分为10章，主要内容包括绪论、SINS导航解算与误差传播规律、初始对准的基本原理与方法、解析对准法、罗经法对准、组合对准、传递对准以及地磁场辅助解析对准等。

本书可作为导航相关学科的本科生、研究生的教学用书，以及专业厂、所、部队工程技术人员的技术参考书。

**图书在版编目（CIP）数据**

捷联式惯性导航系统初始对准理论与方法 / 刘锡祥，程向红编著. —北京：科学出版社，2020.3

“十三五”江苏省高等学校重点教材

ISBN 978-7-03-064628-6

Ⅰ. ①捷…　Ⅱ. ①刘…　②程…　Ⅲ. ①捷联式惯性制导　Ⅳ. ①V448.131

中国版本图书馆CIP数据核字（2020）第039198号

责任编辑：李涪汁　高慧元 / 责任校对：王　瑞

责任印制：赵　博 / 封面设计：许　瑞

科学出版社 出版

北京东黄城根北街16号

邮政编码：100717

http://www.sciencep.com

北京凌奇印刷有限责任公司印刷

科学出版社发行　各地新华书店经销

*

2020年3月第　一　版　开本：720 × 1000　1/16

2025年1月第四次印刷　印张：11

字数：220 000

**定价：88.00元**

（如有印装质量问题，我社负责调换）

# 前　言

惯性导航在军民领域发挥着越来越重要的作用。初始对准技术一直是惯性导航系统技术的核心问题和关键技术之一。本书以捷联式惯性导航系统初始对准技术为主要讨论对象，是作者及作者所在团队过去数十年里从事捷联式惯性导航系统技术教学、科研以及工程实践的总结和理解。

全书共分为 10 章：第 1 章为绪论；第 2 章介绍 SINS 导航解算与误差传播规律；第 3 章分析 SINS 初始对准的基本原理与方法；第 4 章和第 5 章讨论解析对准方法；第 6 章讨论基于经典控制理论的罗经法对准；第 7 章和第 8 章讨论基于现代控制理论的组合对准方法；第 9 章讨论传递对准技术；第 10 章介绍地磁场辅助解析对准技术。

本书得到江苏省品牌专业建设项目、江苏省优势学科建设经费项目以及国家自然科学基金项目的资助。感谢东南大学微惯性仪表与先进导航技术教育部重点实验室全体老师和同学，感谢大家的工作为本书的完成奠定基础。实验室已毕业的闫捷博士、刘义亭博士、徐祥博士、王启明硕士仔细校阅了本书，并提出了许多宝贵意见，在此谨致深切感谢！感谢实验室在读研究生刘贤俊、马晓爽、黄永江以及沈航、祁艺、杨文强、郭小乐等同学对书中仿真与文字校对所做的工作。

惯性导航及对准技术涉及面广，历经近百年发展，理论和工程性均较强。写作过程中，作者弱化了复杂的理论分析推导而试图用简单直白的语言来描述对准问题与对准方法。

由于作者水平有限，书中难免存在疏漏之处，敬请广大读者批评指正。

作　者

2019 年 7 月

# 目　录

# 第1章 绪 论

## 1.1 惯性导航系统与捷联式惯性导航系统

### 1.1.1 惯性导航系统

导航是引导运载体从起始位置到达目标位置的过程，包括定位和引导两个过程[1-4]。本书讨论的捷联式惯性导航系统及初始对准技术主要涉及定位（包括速度、位置与姿态）问题。

定位是一个相对的概念。一般地，描述一个物体的运动需要引入参照物，即需要在参考坐标系中描述导航定位问题。在地表附近运动的运载体（如汽车、船舶等）常在当地水平地理坐标系中描述运载体的姿态和速度；并以当地水平地理坐标系原点在地球坐标系中位置来描述运载体的位置。本书以近地航行的舰船作为描述对象进行论述，后续章节均选择当地水平地理坐标系作为参考导航坐标系，并将其定义为理想导航坐标系。

理想导航坐标系本质上是一个数学定义，在结合地球重力加速度与自转角速度后，理想导航坐标系各轴具有明确物理含义。但理想导航坐标系只是一个定义，无法直接加以利用。惯性导航系统（inertial navigation system，INS）使用机电平台（定义为机电导航坐标系）来模拟理想导航坐标系，并使用三轴环架机构来隔离机电平台与运载体之间的角运动，如图 1-1 所示。当机电平台各轴与理想导航坐标系各轴重合时，对安装在机电平台上的加速度计测量值进行导航积分可获取运载体的速度变化；对速度进行积分可获取位置变化；拾取环架

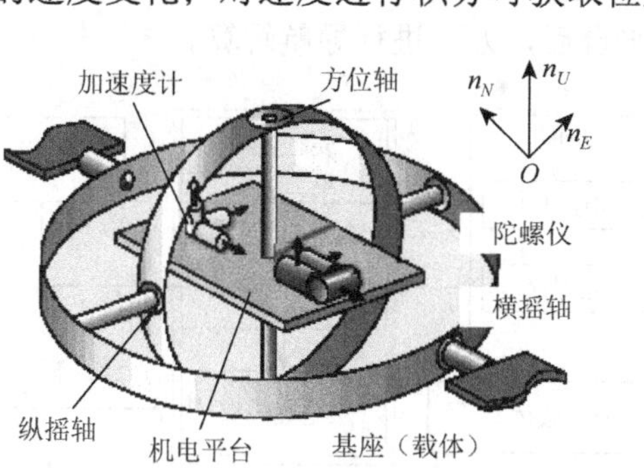


图 1-1 平台式惯性导航系统示意图

机构各轴夹角可获取运载体姿态。基于机电平台的 INS 通常称为平台式惯性导航系统（gimbal INS，GINS）。

GINS 积分工作方式存在一定的前提条件：导航工作前，GINS 需要已知运载体初始速度、位置，并需要通过某种方式驱动机电平台各轴，使其重合并稳定于理想导航坐标系；导航工作中，GINS 需要通过某种方式驱动机电平台跟踪变化的理想导航坐标系，以解决导航坐标系的经纬度相关性问题[5-7]。上述前提条件具体可称为 GINS 初始对准和导航解算，主要利用陀螺仪、加速度计以及导航控制算法来实现。具体可分为传感器与算法两个主要部分，其中陀螺仪和加速度计分别用来测量运载体角速度与线加速度，而算法主要进行导航解算以及获取控制指令。

在 GINS 中，最初的陀螺仪和加速度计均服从经典牛顿力学定律，通常被称为惯性仪表，这也是该类导航系统被称为惯性导航系统的主要原因。随着惯性器件技术的发展，陀螺仪和加速度计已从机械式，走向微机械、光学、量子器件，其工作机理已不再局限于经典牛顿力学定律，但此类基于角速度与线加速度测量的导航系统仍被称为惯性导航系统。

### 1.1.2 捷联式惯性导航系统

在惯性技术漫长的发展历程中，先后出现了两类典型的 INS，即 GINS 和捷联式惯性导航系统（strapdown INS，SINS）。两者的区别主要在于：①仪表安装方式不同，GINS 中惯性仪表安装在机电平台上，而 SINS 中惯性仪表测量组合体（inertial measurement unit，IMU）安装在载体上（图 1-2），两种安装方式下惯性仪表测量值具有不同的含义；②导航坐标系实现方式不同，GINS 使用机电平台来模拟导航坐标系，而 SINS 则使用数学平台（定义为计算导航坐标系）来模拟；③陀螺仪和加速度计测量的范围不同，平台式系统工作在伺服状态，平台隔离了运载体的角运动，传感器的测量范围可设计得很小；而捷联式系统传感器直接测量载体运动，因此需要的测量范围大。在图 1-2 所示的 SINS 中，当且仅当仪表测量值被投影到数学平台后，方可进行导航解算。

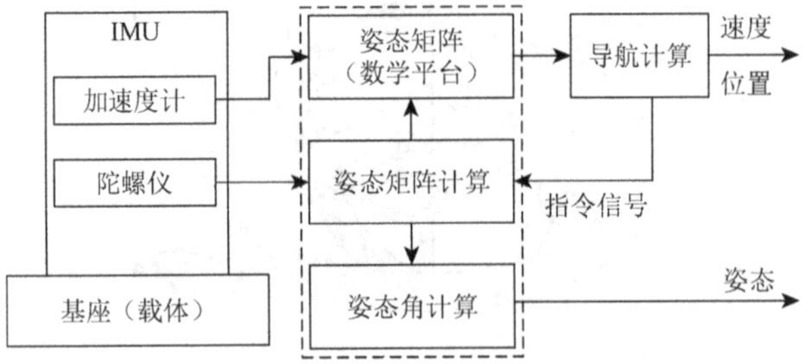


图 1-2 捷联式惯性导航系统示意图

SINS 中采用的数学平台本质上是一种数学定义，必须借助于其他参考坐标系进行描述。安装有陀螺仪和加速度计的运载体（定义为载体坐标系）成为描述数学平台的一种理想参考选择，SINS 通过描述计算导航坐标系与载体坐标系之间的方向余弦矩阵（direction consine matrix，DCM）来描述数学平台。上述 DCM 也常称为姿态矩阵。在获取姿态矩阵后，SINS 将载体坐标系中的加速度计测量值投影到数学平台，得到导航坐标系中的运载体加速度。对导航坐标系中的加速度投影值进行导航积分后可获取运载体的速度变化；对速度导航积分后可获取位置变化；从姿态矩阵中可解析提取载体坐标系相对于导航坐标系的姿态角。

与 GINS 类似，SINS 在导航作业前需要已知运载体的速度、位置，并建立计算导航坐标系与载体坐标系之间的 DCM；进一步的导航工作中，计算导航坐标系需要跟踪因运载体运动引起的理想导航坐标系的变化。上述工作同样由陀螺仪、加速度计以及导航控制算法完成。但不同于 GINS，SINS 中惯性仪表被安装在运载体上，运载体机动过程中的姿态变化无法被隔离，因而 SINS 导航算法中 DCM 的更新同时包括两个过程：①对理想导航坐标系的跟踪；②对载体坐标系的跟踪。

需要注意的是，惯性仪表测量值在 GINS 与 SINS 中有着不同的含义。在 GINS 中，仪表测量值表示机电平台相对于惯性空间的运动；而在 SINS 中，仪表测量值表示运载体（载体坐标系）相对于惯性空间的运动。从导航解算的角度看，GINS 直接使用惯性仪表测量值进行导航解算，而 SINS 使用仪表测量值在导航坐标系中的投影值进行导航解算。SINS 中加速度计测量值在数学平台上的投影值与 GINS 中加速度计测量值具有相同的物理含义；SINS 中陀螺仪测量值在数学平台上的投影值在补偿载体角运动后与 GINS 中陀螺仪测量值具有相同的物理含义。

若仅从导航平台数据处理的角度看，SINS 与 GINS 两者原理相同。本书主要针对 SINS 初始对准原理和方法进行讨论。为了便于讨论，后面章节将 GINS 导航平台上的仪表测量值与 SINS 导航平台上的仪表投影值统一称为仪表投影值；并将机电导航坐标系和计算导航坐标系统称为计算导航坐标系。

## 1.2　惯性导航系统的初始对准

### 1.2.1　初始对准问题的描述

上述分析表明，INS 通过对导航平台上的仪表数据（测量值或投影值）进行导航积分来获取运载体速度、位置的变化，进而实现运载体的导航定位。显然，要达到定位的目的，上述积分需要已知运载体的初始速度和位置。当前获取运载体初始速度和位置的方法相对较多，也比较成熟，例如，运载体静止时速度为零；

运载体从已知地标点出发时，经纬度已知；装备有卫星导航定位系统（global navigation satellite system，GNSS）的运载体，可同时获取速度、位置参考值。

与此同时，上述积分建立在导航平台各轴与理想导航坐标系各轴重合的基础上，即要求 GINS 中机电平台已经扶正或 SINS 已完成初始 DCM 计算。后面章节将机电平台扶正或初始 DCM 计算统称为导航平台准备。当且仅当导航平台（机电导航坐标系或计算导航坐标系）与理想导航坐标系之间的误差角（定义为失准角）足够小时，方可进行导航工作。上述导航平台扶正/初始 DCM 计算与初始速度、位置的获取过程一起称为 INS 的初始对准。但与初始速度、位置获取过程相比，导航平台扶正/初始 DCM 计算过程，尤其方位对准过程较为困难，因而狭义的 INS 初始对准常指导航平台准备[5-13]。

进一步，从前面分析及图 1-2 所示过程来看，加速度计零偏在导航积分过程中随着时间增长而无限累积，直接表现为速度与位置误差；并进一步带来导航平台控制指令信号误差。导航平台控制指令信号误差与陀螺仪零偏在导航平台调整稳定过程中将引起平台歪斜，从而带来加速度计投影值误差，导航积分后表现为速度与位置误差。因而对于执行长时间、远距离任务的 INS（如舰载 INS），需要在导航工作开始前，对包括惯性仪表零偏在内的各类误差进行标定，即所谓的系统级标定，以保证其长期导航精度。本书讨论的 SINS 初始对准主要涉及初始 DCM 计算与仪表误差估计两个方面，后面章节将针对导航平台准备与仪表误差估计两个问题展开。

GINS 与 SINS 两者基本原理类同，初始对准原理方法也有共同之处。现有 SINS 对准技术大都源于 GINS 对准技术。但注意到 SINS 有着自身特点——数学平台具有虚拟性，虚拟的数学平台不具有机电平台的质量、阻尼与弹性等物理属性。因而对数学平台的调整可采用与 GINS 类似的方法，逐步调整来完成；也可以通过参数设置或解析的方式，一步完成。

### 1.2.2 初始对准方法的综述

1. 粗对准

初始对准是为了建立导航积分的初始条件。从对准过程看，初始对准可以分为两个主要过程——粗对准和精对准。

粗对准的主要目的是提供粗略的姿态信息，为后续精对准提供基础。粗对准结果一般要求失准角为小角度，进而保证误差传播方程满足线性条件假设。当前，一般采用基于双矢量定姿的解析对准方法来完成粗对准[14-24]。

基于双矢量定姿的解析对准方法一般选择地球自转角速度与重力加速度作为不共线的两个矢量，构建相关矩阵方程完成解析对准。这是一种几何方法，可以直接获取载体坐标系相对于导航坐标系的姿态矩阵。陀螺仪测量值中同时包含了地球自转角速度与载体相对于导航坐标系的角速度信息，因而基于地球自转角速度与重力加速度的双矢量定姿算法精度有限，且易受晃动干扰。一般地，在载体晃动较弱时，可采取求均值的方法来提高陀螺仪输出的信噪比；但在载体剧烈晃动时无法进行解析对准。

2000 年，针对晃动基座条件下的初始对准问题，业内学者提出了一种基于重力视加速度的解析对准方法。该方法将姿态矩阵进行链式分解，将初始对准问题归结为求解初始时刻载体坐标系相对于初始时刻导航坐标系的姿态矩阵问题，并通过在惯性空间中选择两个不同时刻的重力视加速度作为双矢量。该方法通过跟踪载体坐标系相对于惯性空间的角运动，有效避免了载体晃动干扰问题。跟踪过程中，陀螺仪噪声被平滑，而加速度计测量噪声则被投影到惯性空间中，直接参与解析对准。针对加速度计测量噪声问题，业内分别提出了基于重力视速度、重力视加速度辨识与重构的解析对准方法。

但基于视运动的解析对准方法并没有解决陀螺仪零偏与加速度计零偏的估计问题，其对准精度仍受制于仪表误差；且因对准过程需要对仪表数据进行积分，由此还带来了误差累积与对准时间增加问题。

2. 精对准

精对准是在粗对准的基础上进一步调整导航平台，以缩小导航平台与理想导航坐标系之间的差异。

罗经法对准是一类广泛应用的、成熟的对准方法。该方法采用了反馈调整思想，以失准角带来的速度误差为输入，以经典控制理论中的比例积分控制为手段计算平台调整指令，驱动平台旋转以减小速度误差，并通过反馈、调整，逐步完成导航平台的扶正[25-40]。该方法不对仪表误差进行估计，对准精度受制于仪表精度。在罗经法对准中，罗经回路参数与对准精度无关，但关系到对准过程的动态特性，如何在最短的时间内逼近对准的极限精度是该方法的研究重点。

基于现代控制理论的组合对准是另一种常用的对准方法。该方法通过精确描述 SINS 中各误差的传播规律，以 Kalman 滤波及其改进方法为数学工具，从部分误差（如速度、位置或（和）姿态误差）的量测值中反演得到 SINS 各误差。SINS 中各误差源大都不能直接被观测，需借助精确的误差传播模型来进行间接观测和估计[41-57]。现有的 SINS 线性模型较为成熟，但需要以较精确的粗对准结果作为保证。

在 SINS 误差模型的线性性不能精确保证时，组合对准需要从两个方面进行处理：一是建立完整的非线性误差模型；二是采用非线性滤波方法。前者如大失准角误差模型；后者如扩展 Kalman 滤波、无迹 Kalman 滤波以及粒子滤波等。在 Kalman 滤波器估计出 SINS 误差后，一般可采用两种方式进行校正：一是将误差估计值返回到 SINS 中进行各类误差补偿，并以补偿后的导航参数与仪表测量值作为后续导航的基础和输入，即闭环校正；二是在初始对准结束后，对各类误差进行一次性校正，即开环校正。在误差可观测条件下，闭环校正同样采用了反馈调整思想，可以逐步缩小失准角，从而满足线性假设；而开环校正可以避免反馈过程中因状态量不可观测或可观测度弱，以及滤波振荡带来的负面影响。

虽然罗经法对准与组合对准均采用反馈调整思想，但两者的内在机理不同：前者以上述速度误差作为反馈信号，基于经典控制理论设计反馈控制回路来逐步校正失准角，直至失准角引起的仪表信息差异或导航参数差异完全消除或足够小；后者以上述速度（或其他）误差作为量测值，根据失准角误差、仪表误差传播规律，利用现代控制理论设计滤波器，从误差量测中反演失准角等误差并进行校正，直至仪表信息差异或导航参数差异完全消除或足够小。

在基于反馈调整的精对准过程中，对准精度与对准速度是一对永恒的矛盾。对准精度需要对准时间来保证。近年来，业内针对该问题，结合 SINS 数学平台与仪表数据特点，提出了一种基于存储数据的回溯对准方法，该方法可在不改变对准机理的条件下，改变数据处理方法，利用计算机的高效计算能力缓解上述矛盾。

3. 传递对准

传递对准是一种待对准 INS 利用已对准高精度 INS 完成初始对准的方法。该方法要求已对准与待对准 INS 安装在同一运载体平台上，以进行同一个（组）物理量的测量。传递对准一样分为粗对准和精对准两个过程。粗对准过程直接利用已对准 INS 导航信息装订待对准 INS；而精对准则是以两个 INS 相关信息差值为量测，以 Kalman 滤波及其改进算法为数学工具，从误差观测中反演 SINS 各误差[58-92]。

从两个 INS 被比较的信息角度看，传递对准可以分为测量参数匹配、计算参数匹配以及混合参数匹配。测量参数匹配直接进行仪表测量值的比较；计算参数匹配进行包括速度、位置与姿态在内的参数比较；而混合参数匹配则兼顾测量参数和计算参数的比较。

传递对准中，因两个 INS 使命任务不同，常被安装在运载体的不同部分，两个 INS 信息在比较前首先需要进行时空一致性的统一，即从量测信息中剔除因两台设备时空差异引起的差异信息。

4. 地磁场辅助对准

上述解析粗对准、罗经法对准、组合对准以及传递对准通常需要陀螺仪满足一定精度和分辨率，如能够测量千分之一的地球自转角运动信息。对于低精度微机电陀螺仪（MEMS-Gyro）而言，这是一个难以完成的任务。在此条件下，地磁场提供了一类辅助对准方法。在静止条件下，该方法利用重力加速度计测量值来完成水平对准；进一步利用水平对准值将地磁场测量值投影到水平坐标系中，进行方位解析对准，获取磁北信息；在进行磁偏角补偿后，可获取地理北信息[93, 94]。

### 1.2.3 初始对准中基座运动的定义与分类

初始对准中，不同的对准方法有着不同的使用条件和适用范围。从对准过程中基座的运动情况看，INS 对准可分为准静基座对准与动基座对准。

在 GINS 中，惯性仪表安装在机电平台上，环架机构隔离了运载体的晃动。因而对于 GINS 而言，判断基座是否运动，仅需要考虑运载体是否存在线运动。

但在 SINS 中，惯性仪表直接安装在运载体上。由于环境干扰等原因，如振动与晃动，理想的静基座并不存在。因而对 SINS 而言，可近似认为对准过程中，基座总是处于运动或准运动状态。判断 SINS 基座是否运动，需要同时考虑运载体的角运动和线运动。若从导航平台的角度看，无论 SINS 还是 GINS，导航平台主要用于模拟理想导航坐标系，均可隔离运载体的角运动。

为了便于讨论，基于 SINS 与 GINS 两者原理类同、数学平台与物理平台功能相同的认识，本书定义准静基座为导航平台没有线运动，而动基座为导航平台存在线运动。也就是说，评价基座运动与否的标准在于导航平台是否有线运动。若运载体处于摇摆但无线运动状态，视为准静基座。

## 1.3 本章小结

本章比较了 GINS 与 SINS 的异同点，分析认为：SINS 中惯性仪表安装在载体坐标系中，当且仅当仪表测量值投影到计算导航坐标系后方可参与导航解算；从导航平台的角度来看，GINS 中的仪表测量值与 SINS 中的仪表投影值具有相同的物理含义。

本章分析了 INS 初始对准的目的需求，分析认为：SINS 初始对准应包括初始姿态矩阵计算和仪表误差标定两个部分；总结了 SINS 对准的基本程序步骤，介绍了粗对准、罗经法对准、组合对准、传递对准以及地磁场辅助对准等相关技术。

# 第 2 章　SINS 导航解算与误差传播规律

## 2.1　引　　言

SINS 导航解算是在初始对准完成的基础上利用陀螺仪和加速度计测量值实时更新姿态矩阵、速度和位置的过程，初始对准是 SINS 导航解算的前提和基础。但从初始对准的角度看，仪表测量值与导航参数又是 SINS 初始对准可能的信息源。本章重点讨论 SINS 导航解算以及 SINS 误差传播规律，以提供初始对准的基础。

## 2.2　地球描述与常用坐标系的定义

如前所述，近地航行的运载体一般选择当地水平地理坐标系作为参照；地球作为一个不规则的椭球体，描述当地水平地理坐标系的参数大多为地球形状的函数。与此同时，重力加速度等关键参数也与地球形状密切相关。因而研究 SINS 导航解算首先需要分析地球的形状特征以及对应的力学特征。

为简化讨论，本书假设在有限的对准时间内，运载体的位置变化很小，因而可以忽略地球形变与重力变化。本书后面的分析和讨论过程中忽略地球形状变化，并假设地球为一规则圆球。SINS 用地球相关参数描述如下：地球半径 $R$ 为 6371000m，重力加速度 $g$ 为 9.8m/s$^2$，地球自转角速度 $\omega_{ie}$ 为 15°/h。为便于后面分析讨论，列举惯性导航系统常用坐标系如下。

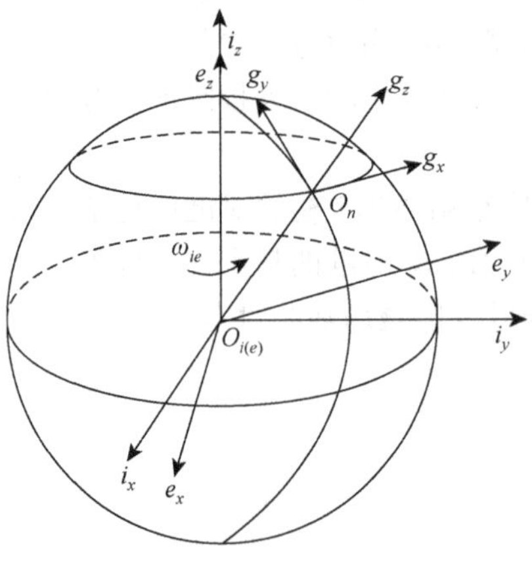

图 2-1　惯性、地球与当地水平地理坐标系关系示意图

（1）地心惯性坐标系 $i$：如图 2-1 所示，原点位于地球中心点，$i_z$ 轴指向地球自转方向，$i_x$ 轴与 $i_y$ 轴相对惯性空间（以太阳为参考）稳定，三轴满足右手定则。该坐标系不随地球转动而转动。

（2）地球坐标系 $e$：原点位于地球中心点，$e_z$ 轴指向地球自转方向并通过地球北极点，$e_x$ 轴穿越本初子午线与地球赤道的交点，$e_y$ 轴穿越东经 90°子午线与地球赤道的交点，三轴满足右手定则。该坐标系随地球自转而转动。

（3）当地水平地理坐标系 $g$：原点位于运载体摇摆中心点，天向轴 $g_z$ 垂直于地球表面指向天、北向轴 $g_y$ 沿地球表面切线方向指向北极、东向轴 $g_x$ 沿地球表面切线方向指东，三轴满足右手定则。坐标系 $g$ 中轴 $g_y$ 与轴 $g_z$ 构成当地地理子午面。

（4）理想导航坐标系 $n$：本章选择当地水平地理坐标系为理想导航坐标系，并用符号 $n$ 表示，$n_{E\sim U}$ 分别表示东向、北向与天向。后面章节对当地水平地理坐标系与理想导航坐标系不加区别。

（5）计算导航坐标系 $\hat{n}$：由于仪表误差以及算法误差等原因，计算导航坐标系相对于理想导航坐标系存在一定的角度误差（失准角）。本章使用上标“^”表示计算值。在 GINS 中，$\hat{n}$ 用于描述物理平台；而在 SINS 中，$\hat{n}$ 用于描述数学平台。

（6）载体坐标系 $b$：原点位于运载体摇摆中心点，$b_x$、$b_y$ 与 $b_z$ 满足右手定则，分别指向右、前、上。$n$、$\hat{n}$ 与 $b$ 三个坐标系之间的关系如图 2-2 所示。$n$ 与 $\hat{n}$ 之间的坐标变换关系描述为失准角矩阵 $\boldsymbol{C}_n^{\hat{n}}$，$n$ 与 $b$ 之间的坐标变换关系为姿态矩阵 $\boldsymbol{C}_b^n$，$\hat{n}$ 与 $b$ 之间的坐标变换关系为计算姿态矩阵 $\boldsymbol{C}_b^{\hat{n}}$ 或 $\hat{\boldsymbol{C}}_b^n$。

（7）其他惯性坐标系：在某一时刻凝固某坐标系，使其相对于地心惯性坐标系保持确定关系，此时定义该时刻的坐标系为其他惯性坐标系。以初始时刻为例，可以定义相应的初始地球惯性坐标系 $i_{e_0}$、初始导航惯性坐标系 $i_{n_0}$、初始载体惯性坐标系 $i_{b_0}$。

注：关于导航坐标系与载体坐标系各轴指向在不同应用中有着不同定义。本章仅以“东北天”导航坐标系与“右前上”载体坐标系为例进行讨论分析。

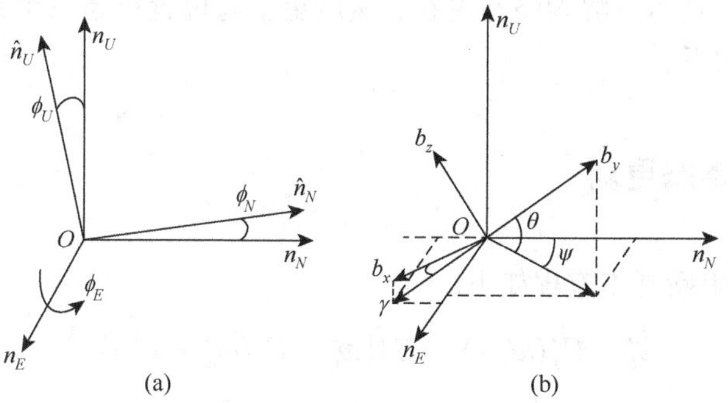


图 2-2　失准角与姿态角定义

计算导航坐标系 $\hat{n}$ 与理想导航坐标系 $n$ 之间的失准角可定义如下：东向失准角 $\phi_E$ 为计算坐标系相对于理想坐标系绕东向轴 $n_E$ 的角度偏差，如图 2-2（a）所示，东向失准角表现为计算北向轴、天向轴与理想轴的不重合；北向失准角 $\phi_N$ 为计算坐标系相对于理想坐标系绕北向轴 $n_N$ 的角度偏差；天向失准角 $\phi_U$ 为计算坐标系相对于理想坐标系绕天向轴 $n_U$ 的角度偏差。各失准角正负定义均满足右手定则，东向、北向与天向失准角分别对应着纵摇、横摇与航向失准角，其中天向失准角又常被称为方位失准角。

定义载体坐标系 $b$ 与理想导航坐标系 $n$ 之间的角度如下：航向角 $\psi$ 为运载体纵轴 $b_y$ 在水平面内的投影与北向轴 $n_N$ 的夹角；纵摇角 $\theta$ 为运载体纵轴 $b_y$ 与水平面的夹角；横摇角 $\gamma$ 为运载体横轴 $b_x$ 与水平面的夹角，如图 2-2（b）所示。按照上述定义方式，可以认为：姿态误差中同时包含了导航坐标系、载体坐标系与各自参考坐标系之间的差异。因而，失准角并不能简单等同于姿态误差角，其差异将在 9.5.1 节中讨论。

## 2.3　SINS 导航解算算法

如图 1-2 所示，SINS 的导航解算过程可描述如下：

（1）安装在运载体（$b$ 系）上的陀螺仪和加速度计分别测量运载体相对于惯性空间的角速度 $\boldsymbol{\omega}_{ib}^b$ 与比力 $\boldsymbol{f}^b$；

（2）利用陀螺仪测量值与平台控制指令计算姿态矩阵 $\boldsymbol{C}_b^n$，并提取姿态角；

（3）利用姿态矩阵将 $\boldsymbol{f}^b$ 投影到 $n$ 系后得到 $\boldsymbol{f}^n$，进行牵连运动加速度、有害加速度、重力加速度补偿后得到运载体在 $n$ 系中的加速度 $\dot{\boldsymbol{V}}^n$；

（4）对 $\dot{\boldsymbol{V}}^n$ 进行积分和二次积分后得到速度与位置；

（5）利用更新后的速度和位置，计算平台控制指令。

上述过程可具体分解为姿态更新、速度更新与位置更新三个具体步骤，本章不加推导分述如下。

### 2.3.1　SINS 姿态更新

SINS 姿态更新基本方程如下：

$$\dot{\boldsymbol{C}}_b^n = \boldsymbol{C}_b^n(\boldsymbol{\omega}_{nb}^b\times) = \boldsymbol{C}_b^n\left(\left(\boldsymbol{\omega}_{ib}^b - \boldsymbol{C}_n^b(\boldsymbol{\omega}_{ie}^n + \boldsymbol{\omega}_{en}^n)\right)\times\right) \tag{2-1}$$

式中，$\boldsymbol{\omega}_{ie}^n$ 表示地球自转角速度在导航坐标系中的投影；$\boldsymbol{\omega}_{en}^n$ 表示载体线运动引起导航坐标系相对于地球坐标系的角速度在导航坐标系中的投影；$\boldsymbol{A}\times$ 表示向量 $\boldsymbol{A}$ 的反对称矩阵；$\boldsymbol{\omega}_{ie}^n$ 与 $\boldsymbol{\omega}_{en}^n$ 合称为平台控制指令，用于补偿地球自转角运动和运载体线运动引起的牵连角运动。$\boldsymbol{\omega}_{ie}^n$ 与 $\boldsymbol{\omega}_{en}^n$ 具体计算如下：

$$\boldsymbol{\omega}_{ie}^{n}=[0 \quad \omega_{ie}\cos L \quad \omega_{ie}\sin L]^{\mathrm{T}} \tag{2-2}$$

$$\boldsymbol{\omega}_{en}^{n}=\left[-\frac{V_N}{R+h} \quad \frac{V_E}{R+h} \quad \frac{V_E}{R+h}\tan L\right]^{\mathrm{T}} \tag{2-3}$$

式中，$L$ 为载体所处地理纬度。在式（2-1）中，当载体坐标系相对于理想导航坐标系无角运动时，$\dot{\boldsymbol{C}}_b^n$ 与 $\boldsymbol{\omega}_{nb}^{b}$ 为零。此时，陀螺仪测量值 $\boldsymbol{\omega}_{ib}^{b}$ 中包含了地球自转角运动信息 $\boldsymbol{\omega}_{ie}^{n}$ 以及运载体线运动引起的牵连角运动信息 $\boldsymbol{\omega}_{en}^{n}$；进一步，当运载体无线运动时，$\boldsymbol{\omega}_{ib}^{b}$ 中仅包含地球自转角速度信息。

为了便于计算机递推迭代运算，上述连续形式的姿态矩阵计算公式需表示成离散形式，具体可表达如下：

$$\boldsymbol{C}_{b(k)}^{n(k)}=\boldsymbol{C}_{b(k-1)}^{n(k-1)}\left(\boldsymbol{I}+T(\boldsymbol{\omega}_{nb}^{b}\times)+\frac{1}{2}\left(T(\boldsymbol{\omega}_{nb}^{b}\times)\right)^2+\frac{1}{6}\left(T(\boldsymbol{\omega}_{nb}^{b}\times)\right)^3+\cdots\right) \tag{2-4}$$

式中，$k$ 为计算步序；$T$ 为姿态更新周期。除上述方向余弦法姿态更新算法外，常用的 SINS 姿态更新方法还包括四元数毕卡算法、欧拉角法、龙格-库塔法等。与方向余弦法相比，上述方法各具特点。本章的重点不在于 SINS 姿态更新具体方法，因而选择较为直观的方向余弦法作为对准过程中姿态更新数学工具。本书后续分析与仿真中，选择保留式（2-4）一阶泰勒级数展开项，具体如下：

$$\boldsymbol{C}_{b(k)}^{n(k)}=\boldsymbol{C}_{b(k-1)}^{n(k-1)}(\boldsymbol{I}+T(\boldsymbol{\omega}_{nb}^{b}\times)) \tag{2-5}$$

### 2.3.2　SINS 速度更新

根据 SINS 比力方程，有

$$\dot{\boldsymbol{V}}^{n}=\boldsymbol{C}_b^n\boldsymbol{f}^b-(2\boldsymbol{\omega}_{ie}^{n}+\boldsymbol{\omega}_{en}^{n})\times\boldsymbol{V}^n+\boldsymbol{g}^n \tag{2-6}$$

式中，$\dot{\boldsymbol{V}}^{n}$ 为导航坐标系中加速度值（或表达为 $\boldsymbol{a}^n$）；$2\boldsymbol{\omega}_{ie}^{n}\times\boldsymbol{V}^n$ 为地球自转引起的科里奥利加速度，$\boldsymbol{\omega}_{en}^{n}\times\boldsymbol{V}^n$ 为载体平动引起的牵连加速度，$\boldsymbol{g}^n$ 为重力加速度，三者合称为有害加速度。在式（2-6）中，当运载体无线运动时，$\dot{\boldsymbol{V}}^{n}$ 与 $(2\boldsymbol{\omega}_{ie}^{n}+\boldsymbol{\omega}_{en}^{n})\times\boldsymbol{V}^n$ 均为零，此时加速度计测量 $\boldsymbol{f}^b$ 为理想导航坐标系中重力加速度 $\boldsymbol{g}^n$ 在载体坐标系中的投影。

类似地，为便于迭代更新计算，式（2-6）可离散为

$$\boldsymbol{V}_k^n=\boldsymbol{V}_{k-1}^n+T\left(\boldsymbol{C}_{b(k)}^{n(k)}\boldsymbol{f}^b-(2\boldsymbol{\omega}_{ie}^{n}+\boldsymbol{\omega}_{en}^{n})\times\boldsymbol{V}_{k-1}^n+\boldsymbol{g}^n\right) \tag{2-7}$$

### 2.3.3　SINS 位置更新

SINS 经纬度与高度微分方程如下：

$$\begin{cases}\dot{L}=\dfrac{V_N}{R+h}\\ \dot{\lambda}=\dfrac{V_E}{(R+h)\cos L}\\ \dot{h}=V_U\end{cases} \tag{2-8}$$

类似地，为便于迭代更新计算，式（2-8）可离散为

$$\begin{cases}L_k=L_{k-1}+T\dfrac{V_{N,k}}{R+h}\\ \lambda_k=\lambda_{k-1}+T\dfrac{V_{E,k}}{(R+h)\cos L_{k-1}}\\ h_k=h_{k-1}+TV_{U,k}\end{cases} \tag{2-9}$$

式（2-5）、式（2-7）与式（2-9）构成 SINS 导航解算方程。上述解算均采用了矩形算法，即所谓的单子样算法。该算法在运载体运动较为剧烈（尤其是晃动）的条件下计算误差较大。实际应用中需要根据具体需求进行改进设计，采用所谓的多子样及其各类改进算法。在式（2-5）、式（2-7）与式（2-9）组成 SINS 解算方程中，天向速度通道与高度通道原理性发散。对于在地表附近航行的运载体，常将天向通道置零（即 $V_U=0$ ，$h=0$ ）或引入外部约束条件以抑制发散。

## 2.4　SINS 误差传播方程

式（2-5）、式（2-7）与式（2-9）表明，SINS 导航解算采用了递推更新方式，当前时刻的解算是建立在前一时刻解算结果的基础上。初始时刻姿态、速度与位置误差将在 SINS 导航递推过程中一直传播下去；与此同时，式（2-1）与式（2-6）中的仪表测量值 $\boldsymbol{\omega}_{ib}^b$ 与 $\boldsymbol{f}^b$ 是一种理想值，真实的仪表测量值 $\tilde{\boldsymbol{\omega}}_{ib}^b$ 与 $\tilde{\boldsymbol{f}}^b$ 中一定包含有各类仪表误差信息 $\delta\boldsymbol{\omega}_{ib}^b$ 与 $\delta\boldsymbol{f}^b$ ，积分过程中仪表误差被累积。研究初始导航参数误差、仪表误差自身变化规律以及仪表误差带来的导航参数变化规律也是初始对准的基础之一。

### 2.4.1　仪表误差模型

SINS 器件误差包含确定性误差和随机误差两大类。确定性误差一般可在出厂前通过分立式标定进行补偿。随机误差又分为随机零偏和噪声，前者包含逐次启动误差和随机漂移。以陀螺仪为例，陀螺仪测量误差可具体表达为

$$\delta\boldsymbol{\omega}_{ib}^b=\boldsymbol{\varepsilon}_{gc}^b+\boldsymbol{\varepsilon}_{rc}^b+\boldsymbol{w}_g \tag{2-10}$$

式中，$\boldsymbol{w}_g$ 为随机噪声，一般假设为白噪声；$\boldsymbol{\varepsilon}_{gc}^b$ 在一次启动后保持不变，即

$$\dot{\boldsymbol{\varepsilon}}_{gc}^b = 0 \tag{2-11}$$

$\boldsymbol{\varepsilon}_{rc}^b$ 为随机漂移，具体可利用一阶 Markov 模型表示：

$$\dot{\boldsymbol{\varepsilon}}_{gr}^b = -\frac{1}{\tau_{gr}}\boldsymbol{\varepsilon}_{gr}^b + \boldsymbol{w}_{gr} \tag{2-12}$$

$\tau_{gr}$ 为相关时间常数，对于导航级陀螺仪而言，其相关时间常数一般较长，相关漂移可看作随机常数；$\boldsymbol{w}_{gr}$ 为 Markov 驱动噪声，一般假设为白噪声。

对于 SINS 初始对准而言，其持续时间一般较短（一般持续数分钟至数十分钟），陀螺仪随机漂移可视为常值，其误差模型可简化为

$$\delta\boldsymbol{\omega}_{ib}^b = \boldsymbol{\varepsilon}^b + \boldsymbol{w}_g \tag{2-13}$$

式中，$\boldsymbol{\varepsilon}^b$ 为陀螺仪零偏（常值误差）。$\boldsymbol{\varepsilon}^b$ 和 $\boldsymbol{w}_g$ 分别具有如下特性：

$$\begin{cases}\dot{\boldsymbol{\varepsilon}}^b = 0 \\ \boldsymbol{w}_g \sim N(0,\ \boldsymbol{Q}_{w_g})\end{cases} \tag{2-14}$$

类似地，可以对加速度计进行类似分析，有

$$\delta\boldsymbol{f}^b = \nabla^b + \boldsymbol{w}_a \tag{2-15}$$

式中，$\nabla^b$ 为加速度计零偏（常值误差）；$\boldsymbol{w}_a$ 为加速度计测量噪声。两者分别具有如下特性：

$$\begin{cases}\dot{\nabla}^b = 0 \\ \boldsymbol{w}_a \sim N(0,\ \boldsymbol{Q}_{w_a})\end{cases} \tag{2-16}$$

### 2.4.2　姿态误差方程

由于仪表误差、初始对准误差等原因，导航解算值中包含有各类误差。计算姿态矩阵与理想姿态矩阵之间存在如下关系：

$$\boldsymbol{C}_b^{\hat{n}} = \boldsymbol{C}_n^{\hat{n}}\boldsymbol{C}_b^n = (\boldsymbol{I} - \boldsymbol{\phi}\times)\boldsymbol{C}_b^n \tag{2-17}$$

将式（2-17）两端分别进行微分，分别有

$$\dot{\boldsymbol{C}}_b^{\hat{n}} = (-\dot{\boldsymbol{\phi}}\times)\boldsymbol{C}_b^n + (\boldsymbol{I} - \boldsymbol{\phi}\times)\boldsymbol{C}_b^n(\boldsymbol{\omega}_{nb}^b\times) \tag{2-18}$$

$$\dot{\boldsymbol{C}}_b^{\hat{n}} = (\boldsymbol{I} - \boldsymbol{\phi}\times)\boldsymbol{C}_b^n(\tilde{\boldsymbol{\omega}}_{ib}^b - \boldsymbol{C}_n^b(\boldsymbol{\omega}_{in}^n + \delta\boldsymbol{\omega}_{in}^n))\times \tag{2-19}$$

式中，$\boldsymbol{\phi} = [\phi_E \quad \phi_N \quad \phi_U]^{\mathrm{T}}$ 为失准角，并假设其各元素均为小量，满足 $\sin\phi \approx \phi$ 关系；$\tilde{\boldsymbol{\omega}}_{ib}^b = \boldsymbol{\omega}_{ib}^b + \delta\boldsymbol{\omega}_{ib}^b$ 为陀螺仪测量值；$\delta\boldsymbol{\omega}_{in}^n$ 为控制指令误差；上标~表示仪表测量值。

展开整理并比较式（2-18）与式（2-19），略去二阶小量后，有

$$\dot{\boldsymbol{\phi}} = \delta\boldsymbol{\omega}_{in}^{n} - \boldsymbol{\omega}_{in}^{n} \times \boldsymbol{\phi} - \boldsymbol{\varepsilon}^{n} \tag{2-20}$$

式中，$\delta\boldsymbol{\omega}_{in}^{n} = \delta\boldsymbol{\omega}_{ie}^{n} + \delta\boldsymbol{\omega}_{en}^{n}$ 主要由位置误差和速度误差引起。需要注意的是，陀螺仪等效误差与失准角变化率方向不同号。对式（2-2）与式（2-3）两端进行微分，可求取 $\delta\boldsymbol{\omega}_{ie}^{n}$ 与 $\delta\boldsymbol{\omega}_{en}^{n}$ 的表达式如下：

$$\delta\boldsymbol{\omega}_{ie}^{n} = \begin{bmatrix} 0 \\ -\omega_{ie}\sin L\delta L \\ \omega_{ie}\cos L\delta L \end{bmatrix} = \begin{bmatrix} 0 & 0 & 0 \\ -\omega_{ie}\sin L & 0 & 0 \\ \omega_{ie}\cos L & 0 & 0 \end{bmatrix} \begin{bmatrix} \delta L \\ \delta\lambda \\ \delta h \end{bmatrix} \tag{2-21}$$

$$\begin{aligned} \delta\boldsymbol{\omega}_{en}^{n} &= \begin{bmatrix} -\dfrac{\delta V_N}{R+h} + \dfrac{V_N\delta h}{(R+h)^2} \\ \dfrac{\delta V_E}{R+h} - \dfrac{V_E\delta h}{(R+h)^2} \\ \dfrac{\delta V_E}{R+h}\tan L - \dfrac{V_E\tan L\delta h}{(R+h)^2} + \dfrac{V_E\sec^2 L\delta L}{R+h} \end{bmatrix} \\ &= \begin{bmatrix} 0 & -\dfrac{1}{R+h} & 0 \\ \dfrac{1}{R+h} & 0 & 0 \\ \dfrac{\tan L}{R+h} & 0 & 0 \end{bmatrix} \begin{bmatrix} \delta V_E \\ \delta V_N \\ \delta V_U \end{bmatrix} + \begin{bmatrix} 0 & 0 & \dfrac{V_N}{(R+h)^2} \\ 0 & 0 & -\dfrac{V_E}{(R+h)^2} \\ \dfrac{V_E\sec^2 L}{R+h} & 0 & -\dfrac{V_E\tan L}{(R+h)^2} \end{bmatrix} \begin{bmatrix} \delta L \\ \delta\lambda \\ \delta h \end{bmatrix} \end{aligned} \tag{2-22}$$

将式（2-21）与式（2-22）代入式（2-20）展开如下：

$$\begin{aligned} \begin{bmatrix} \dot{\phi}_E \\ \dot{\phi}_N \\ \dot{\phi}_U \end{bmatrix} &= \begin{bmatrix} 0 & 0 & \dfrac{V_N}{(R+h)^2} \\ -\omega_{ie}\sin L & 0 & -\dfrac{V_E}{(R+h)^2} \\ \omega_{ie}\cos L + \dfrac{V_E\sec^2 L}{R+h} & 0 & -\dfrac{V_E\tan L}{(R+h)^2} \end{bmatrix} \begin{bmatrix} \delta L \\ \delta\lambda \\ \delta h \end{bmatrix} + \begin{bmatrix} 0 & -\dfrac{1}{R+h} & 0 \\ \dfrac{1}{R+h} & 0 & 0 \\ \dfrac{\tan L}{R+h} & 0 & 0 \end{bmatrix} \begin{bmatrix} \delta V_E \\ \delta V_N \\ \delta V_U \end{bmatrix} \\ &+ \begin{bmatrix} 0 & \omega_{ie}\sin L + \dfrac{V_E\tan L}{R+h} & -\left(\omega_{ie}\cos L + \dfrac{V_E}{R+h}\right) \\ -\left(\omega_{ie}\sin L + \dfrac{V_E\tan L}{R+h}\right) & 0 & -\dfrac{V_N}{R+h} \\ \omega_{ie}\cos L + \dfrac{V_E}{R+h} & \dfrac{V_N}{R+h} & 0 \end{bmatrix} \begin{bmatrix} \phi_E \\ \phi_N \\ \phi_U \end{bmatrix} - \begin{bmatrix} \varepsilon_E \\ \varepsilon_N \\ \varepsilon_U \end{bmatrix} \end{aligned} \tag{2-23}$$

式（2-23）表明，失准角、速度误差、纬度误差、高度误差以及陀螺仪误差均会对三轴失准角产生耦合影响；而经度误差则因为耦合系数为零，对失准角不产生影响，独立于失准角误差传播回路。

### 2.4.3　速度误差方程

分别在理想导航坐标系与计算导航坐标系下计算运载体速度，有

$$\begin{cases}\dot{\boldsymbol{V}}^n=\boldsymbol{C}_b^n\boldsymbol{f}^b-(2\boldsymbol{\omega}_{ie}^n+\boldsymbol{\omega}_{en}^n)\times\boldsymbol{V}^n+\boldsymbol{g}^n\\ \dot{\hat{\boldsymbol{V}}}^n=\hat{\boldsymbol{C}}_b^n\tilde{\boldsymbol{f}}^b-(2\hat{\boldsymbol{\omega}}_{ie}^n+\hat{\boldsymbol{\omega}}_{en}^n)\times\hat{\boldsymbol{V}}^n+\hat{\boldsymbol{g}}^n\end{cases}\tag{2-24}$$

式中，$\hat{\boldsymbol{V}}^n=\boldsymbol{V}^n+\delta\boldsymbol{V}^n$；$\hat{\boldsymbol{\omega}}_{ie}^n=\boldsymbol{\omega}_{ie}^n+\delta\boldsymbol{\omega}_{ie}^n$；$\hat{\boldsymbol{\omega}}_{en}^n=\boldsymbol{\omega}_{en}^n+\delta\boldsymbol{\omega}_{en}^n$；$\tilde{\boldsymbol{f}}^b=\boldsymbol{f}^b+\nabla^b$。比较式（2-24）中两个公式，有

$$\delta\dot{\boldsymbol{V}}^n=\boldsymbol{f}^n\times\boldsymbol{\phi}-(2\boldsymbol{\omega}_{ie}^n+\boldsymbol{\omega}_{en}^n)\times\delta\boldsymbol{V}^n-(2\delta\boldsymbol{\omega}_{ie}^n+\delta\boldsymbol{\omega}_{en}^n)\times\boldsymbol{V}^n+\nabla^n\tag{2-25}$$

展开式（2-25），有

$$\begin{aligned}\begin{bmatrix}\delta\dot{V}_E\\ \delta\dot{V}_N\\ \delta\dot{V}_U\end{bmatrix}&=\begin{bmatrix}0&-f_U&f_N\\ f_U&0&-f_E\\ -f_N&f_E&0\end{bmatrix}\begin{bmatrix}\phi_E\\ \phi_N\\ \phi_U\end{bmatrix}\\ &+\begin{bmatrix}\dfrac{V_N\tan L-V_U}{R+h}&2\omega_{ie}\sin L+\dfrac{V_E}{R+h}\tan L&-\left(2\omega_{ie}\cos L+\dfrac{V_E}{R+h}\right)\\ -2\left(\omega_{ie}\sin L+\dfrac{V_E}{R+h}\tan L\right)&-\dfrac{V_U}{R+h}&-\dfrac{V_N}{R+h}\\ 2\left(\omega_{ie}\cos L+\dfrac{V_E}{R+h}\right)&\dfrac{2V_N}{R+h}&0\end{bmatrix}\begin{bmatrix}\delta V_E\\ \delta V_N\\ \delta V_U\end{bmatrix}\\ &+\begin{bmatrix}2\omega_{ie}(V_U\sin L+V_N\cos L)+\dfrac{V_EV_N\sec^2 L}{R+h}&0&\dfrac{V_UV_E-V_EV_N\tan L}{(R+h)^2}\\ -2V_E\omega_{ie}\cos L-\dfrac{V_E^2\sec^2 L}{R+h}&0&\dfrac{V_NV_U+V_E^2\tan L}{(R+h)^2}\\ -2V_E\omega_{ie}\sin L&0&-\dfrac{V_N^2+V_E^2}{(R+h)^2}\end{bmatrix}\begin{bmatrix}\delta L\\ \delta\lambda\\ \delta h\end{bmatrix}+\begin{bmatrix}\nabla_E\\ \nabla_N\\ \nabla_U\end{bmatrix}\end{aligned}\tag{2-26}$$

式（2-26）表明，失准角、速度误差、纬度误差、高度误差以及加速度计误差均会对三轴速度误差产生耦合影响；而经度误差则因为耦合系数为零，对速度误差不产生影响，独立于速度误差传播回路。

### 2.4.4　位置误差

对式（2-9）两端进行微分，有位置误差微分方程为

$$\begin{bmatrix}\delta\dot{L}\\ \delta\dot{\lambda}\\ \delta\dot{h}\end{bmatrix}=\begin{bmatrix}0 & \dfrac{1}{R+h} & 0\\ \dfrac{\sec L}{R+h} & 0 & 0\\ 0 & 0 & 1\end{bmatrix}\begin{bmatrix}\delta V_E\\ \delta V_N\\ \delta V_U\end{bmatrix}+\begin{bmatrix}0 & 0 & -\dfrac{V_N}{(R+h)^2}\\ \dfrac{V_E\sec L\tan L}{R+h} & 0 & -\dfrac{V_E\sec L}{(R+h)^2}\\ 0 & 0 & 0\end{bmatrix}\begin{bmatrix}\delta L\\ \delta\lambda\\ \delta h\end{bmatrix} \tag{2-27}$$

式（2-27）表明，纬度误差的传播规律与北向速度误差、高度误差相关；经度误差与东向速度误差、纬度误差与高度误差相关；高度误差与天向速度误差相关。而经度误差对纬度误差和高度误差均不产生影响。

### 2.4.5　SINS 常用误差模型

对于近地航行的载体，通常将天向速度与高度置零，以回避 SINS 导航算法中的天向通道发散。此时，令上述公式中 $V_U=0$ ，$h=0$ 以及 $\delta V_U=0$ ，$\delta h=0$ ，从而有

$$\begin{bmatrix}\dot{\phi}_E\\ \dot{\phi}_N\\ \dot{\phi}_U\end{bmatrix}=\begin{bmatrix}0 & 0\\ -\omega_{ie}\sin L & 0\\ \omega_{ie}\cos L+\dfrac{V_E\sec^2 L}{R} & 0\end{bmatrix}\begin{bmatrix}\delta L\\ \delta\lambda\end{bmatrix}+\begin{bmatrix}0 & -\dfrac{1}{R}\\ \dfrac{1}{R} & 0\\ \dfrac{\tan L}{R} & 0\end{bmatrix}\begin{bmatrix}\delta V_E\\ \delta V_N\end{bmatrix}$$
$$+\begin{bmatrix}0 & \omega_{ie}\sin L+\dfrac{V_E\tan L}{R} & -\left(\omega_{ie}\cos L+\dfrac{V_E}{R}\right)\\ -\left(\omega_{ie}\sin L+\dfrac{V_E\tan L}{R}\right) & 0 & -\dfrac{V_N}{R}\\ \omega_{ie}\cos L+\dfrac{V_E}{R} & \dfrac{V_N}{R} & 0\end{bmatrix}\begin{bmatrix}\phi_E\\ \phi_N\\ \phi_U\end{bmatrix}-\begin{bmatrix}\varepsilon_E\\ \varepsilon_N\\ \varepsilon_U\end{bmatrix}$$

（2-28）

$$\begin{bmatrix}\delta\dot{V}_E\\ \delta\dot{V}_N\end{bmatrix}=\begin{bmatrix}0 & -f_U & f_N\\ f_U & 0 & -f_E\end{bmatrix}\begin{bmatrix}\phi_E\\ \phi_N\\ \phi_U\end{bmatrix}+\begin{bmatrix}\dfrac{V_N\tan L}{R} & 2\omega_{ie}\sin L+\dfrac{V_E}{R}\tan L\\ -2\left(\omega_{ie}\sin L+\dfrac{V_E}{R}\tan L\right) & 0\end{bmatrix}$$

$$\cdot\begin{bmatrix}\delta V_E\\ \delta V_N\end{bmatrix}+\begin{bmatrix}2\omega_{ie}V_N\cos L+\dfrac{V_EV_N\sec^2 L}{R} & 0\\ -2V_E\omega_{ie}\cos L-\dfrac{V_E^2\sec^2 L}{R} & 0\end{bmatrix}\begin{bmatrix}\delta L\\ \delta\lambda\end{bmatrix}+\begin{bmatrix}\nabla_E\\ \nabla_N\end{bmatrix}$$

(2-29)

$$\begin{bmatrix}\delta\dot{L}\\ \delta\dot{\lambda}\end{bmatrix}=\begin{bmatrix}0 & \dfrac{1}{R}\\ \dfrac{\sec L}{R} & 0\end{bmatrix}\begin{bmatrix}\delta V_E\\ \delta V_N\end{bmatrix}+\begin{bmatrix}0 & 0\\ \dfrac{V_E\sec L\tan L}{R} & 0\end{bmatrix}\begin{bmatrix}\delta L\\ \delta\lambda\end{bmatrix}\tag{2-30}$$

与式（2-24）、式（2-26）和式（2-27）相比，式（2-28）～式（2-30）省去了天向速度、高度以及加速度计天向等效误差的影响。

# 2.5　静止条件下的 SINS 误差模型

## 2.5.1　误差模型与误差动态特性

为简化分析，考虑一种特殊的载体机动方式——静止。当运载体处于零速约束条件时，有 $V_E=0$，$V_N=0$，从而式（2-28）～式（2-30）可改写如下：

$$\begin{cases}\delta\dot{V}_E=2\omega_{ie}\sin L\delta V_N-g\phi_N+\nabla_E\\ \delta\dot{V}_N=-2\omega_{ie}\sin L\delta V_E+g\phi_E+\nabla_N\\ \dot{\phi}_E=\omega_{ie}\sin L\phi_N-\omega_{ie}\cos L\phi_U-\dfrac{\delta V_N}{R}-\varepsilon_E\\ \dot{\phi}_N=-\omega_{ie}\sin L\delta L-\omega_{ie}\sin L\phi_E+\dfrac{\delta V_E}{R}-\varepsilon_N\\ \dot{\phi}_U=\omega_{ie}\cos L\delta L+\omega_{ie}\cos L\phi_E+\dfrac{\delta V_E}{R}\tan L-\varepsilon_U\\ \delta\dot{L}=\dfrac{\delta V_N}{R}\\ \delta\dot{\lambda}=\dfrac{\delta V_E}{R}\sec L\end{cases}\tag{2-31}$$

式（2-31）描述了理想静止条件下 SINS 误差传播方程，该方程较全面地描述了各误差量之间的交叉耦合关系。式（2-31）可描述成如下方框图（图 2-3）。

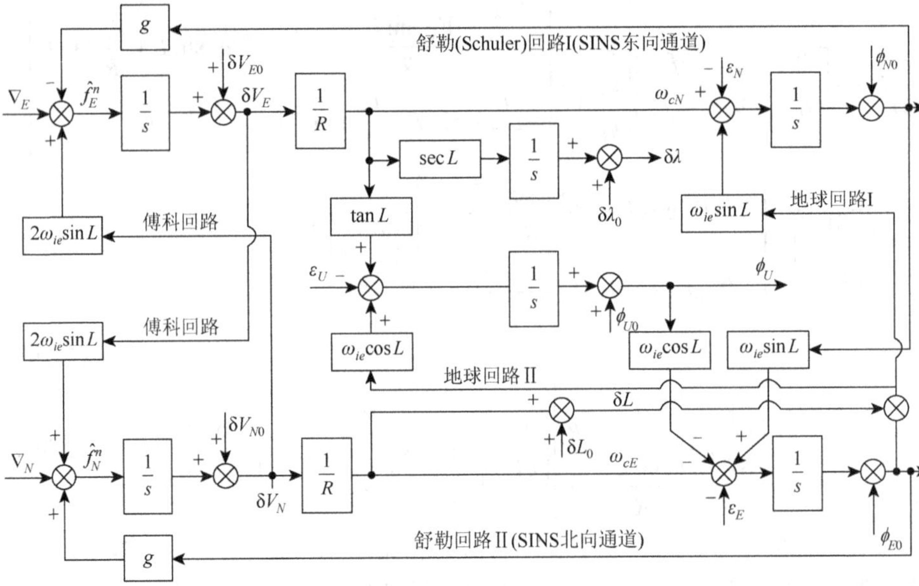


图 2-3　静基座条件下的 SINS 误差传播回路

注：图 2-3 仅为式（2-31）的框图表示，式中陀螺仪误差输入符号为负，需区别于后续讨论的 GINS。式（2-31）与图 2-3 表明，理想静止条件下经度误差独立于 SINS 误差传播回路，对其他误差的动态特性不产生反馈作用。因而在分析上述 SINS 误差动态特性时可不考虑经度误差。忽略经度项，将式（2-31）表达为矩阵形式，有

$$
\begin{bmatrix} \delta\dot{V}_E \\ \delta\dot{V}_N \\ \dot{\phi}_E \\ \dot{\phi}_N \\ \dot{\phi}_U \\ \delta\dot{L} \end{bmatrix} = \begin{bmatrix} 0 & 2\omega_{ie}\sin L & 0 & -g & 0 & 0 \\ -2\omega_{ie}\sin L & 0 & g & 0 & 0 & 0 \\ 0 & -\dfrac{1}{R} & 0 & \omega_{ie}\sin L & -\omega_{ie}\cos L & 0 \\ \dfrac{1}{R} & 0 & -\omega_{ie}\sin L & 0 & 0 & -\omega_{ie}\sin L \\ \dfrac{\tan L}{R} & 0 & \omega_{ie}\cos L & 0 & 0 & \omega_{ie}\cos L \\ 0 & \dfrac{1}{R} & 0 & 0 & 0 & 0 \end{bmatrix} \cdot \begin{bmatrix} \delta V_E \\ \delta V_N \\ \phi_E \\ \phi_N \\ \phi_U \\ \delta L \end{bmatrix} + \begin{bmatrix} \nabla_E \\ \nabla_N \\ -\varepsilon_E \\ -\varepsilon_N \\ -\varepsilon_U \\ 0 \end{bmatrix} \tag{2-32}
$$

式（2-32）通过连续方程精确描述了理想静止条件下各误差源之间、初始误差以及仪表误差与对导航参数误差演化的影响。

令 $\boldsymbol{X}=[\delta V_E \quad \delta V_N \quad \phi_E \quad \phi_N \quad \phi_U \quad \delta L]^{\mathrm{T}}$，$\boldsymbol{W}=[\nabla_E \quad \nabla_N \quad -\varepsilon_E \quad -\varepsilon_N \quad -\varepsilon_U \quad 0]^{\mathrm{T}}$，则式（2-32）可表达为

$$\dot{\boldsymbol{X}}=\boldsymbol{F}\boldsymbol{X}+\boldsymbol{W} \tag{2-33}$$

式中，矩阵 $\boldsymbol{F}$ 为描述状态 $\boldsymbol{X}$ 演化规律的状态矩阵。

对式（2-33）进行拉普拉斯变换，有

$$s\boldsymbol{X}(s)=\boldsymbol{F}\boldsymbol{X}(s)+\boldsymbol{X}(0)+\boldsymbol{W}(s) \tag{2-34}$$

整理后，有

$$\boldsymbol{X}(s)=(s\boldsymbol{I}-\boldsymbol{F})^{-1}(\boldsymbol{X}(0)+\boldsymbol{W}(s)) \tag{2-35}$$

进一步，系统的特征多项式为

$$\Delta(s)=\left|s\boldsymbol{I}-\boldsymbol{F}\right|=(s^2+\omega_{ie}^2)\left(s^4+2s^2(\omega_s^2+2\omega_{ie}^2\sin^2 L)+\omega_s^4\right) \tag{2-36}$$

式中，$\omega_s=\sqrt{\dfrac{g}{R}}$ 为舒勒角频率。

根据式（2-36），可求得其特征根为

$$\begin{cases} s_{1,2}=\pm \mathrm{j}\omega_{ie} \\ s_{3,4}=\dfrac{-\mathrm{j}2\omega_{ie}\sin L\pm\sqrt{-4\omega_{ie}^2\sin^2 L-4\omega_s^2}}{2}\overset{\omega_{ie}^2\sin^2 L\ll\omega_s^2}{=\!=\!=}-\mathrm{j}\omega_{ie}\sin L\pm \mathrm{j}\omega_s \\ s_{5,6}=\dfrac{\mathrm{j}2\omega_{ie}\sin L\pm\sqrt{-4\omega_{ie}^2\sin^2 L-4\omega_s^2}}{2}\overset{\omega_{ie}^2\sin^2 L\ll\omega_s^2}{=\!=\!=}\mathrm{j}\omega_{ie}\sin L\pm \mathrm{j}\omega_s \end{cases} \tag{2-37}$$

整理后有

$$\begin{cases} s_{1,2}=\pm \mathrm{j}\omega_{ie} \\ s_{3,4}=\pm \mathrm{j}(\omega_s+\omega_{ie}\sin L) \\ s_{5,6}=\pm \mathrm{j}(\omega_s-\omega_{ie}\sin L) \end{cases} \tag{2-38}$$

以上述 6 个特征根构成的振荡基础项分别为：$\sin\left(\omega_{ie}t\right)$、$\cos\left(\omega_{ie}t\right)$、$\sin((\omega_s+\omega_{ie}\sin L)t)$、$\cos((\omega_s+\omega_{ie}\sin L)t)$、$\sin((\omega_s-\omega_{ie}\sin L)t)$ 与 $\cos((\omega_s-\omega_{ie}\sin L)t)$。其中，后 4 个特征根带来的振荡项均为两个频率的组合。以 $\sin((\omega_s+\omega_{ie}\sin L)t)$ 为例进行分析，该项可展开为

$$\begin{aligned}\sin((\omega_s+\omega_{ie}\sin L)t)&=\sin(\omega_s t+(\omega_{ie}t)\sin L)\\&=\cos((\omega_{ie}t)\sin L)\sin(\omega_s t)+\sin((\omega_{ie}t)\sin L)\cos(\omega_s t)\end{aligned}$$

式中，第一项可视为$\cos(\sin L(\omega_{ie}t))$对$\sin(\omega_s t)$的调制；第二项可视为$\sin(\sin L(\omega_{ie}t))$对$\cos(\omega_s t)$的调制。定义$\omega_f=\omega_{ie}\sin L$为傅科振荡角频率。

上述分析表明，在惯性系统的动态误差中存在三种频率的振荡，分别为：①舒勒振荡$\omega_s$；②地球振荡$\omega_{ie}$；③傅科振荡$\omega_{ie}\sin L$。对照图 2-3，可以认为舒勒振荡主要由水平失准角$\phi_E$与$\phi_N$引起，水平失准角耦合重力加速度后表现为加速度计测量值误差，积分后表现为速度误差；速度误差引起错误的平台调整指令$\omega_{cE}$与$\omega_{cN}$，积分后表现为水平失准角；换言之，从水平失准角输出与输入之间构成二阶无阻尼负反馈回路，振荡周期为舒勒周期，具体可参照后续图 3-3 与图 3-4。

地球回路中方位失准角$\phi_U$耦合地球自转角速度$\omega_{ie}$表现为东向陀螺仪测量值误差$\phi_U\omega_{ie}\cos L$，积分后表现为天向失准角$\phi_E$；$\phi_E$进一步耦合地球自转$\omega_{ie}$后表现为天向陀螺仪测量值$\phi_E\omega_{ie}\cos L$，积分后表现为天向失准角$\phi_U$；也就是说，方位失准角输出与输入之间构成二阶无阻尼负反馈回路，振荡周期为地球周期。进一步可针对图 2-3 进行$\delta V_E$与$\delta V_N$输出与输入之间关系分析，其同样构成二阶无阻尼负反馈回路，振荡周期为傅科周期。

上述分析也表明，在存在初始失准角与初始速度误差时，系统将引起上述三个周期的振荡。

### 2.5.2 系统误差时域解

式（2-35）中$(s\boldsymbol{I}-\boldsymbol{F})^{-1}$的求解较为复杂，欲利用拉普拉斯逆变换法求解$\boldsymbol{X}$的时域表达式非常困难。一般地，忽略傅科周期误差，可求得仪表误差对系统误差演化的时域表达式，有

$$\begin{aligned}\delta V_E(t)=&-\frac{g\sin L}{\omega_s^2-\omega_{ie}^2}\left(\sin(\omega_{ie}t)-\frac{\omega_{ie}}{\omega_s}\sin(\omega_s t)\right)\varepsilon_E\\&-\left(\frac{\omega_s^2-\omega_{ie}^2\cos^2 L}{\omega_s^2-\omega_{ie}^2}\cos(\omega_s t)-\frac{\omega_s^2\sin^2 L}{\omega_s^2-\omega_{ie}^2}\cos(\omega_{ie}t)-\cos^2 L\right)\varepsilon_N\\&-\left(\frac{\omega_s^2}{\omega_s^2-\omega_{ie}^2}\cos(\omega_{ie}t)-\frac{\omega_{ie}^2}{\omega_s^2-\omega_{ie}^2}\cos(\omega_s t)-1\right)\frac{R}{2}\sin 2L\varepsilon_U+\frac{\nabla_E}{\omega_s}\sin(\omega_s t)\end{aligned}\tag{2-39}$$

$$\begin{aligned}\delta V_N(t)=&-\frac{g}{\omega_s^2-\omega_{ie}^2}(\cos(\omega_{ie}t)-\cos(\omega_s t))\varepsilon_E-\frac{g\sin L}{\omega_s^2-\omega_{ie}^2}\left(\sin(\omega_{ie}t)-\frac{\omega_{ie}}{\omega_s}\sin(\omega_s t)\right)\varepsilon_N\\&-\frac{\omega_s\cos L}{\omega_s^2-\omega_{ie}^2}(\omega_{ie}\sin(\omega_s t)-\omega_s)\varepsilon_U+\frac{\nabla_N}{\omega_s}\sin(\omega_s t)\end{aligned}\tag{2-40}$$

$$\phi_E(t) = -\frac{1}{\omega_s^2 - \omega_{ie}^2}(\omega_s \sin(\omega_s t) - \omega_{is} \sin(\omega_{ie} t))\varepsilon_E - \frac{\omega_{ie} \sin L}{\omega_s^2 - \omega_{ie}^2}(\cos(\omega_{ie} t) - \cos(\omega_s t))\varepsilon_N \\ - \frac{\omega_{ie} \cos L}{\omega_s^2 - \omega_{ie}^2}(\cos(\omega_s t) - \cos(\omega_{ie} t))\varepsilon_U - \frac{\nabla_N}{g}(1 - \cos(\omega_s t)) \tag{2-41}$$

$$\phi_N(t) = -\frac{\omega_{ie} \sin L}{\omega_s^2 - \omega_{ie}^2}(\cos(\omega_s t) - \cos(\omega_{ie} t))\varepsilon_E \\ - \left(\frac{\omega_s^2 - \omega_{ie}^2 \cos^2 L}{\omega_s(\omega_s^2 - \omega_{ie}^2)}\sin(\omega_s t) - \frac{\omega_{ie} \sin^2 L}{\omega_s^2 - \omega_{ie}^2}\sin(\omega_{ie} t)\right)\varepsilon_N \\ - \frac{\omega_{ie} \sin 2L}{2(\omega_s^2 - \omega_{ie}^2)}\left(\sin(\omega_{ie} t) - \frac{\omega_{ie}}{\omega_s}\sin(\omega_s t)\right)\varepsilon_U + \frac{\nabla_E}{g}(1 - \cos(\omega_s t)) \tag{2-42}$$

$$\phi_U(t) = -\left(\frac{\omega_{ie} \sin L \tan L}{\omega_s^2 - \omega_{ie}^2}(\cos(\omega_s t) - \cos(\omega_{ie} t)) + \frac{1}{\omega_{ie} \cos L}(1 - \cos(\omega_{ie} t)\right)\varepsilon_E \\ - \frac{\omega_{ie}^2 \sin 2L - 2\omega_s^2 \tan L}{2(\omega_s^2 - \omega_{ie}^2)}\left(\frac{1}{\omega_{ie}}\sin(\omega_{ie} t) - \frac{1}{\omega_s}\sin(\omega_s t)\right)\varepsilon_N \\ - \left(\frac{\omega_s^2 - \omega_{ie}^2 \cos^2 L}{\omega_{ie}(\omega_s^2 - \omega_{ie}^2)}\sin(\omega_{ie} t) - \frac{\omega_{ie}^2 \sin^2 L}{\omega_s(\omega_s^2 - \omega_{ie}^2)}\sin(\omega_s t)\right)\varepsilon_U \\ + \frac{\nabla_E \tan L}{g}(1 - \cos(\omega_s t)) \tag{2-43}$$

$$\delta L(t) = -\frac{\omega_s^2}{\omega_s^2 - \omega_{ie}^2}\left(\frac{1}{\omega_{ie}}\sin(\omega_{ie} t) - \frac{1}{\omega_s}\sin(\omega_s t)\right)\varepsilon_E \\ - \left(\frac{\omega_{ie} \sin L}{\omega_s^2 - \omega_{ie}^2}\left(\cos(\omega_s t) - \frac{\omega_s^2}{\omega_{ie}^2}\cos(\omega_{ie} t)\right) + \frac{\sin L}{\omega_{ie}}\right)\varepsilon_N \\ - \left(\frac{\omega_s^2 \cos L}{\omega_{ie}(\omega_s^2 - \omega_{ie}^2)}\cos(\omega_{ie} t) - \frac{\omega_{ie} \cos L}{\omega_s^2 - \omega_{ie}^2}\cos(\omega_s t) - \frac{\cos L}{\omega_{ie}}\right)\varepsilon_U \\ + \frac{\nabla_N}{g}(1 - \cos \omega_s t) \tag{2-44}$$

类似地，对经度误差方程进行处理，有

$$\begin{aligned}\delta\lambda(t)=&-\left(\frac{\tan L}{\omega_{ie}}(1-\cos(\omega_{ie}t))-\frac{\omega_{ie}\tan L}{\omega_s^2-\omega_{ie}^2}(\cos\omega_{ie}t-\cos(\omega_s t))\right)\varepsilon_E\\&-\left(\frac{\omega_s^2-\omega_{ie}^2\cos^2 L}{\omega_s(\omega_s^2-\omega_{ie}^2)\cos L}\sin\omega_s t-\frac{\omega_s^2\tan L\sin L}{\omega_{ie}(\omega_s^2-\omega_{ie}^2)}\sin(\omega_{ie}t)-t\cos L\right)\varepsilon_N\\&-\left(\frac{\omega_s^2\sin L}{\omega_{ie}(\omega_s^2+\omega_{ie}^2)}\sin\omega_{ie}t-\frac{\omega_{ie}^2\sin L}{\omega_s(\omega_s^2+\omega_{ie}^2)}\sin\omega_s t-t\sin L\right)\varepsilon_U\\&+\frac{\nabla_E}{g\cos L}(1-\cos\omega_s t)\end{aligned}\tag{2-45}$$

式（2-39）～式（2-45）描述了仪表误差引起的导航误差时域表达式。分析图 2-3，可以认为失准角与陀螺仪零偏、速度误差与加速度计零偏之间存在微分关系，因而可以认为初始失准角与陀螺仪零偏引起的导航误差、初始速度误差与加速度计零偏引起的导航误差之间均存在微分关系。但注意到在初始对准的短时间内，$\cos(\omega_{ie}t)\approx 1$ 而 $\sin(\omega_{ie}t)\approx 0$，因而可以认为初始失准角与初始速度误差引起的误差均为常值。若能获取误差量测值，根据上述误差的演化规律，则可对各误差源进行估计辨识。

提取式（2-39）～式（2-45）中的非振荡项，有

$$\delta V_E(t)=\cos^2 L\varepsilon_N+R\sin L\cos L\varepsilon_U \tag{2-46}$$

$$\delta V_N(t)=\frac{\omega_s^2\cos L}{\omega_s^2-\omega_{ie}^2}\varepsilon_U \tag{2-47}$$

$$\phi_E(t)=-\frac{\nabla_N}{g} \tag{2-48}$$

$$\phi_N(t)=\frac{\nabla_E}{g} \tag{2-49}$$

$$\phi_U(t)=-\frac{\varepsilon_E}{\omega_{ie}\cos L}+\frac{\nabla_E\tan L}{g} \tag{2-50}$$

$$\delta L(t)=-\frac{\sin L}{\omega_{ie}}\varepsilon_N+\frac{\cos L}{\omega_{ie}}\varepsilon_U+\frac{\nabla_N}{g} \tag{2-51}$$

$$\delta\lambda(t)=-\frac{\tan L}{\omega_{ie}}\varepsilon_E+(\cos L\varepsilon_N+\sin L\varepsilon_U)t+\frac{\nabla_E}{g\cos L} \tag{2-52}$$

式（2-48）～式（2-50）表明在存在仪表误差时，姿态角存在常值误差，且该常值误差与式（3-13）及式（3-16）结论一致，可进一步参考 3.2.2 节分析。这

似乎说明，导航参数存在极限精度。式（2-52）表明，陀螺仪等效北向误差与天向误差将产生随时间累积的经度误差，以 0.01°/h 陀螺仪为例，在北纬 45°处 1h 将产生约 1n mile 的位置累积误差。

## 2.6 本章小结

本章介绍了 SINS 中常用坐标系，讨论了 SINS 解算更新方程以及 SINS 解算过程中的误差传播规律。本章分析认为，SINS 误差传播中的时域解可以为 SINS 误差源的估计辨识提供基础；SINS 误差传播中的常值项表明，SINS 导航参数存在极限值，而该极限值由仪表误差决定。

# 第 3 章　SINS 初始对准的基本原理与方法

## 3.1　引　　言

第 1 章分析表明，SINS 初始对准的目的是求解理想导航坐标系与载体坐标系之间的姿态矩阵；更一般意义上，初始对准的目的是驱动导航平台使其重合于理想导航坐标系，同时估计出仪表误差。本章讨论初始对准的信息源、基本原理及常用方法。

## 3.2　初始对准的基本原理

### 3.2.1　姿态矩阵与失准角的描述

1. 姿态矩阵的物理含义与描述

如第 1 章所述，SINS 以载体坐标系为参考，借助姿态矩阵建立了虚拟的数学平台。一般意义上姿态矩阵描述了两个坐标系之间的变换关系，姿态矩阵行/列元素可视为一个坐标系各轴在另一个坐标系中的投影。设矢量 $\boldsymbol{r}$ 在理想导航坐标系 $n$ 与载体坐标系 $b$ 中分别表示为 $\boldsymbol{r}^n$ 与 $\boldsymbol{r}^b$，则两者之间的关系可描述如下：

$$\boldsymbol{r}^n = \boldsymbol{C}_b^n \boldsymbol{r}^b \Leftrightarrow \begin{bmatrix} r_E^n \\ r_N^n \\ r_U^n \end{bmatrix} = \begin{bmatrix} C_{11} & C_{12} & C_{13} \\ C_{21} & C_{22} & C_{23} \\ C_{31} & C_{32} & C_{33} \end{bmatrix} \begin{bmatrix} r_x^b \\ r_y^b \\ r_z^b \end{bmatrix} \tag{3-1}$$

式中，$r_{E\sim U}^n$、$r_{x\sim z}^b$ 与 $C_{11\sim 33}$ 分别为向量 $\boldsymbol{r}^n$、$\boldsymbol{r}^b$ 与 $\boldsymbol{C}_b^n$ 中各元素，$\boldsymbol{r}^b$ 表示载体坐标系中沿 $z$ 轴的单位向量。不妨令 $\boldsymbol{r}^b = [0 \quad 0 \quad 1]^{\mathrm{T}}$，则有

$$\begin{bmatrix} r_E^n \\ r_N^n \\ r_U^n \end{bmatrix} = \begin{bmatrix} C_{11} & C_{12} & C_{13} \\ C_{21} & C_{22} & C_{23} \\ C_{31} & C_{32} & C_{33} \end{bmatrix} \begin{bmatrix} 0 \\ 0 \\ 1 \end{bmatrix} \tag{3-2}$$

根据矩阵影射关系，可以认为：矩阵元素 $C_{13}$、$C_{23}$ 与 $C_{33}$ 分别表示 $b$ 系中沿 $z$ 轴的单位向量在 $n$ 系中各轴的投影值；类似地，可以认为 $\boldsymbol{C}_b^n$ 中各列向量分别为载体坐标系 $b$ 的各单位轴 $x\sim z$ 在导航坐标系 $n$ 中的投影。进一步，可以认为 $\boldsymbol{C}_b^n$ 中各行向量为导航坐标系 $n$ 的各单位轴在载体坐标系 $b$ 中的投影。上述分析表明，求

解姿态矩阵可以通过分析一个坐标系轴在另一个坐标系中的投影来完成。

四元数是 SINS 中描述两坐标系之间姿态关系的另一种常用方法。顾名思义，四元数是由四个元素构成的数：

$$\boldsymbol{q}(q_0,q_1,q_2,q_3)=q_0+q_1\boldsymbol{i}+q_2\boldsymbol{j}+q_3\boldsymbol{k} \tag{3-3}$$

当上述 $\boldsymbol{q}$ 用于描述理想导航坐标系与载体坐标系之间姿态关系时，姿态矩阵 $\boldsymbol{C}_b^n$ 与四元数 $\boldsymbol{q}$ 之间存在如下关系：

$$\boldsymbol{C}_b^n=\begin{bmatrix} q_0^2+q_1^2-q_2^2-q_3^2 & 2(q_1q_2-q_0q_3) & 2(q_1q_3+q_0q_2) \\ 2(q_1q_2+q_0q_3) & q_0^2-q_1^2+q_2^2-q_3^2 & 2(q_2q_3-q_0q_1) \\ 2(q_1q_3-q_0q_2) & 2(q_2q_3+q_0q_1) & q_0^2-q_1^2-q_2^2+q_3^2 \end{bmatrix} \tag{3-4}$$

四元数固定矢量在两个坐标系 $\boldsymbol{r}^n$ 与 $\boldsymbol{r}^b$ 中进行转换时，存在如下关系：

$$\begin{cases} \boldsymbol{r}^n=\boldsymbol{C}_b^n\boldsymbol{r}^b \\ \boldsymbol{R}^n=\boldsymbol{q}\otimes\boldsymbol{R}^b\otimes\boldsymbol{q}^* \end{cases} \tag{3-5}$$

式中，$\boldsymbol{R}^n=\begin{bmatrix} 0 \\ \boldsymbol{r}^n \end{bmatrix}$；$\boldsymbol{R}^b=\begin{bmatrix} 0 \\ \boldsymbol{r}^b \end{bmatrix}$；$\otimes$ 表示四元数乘法；$\boldsymbol{q}^*$ 表示 $\boldsymbol{q}$ 的共轭。

2. 失准角的物理含义与描述

误差定义为测量值与参考值之间的差异，2.2 节描述了失准角为计算导航坐标系与理想导航坐标系之间的角度关系。综合考虑三个轴方向的失准角。不妨设导航平台与理想导航坐标系之间存在失准角 $\boldsymbol{\phi}=[\phi_E \quad \phi_N \quad \phi_U]^{\mathrm{T}}$，计算导航坐标系与理想导航坐标系之间的姿态矩阵 $\boldsymbol{C}_n^{\hat{n}}$ 可表示为

$$\boldsymbol{C}_n^{\hat{n}}=\begin{bmatrix} \cos\phi_N & 0 & -\sin\phi_N \\ 0 & 1 & 0 \\ \sin\phi_N & 0 & \cos\phi_N \end{bmatrix}\begin{bmatrix} 1 & 0 & 0 \\ 0 & \cos\phi_E & \sin\phi_E \\ 0 & -\sin\phi_E & \cos\phi_E \end{bmatrix}\begin{bmatrix} \cos\phi_U & \sin\phi_U & 0 \\ -\sin\phi_U & \cos\phi_U & 0 \\ 0 & 0 & 1 \end{bmatrix} \tag{3-6}$$

假设失准角足够小并满足线性条件假设，则式（3-6）可改写为

$$\boldsymbol{C}_n^{\hat{n}}=\begin{bmatrix} 1 & \phi_U & -\phi_N \\ -\phi_U & 1 & \phi_E \\ \phi_N & -\phi_E & 1 \end{bmatrix}=\boldsymbol{I}-\boldsymbol{\phi}\times \tag{3-7}$$

根据前面的分析，$\boldsymbol{C}_n^{\hat{n}}$ 同样也描述了一个坐标系轴在另一个坐标系中的投影。类似地，通过观测一个坐标系中的矢量在另一个坐标系中的投影可以完成姿态矩阵的求解。

### 3.2.2　地球运动与初始对准的信息源

1. 重力加速度/地球自转角速度与初始对准信息源

3.2.1 节第一部分将姿态矩阵 $\boldsymbol{C}_b^n$ 的求解问题归结为求解一个坐标系各轴在另一个坐标系中的投影值。

如图 3-1 所示，在 2.2 节的定义方式下，地球自转角速度在理想导航坐标系东向轴的投影为 0，在北向轴的投影为 $\omega_{ie}\cos L$，在天向轴的投影为 $\omega_{ie}\sin L$；地球重力加速度在水平轴（东向与北向）的投影为 0，在天向轴的投影为 $-g$。若不考虑仪表误差与运载体机动，陀螺仪测量值在理想导航坐标系中的理论投影值应为 $[0 \quad \omega_{ie}\cos L \quad \omega_{ie}\sin L]^{\mathrm{T}}$，加速度计测量值的理论投影值为 $[0 \quad 0 \quad g]^{\mathrm{T}}$。

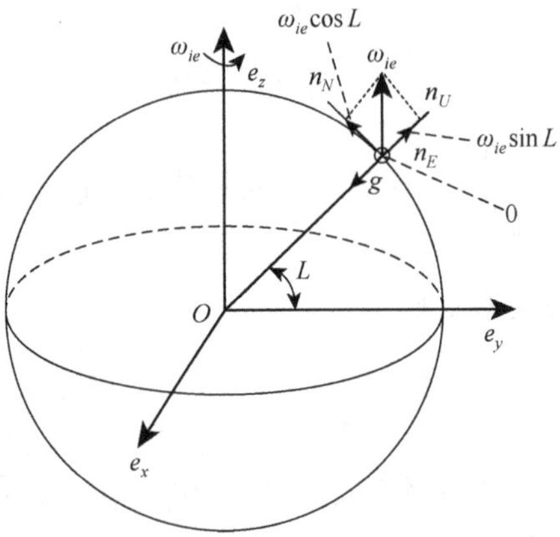


图 3-1　理想导航坐标系中的地球自转、重力投影值

SINS 中陀螺仪和加速度计在载体坐标系中分别测量载体坐标系相对于惯性空间的角速度和线加速度。如式（2-1）与式（2-6）所示，当运载体无角运动、无线运动时，陀螺仪测量值中只包含有地球自转信息，而加速度计测量值中只包含有重力加速度信息。

上述分析表明，在运载体无角运动、无线运动的理想静止条件下，利用陀螺仪和加速度测量值可以获取地球自转和重力加速度信息在载体坐标系中的投影；利用运载体位置信息可以获取地球自转和重力加速度在理想导航坐标系中的投影。这为求解理想导航坐标系 $n$ 各轴在载体坐标系 $b$ 中的投影，或求解载体坐标系 $b$ 各轴在理想导航坐标系 $n$ 中的投影提供了基础。本书将在 3.3.1 节与第 4 章中针对该问题进行探讨。

2. 失准角耦合地球运动与初始对准信息源

3.2.1 节第二部分描述了失准角 $\boldsymbol{\phi}$ 及失准角阵 $\boldsymbol{C}_n^{\hat{n}}$。参考上述分析，求解上述矩阵 $\boldsymbol{C}_n^{\hat{n}}$ 需要分别获取地球自转和重力加速度信息在理想导航坐标系和计算导航坐标系中的投影。其中地球自转和重力加速度信息在理想导航坐标系中的投影由运载体所处纬度计算；而其在计算导航坐标系中的投影则无法直接测量，需要借助了载体坐标系中的仪表测量以及姿态矩阵 $\boldsymbol{C}_b^{\hat{n}}$ 进行投影来获取。

换言之，失准角与地球运动的耦合值体现在仪表测量值在计算坐标系的投影值中。通过调整 $\boldsymbol{C}_b^{\hat{n}}$ 来改变测量值的投影可以调整数学平台，当投影值与地球运动在理想导航坐标系中的理论值相同时，可以认为对准完成。本节主要讨论失准角带来的计算导航坐标系中的对准信息源，如何调整 $\boldsymbol{C}_b^{\hat{n}}$ 将在 3.3.2 节和后续章节中讨论。

1）失准角带来的直接观测值

将图 3-1 表示在二维平面中，可得到图 3-2。在图 3-2（a）中，不妨设导航平台绕北向轴 $n_N$ 转动带来失准角 $\phi_N$，则该失准角会耦合重力加速度带来加速计测量值在计算导航系东向轴投影值 $-g\sin\phi_N$，显然该值为失准角 $\phi_N$ 的直接表现。

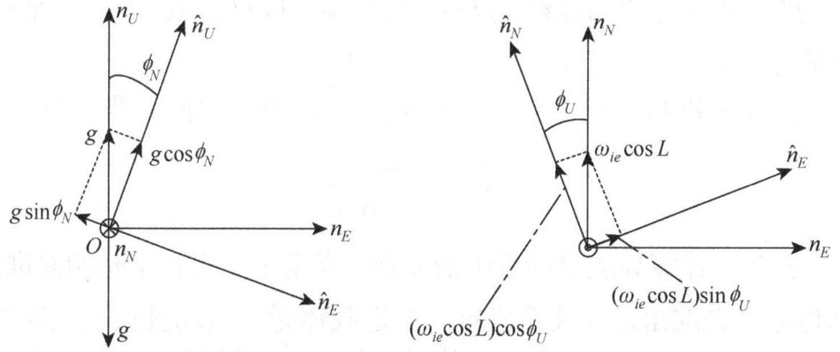


(a) 横摇失准角带来的重力耦合加速度　　(b) 方位失准角带来的地球自转耦合角速度

图 3-2　失准角带来的导航平台上仪表投影值

如图 3-2（b）中，不妨设导航平台绕天向轴 $n_U$ 转动带来失准角 $\phi_U$，则该失准角会耦合地球自转在北向轴的投影 $\omega_{ie}\cos L$ 带来计算导航系东向轴投影值 $(\omega_{ie}\cos L)\sin\phi_U$。显然通过比较仪表理论投影值与实际投影值之间的差异，可以获得失准角的直接观测值。注：此处失准角与观测值之间耦合系数为确定值，因而本书将其视为直接观测值。

若不考虑运载体晃动、线运动，并假设失准角为小量，理想导航坐标系中的重力加速度、地球自转角速度在计算导航坐标系中的投影分别为

$$\boldsymbol{a}^{\hat{n}}=\begin{bmatrix}a_E^{\hat{n}}\\a_N^{\hat{n}}\\a_U^{\hat{n}}\end{bmatrix}=\begin{bmatrix}1&\phi_U&-\phi_N\\-\phi_U&1&\phi_E\\\phi_N&-\phi_E&1\end{bmatrix}\begin{bmatrix}0\\0\\g\end{bmatrix}=\begin{bmatrix}-\phi_N g\\\phi_E g\\g\end{bmatrix}\tag{3-8}$$

$$\boldsymbol{\omega}_{i\hat{n}}^{\hat{n}}=\begin{bmatrix}\omega_{i\hat{n}E}^{\hat{n}}\\\omega_{i\hat{n}N}^{\hat{n}}\\\omega_{i\hat{n}U}^{\hat{n}}\end{bmatrix}=\begin{bmatrix}1&\phi_U&-\phi_N\\-\phi_U&1&\phi_E\\\phi_N&-\phi_E&1\end{bmatrix}\begin{bmatrix}0\\\omega_{ie}\cos L\\\omega_{ie}\sin L\end{bmatrix}=\begin{bmatrix}\phi_U\omega_{ie}\cos L-\phi_N\omega_{ie}\sin L\\\phi_E\omega_{ie}\sin L+\omega_{ie}\cos L\\-\phi_E\omega_{ie}\cos L+\omega_{ie}\sin L\end{bmatrix}\tag{3-9}$$

显然利用式(3-8)以及 $\hat{n}$ 系中加速度计水平投影值可以观测水平失准角大小，即

$$\begin{cases}\hat{\phi}_E=\dfrac{a_N^{\hat{n}}}{g}\\\hat{\phi}_N=-\dfrac{a_E^{\hat{n}}}{g}\end{cases}\tag{3-10}$$

式中，$\hat{\phi}_E$ 与 $\hat{\phi}_N$ 为东向失准角与北向失准角的解算值。

在式（3-10）中，计算导航坐标系上的加速度测量值投影与失准角之间存在确定的映射关系。在运载体无线运动且仪表无误差的理想条件下，可直接以式中加速度计水平投影值 $a_E^{\hat{n}}$ 与 $a_N^{\hat{n}}$ 计算水平失准角；也可以通过某种方式调整姿态矩阵 $\boldsymbol{C}_b^{\hat{n}}$，使得 $\tilde{\boldsymbol{f}}^b$ 在水平方向的投影 $a_E^{\hat{n}}$ 与 $a_N^{\hat{n}}$ 均为零，则可完成 SINS 水平对准，并消除水平失准角。

在完成水平对准后，进一步利用式（3-9）可求解方位失准角为

$$\hat{\phi}_U=\frac{\omega_{i\hat{n}E}^{\hat{n}}}{\omega_{ie}\cos L}\tag{3-11}$$

式（3-11）表明，计算导航坐标系中的陀螺仪信息 $\omega_{i\hat{n}E}^{\hat{n}}$ 提供了初始对准的信息源，且该信息与方位失准角之间关系确定。在运载体无线运动且仪表无误差的理想条件下，类似水平失准角的处理，可直接以陀螺仪东向轴投影 $\omega_{i\hat{n}E}^{\hat{n}}$ 计算方位失准角；也可以通过某种方式调整姿态矩阵 $\boldsymbol{C}_b^n$，使得 $\tilde{\boldsymbol{\omega}}_{ib}^b$ 在东向轴 $n_E$ 的投影 $\omega_{i\hat{n}E}^{\hat{n}}$ 为零，则可完成 SINS 方位对准，并消除方位失准角。

2）失准角/仪表误差与直接观测值

上述分析是一种理想假设，仪表测量值中一定存在系统误差和随机噪声。不妨设在导航坐标系中，陀螺仪与加速度计分别存在的系统误差为 $\boldsymbol{\varepsilon}^n=[\varepsilon_E\quad\varepsilon_N\quad\varepsilon_U]^{\mathrm{T}}$ 和 $\boldsymbol{\nabla}^n=[\nabla_E\quad\nabla_N\quad\nabla_U]^{\mathrm{T}}$。对于 GINS 而言，因惯性仪表直接安装在机电平台上，其仪表误差即为导航坐标系中的仪表测量误差；而在 SINS 中，因惯性仪表安装在载体上，上述误差为仪表误差在导航坐标系中的投影值，即等效误差，仪表误差与等效误差间存在如下关系：$\boldsymbol{\varepsilon}^n=\boldsymbol{C}_b^n\boldsymbol{\varepsilon}^b$ 和 $\boldsymbol{\nabla}^n=\boldsymbol{C}_b^n\boldsymbol{\nabla}^b$。

在仪表存在误差时，理想导航坐标系中的重力加速度在计算导航坐标系中的投影仍如式（3-8）所示，但加速度计投影值中包含了仪表误差，从而有

$$\begin{bmatrix} \hat{a}_E^{\hat{n}} \\ \hat{a}_N^{\hat{n}} \\ \hat{a}_U^{\hat{n}} \end{bmatrix} = \begin{bmatrix} -\phi_N g \\ \phi_E g \\ g \end{bmatrix} + \begin{bmatrix} \nabla_E \\ \nabla_N \\ \nabla_U \end{bmatrix} \tag{3-12}$$

根据式（3-10），可利用式（3-12）求解水平失准角，分别从如下两个角度进行讨论。

（1）不妨假设计算导航坐标系与理想导航坐标系重合，即真实失准角为零；而此时，根据式（3-12）与式（3-10）求得的计算导航坐标系与理想导航坐标系之间的姿态角分别为$\nabla_N / g$与$-\nabla_E / g$。根据误差的定义，失准角等于计算值减去理论（真实参考）值，从而有失准角为

$$\begin{cases} \hat{\phi}_E = \dfrac{\nabla_N}{g} - 0 = \dfrac{\nabla_N}{g} \\ \hat{\phi}_N = -\dfrac{\nabla_E}{g} - 0 = -\dfrac{\nabla_E}{g} \end{cases} \tag{3-13}$$

（2）若利用某种方式，调整数学平台$\boldsymbol{C}_b^{\hat{n}}$使得式（3-12）中的$\hat{a}_E^{\hat{n}}$与$\hat{a}_N^{\hat{n}}$均为零，此时根据式(3-10)求得的计算导航坐标系与理想导航坐标系之间的姿态角均为0；而实际姿态角分别为$-\nabla_N / g$与$\nabla_E / g$。计算值减去理论（真实参考）值，有失准角为

$$\begin{cases} \hat{\phi}_E = 0 - \left(-\dfrac{\nabla_N}{g}\right) = \dfrac{\nabla_N}{g} \\ \hat{\phi}_N = 0 - \dfrac{\nabla_E}{g} = -\dfrac{\nabla_E}{g} \end{cases} \tag{3-14}$$

式（3-13）与式（3-14）表明，上述两种分析方法的结论完全一致：在仪表存在系统误差时，对准存在极限精度。其中，纵摇对准极限精度由北向加速度计等效误差决定，而横摇对准极限精度由东向加速度计等效误差决定。

类似地，式（3-9）可改写为

$$\begin{bmatrix} \hat{\omega}_{i\hat{n}E}^{\hat{n}} \\ \hat{\omega}_{i\hat{n}N}^{\hat{n}} \\ \hat{\omega}_{i\hat{n}U}^{\hat{n}} \end{bmatrix} = \begin{bmatrix} \phi_U \omega_{ie} \cos L - \phi_N \omega_{ie} \sin L \\ \phi_E \omega_{ie} \sin L + \omega_{ie} \cos L \\ -\phi_E \omega_{ie} \cos L + \omega_{ie} \sin L \end{bmatrix} + \begin{bmatrix} \varepsilon_E \\ \varepsilon_N \\ \varepsilon_U \end{bmatrix} \tag{3-15}$$

根据式（3-11），利用式（3-15）可求解方位失准角。类似于水平失准角的分析方法，方位对准的极限精度为

$$\hat{\phi}_U = \frac{\varepsilon_E - \phi_N \omega_{ie} \sin L}{\omega_{ie} \cos L} = \frac{\varepsilon_E}{\omega_{ie} \cos L} - \frac{\nabla_E}{g} \tan L \tag{3-16}$$

注意到：地球自转角速度为 15°/h（0.00417°/s 或 0.000073rad/s）。式（3-16）所示航向解析方法对陀螺仪的分辨率提出了较高的要求。此外，上述求解过程没有考虑仪表的随机噪声和可能的环境干扰，在噪声干扰较大和环境振动条件下，上述地球自转角速度可能被完全淹没在随机噪声和振动干扰中。在使用式（3-13）与式（3-16）进行对准时，需要特别地对随机噪声和环境干扰问题进行处理，这会限制上述解析方法的应用。但式（3-10）、式（3-11）、式（3-13）与式（3-16）提供了初始对准的理论分析基础，后续各章节仿真也验证了上述公式。

此外，式（3-10）～式（3-13）、式（3-16）中的结论与式（2-48）～式（2-50）相差一负号。根据上述分析，式（2-48）～式（2-50）中的失准角应理解为对准过程中获取的真实姿态角，其对应的计算值均为零。

3）失准角/仪表误差与间接观测值

由于仪表噪声、分辨率以及运动环境干扰等原因，直接观测计算导航坐标系中的惯性仪表投影值，精度有限，因而初始对准精度也有限。

与直接观测相对应的是间接观测。以图 3-3 所示的平台东向通道（回路）为例进行分析。这里的东向回路具体指沿着平台东向轴的加速度计、速度计算回路。在该回路中，北向失准角 $\phi_N$ 耦合重力加速度后投影值 $-\phi_N g$ 与加速度计等效东向零偏 $\nabla_E$ 一起表现为导航平台上加速度计测量值的投影 $\nabla_E - \phi_N g$（该值为失准角的直接体现）；积分后表现为东向速度误差 $\delta V_E$；该速度误差 $\delta V_E$ 将引起错误的平台控制指令 $-\delta V_E/R$（绕北向轴转动），并与陀螺仪等效北向零偏 $\varepsilon_N$ 一起表现为导航平台上陀螺仪测量值的投影 $\varepsilon_N + \delta V_E / R$；积分后表现为北向失准角。

上述分析表明，东向速度误差提供了北向失准角的观测值。不同于导航平台上仪表测量值的投影，该值与失准角之间存在随时间变化的累积关系，因而称为间接观测值。当运载体无线运动时，GINS 导航解算的速度值即为误差；而当运载体有线运动时，需要借助外部速度辅助系统来求解该误差值（注：外部速度辅助系统也可能存在误差，从而带来速度观测误差）。此外，从速度误差观测值中反演失准角，需要建立失准角到间接观测值间的传播模型。

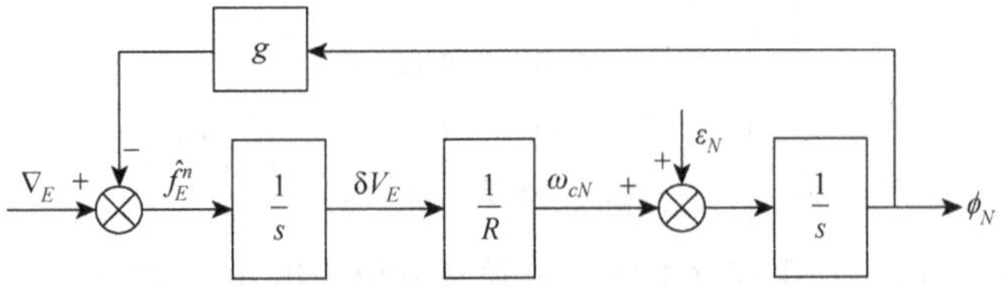


图 3-3　导航平台东向回路误差传播过程

类似的分析也可针对北向通道（回路）。这里的北向回路具体指沿着平台北向轴的加速度计、速度计算回路。在图 3-4 所示的北向回路中，北向速度误差 $\delta V_N$ 引起的错误平台控制指令 $\delta V_N/R$（绕西向轴转动）与陀螺仪等效东向零偏 $\varepsilon_E$、天向失准角 $\phi_U$ 与地球自转角速度 $\omega_{ie}\cos L$ 耦合项一起表现为陀螺仪测量值在导航平台上的投影 $\varepsilon_E - \delta V_N / R - \phi_U \omega_{ie} \cos L$，该值积分后表现为东向失准角 $\phi_E$，并进一步引起北向速度误差 $\delta V_N$。上述过程中，东向失准角 $\phi_E$ 与天向失准角 $\phi_U$ 一起表现为北向速度误差，或者说北向速度误差为 $\phi_E$ 与 $\phi_U$ 的间接观测值，其中 $\phi_U$ 需要通过 $\phi_E$ 来间接引起北向速度误差。

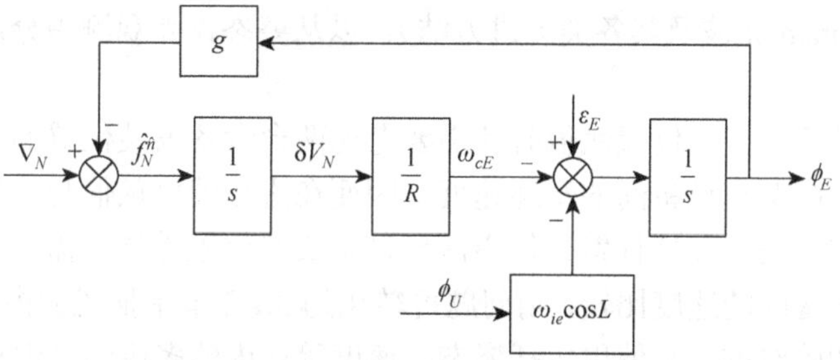


图 3-4　导航平台北向回路误差传播过程

一般地，图 3-4 中天向失准角与其引起的平台控制指令间的耦合系数 $\omega_{ie}\cos L$ 常被定义为罗经项。由于地球自转角速度量值较小，罗经项的量值也较小，这表明要引起相同量值的北向速度误差，天向失准角与北向失准角所需的时间不同。但罗经项以及积分环境的存在使得两个失准角引起的北向速度误差呈现不同的规律，这也为从间接观测值中反演各误差源提供了理论基础。

在图 3-3 与图 3-4 中，陀螺仪误差累积为失准角误差需要进行积分、加速度计误差累积为速度误差也需要进行积分，积分过程可以有效平滑仪表噪声以及环境干扰引起的运载体小幅振荡，从而一定程度上降低了仪表噪声与环境噪声的负面影响。

但是间接观测需要时间来进行误差的累积，尤其需要很长的时间来进行天向失准角到速度误差的累积；而且由于多个误差源表现为同一个误差量测值，需要进一步采取措施以进行误差源的解耦。具体将在第 6～8 章中进行讨论。

### 3.2.3　已对准设备与初始对准信息源

在 SINS 的一类应用场合中，运载体上装载有其他的导航设备，如高精度且已经完成对准的 GINS 或 SINS。假设两台设备安装距离足够近，以至于可以忽略安装位置差异带来的理想导航坐标系 $n$ 的不同；假设运载体为刚体且两台设备安装面之间无变形，以至于可以认为两台设备具有相同的载体坐标系 $b$。因两者的理想导航坐标系与载体坐标系相同，因而可以将已对准好设备的姿态矩阵 $C_b^n$、速度与位置直接赋值给待对准的 SINS。

上述直接赋值的方法包含了理想导航坐标系与载体坐标系均相同的两个假设。一般地，由于运载体尺寸有限（与地球半径相比），可以认为两台设备之间理想导航坐标系近似相同；然而由于运载体总是存在形变且外部载荷作用不均匀等原因，两台设备安装基座间总是存在形变（包括有静态变形和挠曲变形），即无法满足载体坐标系相同的假设。此时需要对形变规律进行建模，并利用专用的数学工具（如 Kalman 滤波及其各类改进方法），以从姿态误差观测中分离形变、失准角等误差。

此外在进行速度、位置赋值时还需要考虑两台设备安装位置的差异，如运载体角运动会引起两台设备间的牵连速度，因而在进行速度赋值与比较时，需要进行杆臂速度的补偿。此处杆臂具体指两台设备安装位置差异。需要注意的是，若仅进行两台设备间的速度比较，则问题可转化为 3.2.2 节中描述的内容。利用已对准设备进行初始对准，常使用包括姿态、速度等在内的多源信息进行匹配比较。

若两台设备均为 SINS，则两者均可以提供陀螺仪和加速度计测量值。不妨假设，上述假设条件均可满足，即两者的载体坐标系相同，两台设备中的陀螺仪测量的是同一个物理量——运载体相对于惯性空间的角速度，此时通过比较两者陀螺仪信息，则可以对待对准设备的陀螺仪误差进行估计。类似地，可以对加速度计进行类似估计。但由于运载体角运动会引起两台设备之间的牵连加速度，因而在进行加速度比较前，需要进行杆臂加速度的补偿。显然，考虑到载体形变，参照上述姿态赋值的分析，在进行仪表测量值比较时，也需要考虑载体形变引起的两台设备仪表测量值间的差异。

综上可以认为，运载体上已经对准好的 INS 为待对准的 SINS 提供了较好的参考信息源，可根据已对准好设备的类型分别进行姿态、速度与位置或（和）仪表测量值的赋值与比较，以完成待对准设备的初始对准。这部分内容属于传递对准，将在第 9 章中进行讨论。

### 3.2.4　地磁场信息与初始对准信息源

3.2.2 节提供的初始对准信息源方法要求 SINS 中的惯性仪表能够准确测量地球自转；3.2.3 节提供的初始对准信息源方法要求待对准设备能够测量载体运动。上述两种方法均对陀螺仪精度提出了较高要求。但对于低成本 MEMS-IMU 而言，MEMS 陀螺仪不能测量地球自转角运动，无法利用陀螺仪测量值来完成方位对准，地磁场信息提供了一种方位对准途径。

地磁场是指地球内部存在的天然磁性现象。地球可视为一个磁偶极，其中一极位于地理北极附近，另一极位于地理南极附近。通过这两个磁极的假想直线（磁轴）与地球的自转轴构成一定角度的磁倾角。地磁场包括基本磁场和变化磁场两个部分。基本磁场是地磁场的主要部分，起源于固体地球内部，比较稳定，属于静磁场部分。变化磁场包括地磁场的各种短期变化，主要起源于固体地球外部，相对比较微弱。地球变化磁场可分为平静变化和干扰变化两大类型。在低成本 MEMS-IMU 应用中，初始对准主要使用的信息源为地磁场中的静磁场。

与重力加速度与地球自转等物理量类似，地磁场的相关参数也可借助理想导航坐标系来进行描述。定义地磁场的子午线与地理子午线间（北向）的夹角为磁偏角，在地球任意确定的位置，磁偏角在一个长周期内均为确定值；磁场方向与水平面方向间的夹角为磁倾角。假设磁力仪各轴与惯性组件以及载体坐标系各轴重合，则磁力仪各轴测量值可借助于水平姿态投影到水平轴，比较地磁场水平投影值可获取地磁场北，进一步补偿磁偏角后，可完成航向对准。具体将在第 10 章中进行探讨。

需要注意的是，除上述地磁场参数直接解算外，地磁场在初始对准中还存在其他使用方式。具体包括：将磁力计作为一类已经对准好的设备，提供航向量测信息，如 3.2.3 节所述；利用地磁场辅特征信息来获取运载体位置，并进一步提供位置误差量测值，如 3.2.2 节所述。本书将地磁场辅助对准限定为解析对准。

## 3.3　初始对准的基本方法

### 3.3.1　数学解析法

1. 双矢量定姿

第 1 章将 SINS 初始对准问题总结为求解导航开始时刻理想导航坐标系与载体坐标系之间的姿态矩阵 $\boldsymbol{C}_b^n$；与此同时，SINS 数学平台无质量、无阻尼以及无弹性形变的特性，也决定了该平台可以直接赋值。3.2.1 节将 $\boldsymbol{C}_b^n$ 的求解问题归结为求解理想导航坐标系各轴在载体坐标系中的投影，或载体坐标系各轴在理想导航坐标系中的投影；3.2.2 节给出了地球自转与重力加速度提供的信息源——地球运动在理想导航坐标系中投影值以及在载体坐标系中的测量值。

在已知两个矢量（地球自转角速度、重力加速度）在理想导航坐标系与载体坐标系中的投影值时，利用双矢量定姿方法可求解 $\boldsymbol{C}_b^n$。

双矢量定姿主要利用两个不共线的矢量来求解两个坐标系之间的姿态矩阵。如图 3-5 所示，求解坐标系 $a$ 和 $b$ 之间的姿态矩阵 $\boldsymbol{C}_a^b$，可通过寻找两个不共线的

矢量 $\boldsymbol{A}$ 和 $\boldsymbol{B}$，分别求解两个矢量在两个坐标系中的投影值 $\boldsymbol{A}^a$ 和 $\boldsymbol{B}^a$ 以及 $\boldsymbol{A}^b$ 和 $\boldsymbol{B}^b$，进一步通过如下公式求解：

$$\boldsymbol{C}_b^a=\begin{bmatrix}(\boldsymbol{A}^a)^{\mathrm{T}}\\(\boldsymbol{A}^a\times\boldsymbol{B}^a)^{\mathrm{T}}\\(\boldsymbol{A}^a\times\boldsymbol{B}^a\times\boldsymbol{A}^a)^{\mathrm{T}}\end{bmatrix}^{-1}\begin{bmatrix}(\boldsymbol{A}^b)^{\mathrm{T}}\\(\boldsymbol{A}^b\times\boldsymbol{B}^b)^{\mathrm{T}}\\(\boldsymbol{A}^b\times\boldsymbol{B}^b\times\boldsymbol{A}^b)^{\mathrm{T}}\end{bmatrix}\tag{3-17}$$

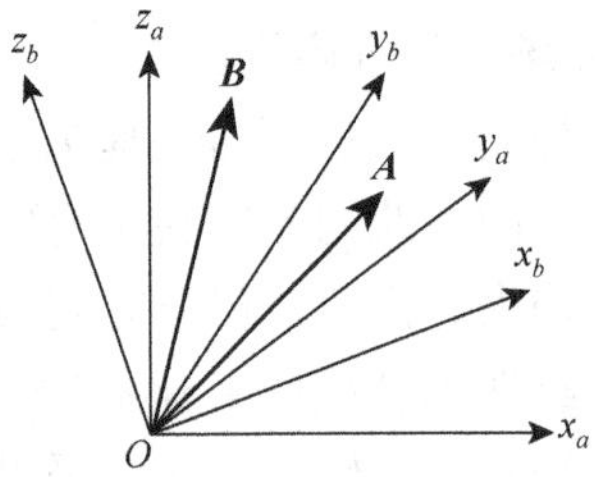

图 3-5　双矢量定姿原理示意图

双矢量定姿算法要求矢量 $\boldsymbol{A}$ 和 $\boldsymbol{B}$ 不共线，而在地球上除南北极点外，地球自转角速度与重力加速度一定不共线。因而在 SINS 双矢量定姿过程中，地球自转角速度与重力加速度成为两个不共线矢量的首选。理论上，只要上述两矢量不共线，就可以使用双矢量定姿算法。但仪表存在测量误差，因而在接近南北极时，也存在矢量共线风险。此外，该方法直接使用了仪表测量值，对准精度受制于仪表噪声、测量误差以及载体机动干扰等。

近年来，广大学者针对地球自转角速度与重力加速度信息使用方法进行了研究，提出了一种基于重力视运动的解析对准方法。该内容将在第 4 章与第 5 章进行讨论。

2. 磁辅助定向

如 3.2.4 节分析，地磁场信息可以辅助低精度 MEMS-IMU 完成航向对准。对准过程中，地磁场信息与重力信息共同完成姿态矩阵的解析。该内容将在第 10 章中进行讨论。

### 3.3.2　反馈控制法

3.2.2 节分析表明当平台未对准、存在失准角时，地球运动参数总会直接体现在仪表测量值在计算导航坐标系的投影值中，或间接体现在导航参数中。换言之，当平台失准角消除后，计算导航坐标系中的水平加速度计投影值为零、东向陀螺仪投影值为零，或导航参数误差为零。这就为初始对准提供了一种思路：可以通过某种方法调整平台，并观测仪表投影值或导航误差，进而减小或消除失准角。

1. 基于经典控制理论的罗经法对准

罗经法对准是一种经典的、成熟的和广泛应用的基于经典控制理论的反馈控制对准方法。该方法以图 3-3 与图 3-4 中的水平速度误差为量测值，设计相应的控制规律来调整平台，通过调整—比较—再调整这样一个时间轴串行的过程，来逐步减小和消除失准角。该方法基于经典控制理论，本质上是一种 PI 控制算法，无法严格地从误差量测中反演误差源；而 3.2.2 节的分析表明，各误差源与误差量测间演化关系复杂且存在耦合，如纵摇失准角与方位失准角均可表现为北向速度误差。在无法从误差量测值中解耦各误差源时，罗经法对准采用分阶段解决不同矛盾的做法。首先忽略方位失准角，将纵摇失准角作为北向速度误差的主要来源；在完成水平对准（纵摇失准角足够小）后，再解决方位失准角问题。具体分析详见第 6 章。

2. 基于现代控制理论的组合对准

组合对准也是一种成熟和广泛应用的对准方法，该方法是一种建立在现代控制理论基础上的对准方法，同样是一种基于反馈控制思想的对准方法。该方法首先建立误差源与误差量测之间的状态空间模型（描述误差源的传播规律），利用其他辅助系统提供的速度或（和）位置信息构建误差量测值，以 Kalman 滤波算法及其各类改进算法作为数学融合工具，从误差量测中估计得到各误差源。在对各误差源进行补偿后，重复上述过程，直至误差量测值消除或足够小。

该方法与罗经法对准过程类似，均采用了调整—比较—再调整的反馈思想。但罗经法对准利用了 PI 控制算法，而组合对准则是建立在状态方程、量测方程以及融合算法的基础上。状态方程描述了各误差源与误差量测之间的演化规律，如纵摇失准角与航向失准角均引起北向速度误差，但两者演化过程不同，因而可以加以区分。理论上该方法不需要分阶段处理不同的误差。具体分析详见第 7 章与第 8 章。一般地，由于量测信息常为误差源的非直接观测值，因而在应用该方法前，需要讨论各误差源是否可观以及可观测度的大小。

3. 基于现代控制理论的传递对准

传递对准也是一种基于反馈控制思想与现代控制理论的对准方法。如 3.2.3 节所述，由于运载体自身的形变，待对准设备若直接利用已对准设备进行直接赋值，则存在较大的误差。此时需要进一步根据载体形变规律以及待对准设备各误差的演化规律，利用 Kalman 滤波及其各类改进算法进行误差反演，以完成初始对准。具体将在第 9 章讨论该问题。

## 3.4　Kalman 滤波理论与方法

### 3.4.1　Kalman 滤波原理

1. 离散系统的数学描述

在实际工程应用中，通常是将系统离散化，用离散化后的差分方程来描述连

续系统。离散后系统的状态方程和量测方程分别为

$$\boldsymbol{X}_k = \boldsymbol{\Phi}_{k/k-1}\boldsymbol{X}_{k-1} + \boldsymbol{\Gamma}_{k-1}\boldsymbol{W}_{k-1} \tag{3-18}$$

$$\boldsymbol{Z}_k = \boldsymbol{H}_k\boldsymbol{X}_k + \boldsymbol{V}_k \tag{3-19}$$

式中，$\boldsymbol{X}_k$ 是 $n\times1$ 的状态向量；$\boldsymbol{Z}_k$ 是 $m\times1$ 的量测向量；$\boldsymbol{\Phi}_{k/k-1}$ 为 $n\times n$ 的状态一步转移矩阵；$\boldsymbol{\Gamma}_{k-1}$ 为 $n\times l$ 的系统噪声分配矩阵；$\boldsymbol{H}_k$ 为 $m\times n$ 的量测矩阵；$\boldsymbol{W}_{k-1}$ 为 $l\times1$ 的系统噪声向量；$\boldsymbol{V}_k$ 为 $m\times1$ 的量测噪声向量，两者都是零均值的高斯白噪声向量序列（服从正态分布），且它们之间互不相关，即满足

$$\begin{cases} E[\boldsymbol{W}_k] = \boldsymbol{0}, & E[\boldsymbol{W}_k\boldsymbol{W}_j^{\mathrm{T}}] = \boldsymbol{Q}_k\delta_{kj} \\ E[\boldsymbol{V}_k] = \boldsymbol{0}, & E[\boldsymbol{V}_k\boldsymbol{V}_j^{\mathrm{T}}] = \boldsymbol{R}_k\delta_{kj} \\ E[\boldsymbol{W}_k\boldsymbol{V}_j^{\mathrm{T}}] = \boldsymbol{0} \end{cases} \tag{3-20}$$

式中，$\delta_{kj}$ 是 Kronecker-$\delta$ 函数；$\boldsymbol{Q}_k$ 与 $\boldsymbol{R}_k$ 为系统过程噪声及系统量测噪声的方差阵。

2. 离散 Kalman 滤波方程

如果被估计状态 $\boldsymbol{X}_k$ 和量测量 $\boldsymbol{Z}_k$ 满足式（3-18）及式（3-19）的约束，系统过程噪声 $\boldsymbol{W}_k$ 和测量噪声 $\boldsymbol{V}_k$ 满足式（3-20）的假设，$\boldsymbol{Q}_k$ 非负定，$\boldsymbol{R}_k$ 正定，$k$ 时刻的量测量为 $\boldsymbol{Z}_k$，则 $\boldsymbol{X}_k$ 的估计 $\hat{\boldsymbol{X}}_k$ 可按下述方程求解。

状态一步预测方程：

$$\hat{\boldsymbol{X}}_{k/k-1} = \boldsymbol{\Phi}_{k/k-1}\hat{\boldsymbol{X}}_{k-1} \tag{3-21}$$

状态一步预测均方误差方程：

$$\boldsymbol{P}_{k/k-1} = \boldsymbol{\Phi}_{k/k-1}\boldsymbol{P}_{k-1}\boldsymbol{\Phi}_{k/k-1}^{\mathrm{T}} + \boldsymbol{\Gamma}_{k-1}\boldsymbol{Q}_{k-1}\boldsymbol{\Gamma}_{k-1}^{\mathrm{T}} \tag{3-22}$$

滤波增益方程：

$$\boldsymbol{K}_k = \boldsymbol{P}_{k/k-1}\boldsymbol{H}_k^{\mathrm{T}}(\boldsymbol{H}_k\boldsymbol{P}_{k/k-1}\boldsymbol{H}_k^{\mathrm{T}} + \boldsymbol{R}_k)^{-1} \tag{3-23}$$

状态估值计算方程：

$$\hat{\boldsymbol{X}}_k = \hat{\boldsymbol{X}}_{k/k-1} + \boldsymbol{K}_k(\boldsymbol{Z}_k - \boldsymbol{H}_k\hat{\boldsymbol{X}}_{k/k-1}) \tag{3-24}$$

状态估计均方误差方程：

$$\boldsymbol{P}_k = (\boldsymbol{I} - \boldsymbol{K}_k\boldsymbol{H}_k)\boldsymbol{P}_{k/k-1} \tag{3-25}$$

式（3-21）～式（3-25）即为随机线性离散系统 Kalman 滤波基本方程。只要给定初值 $\hat{\boldsymbol{X}}_0$ 和 $\boldsymbol{P}_0$，根据 $k$ 时刻的量测值 $\boldsymbol{Z}_k$ 就可以递推计算 $k$ 时刻的状态估计值 $\hat{\boldsymbol{X}}_k$。

分析可知，在一个滤波周期内，Kalman 滤波具有两个明显的信息更新过程：时间更新过程和量测更新过程。式（3-21）说明了由 $k-1$ 时刻的状态估计值预测 $k$ 时刻状态的方法，式（3-22）对这种预测的质量做了定量描述。两式的计算中仅使用了与系统的动态特性有关的信息，如状态一步转移矩阵、噪声输入矩

阵、过程噪声方差阵。从时间的推移过程来看，两式将时间从 $k-1$ 时刻推进至 $k$ 时刻，描述了 Kalman 滤波的时间更新过程。其余诸式用来计算对时间更新值的校正量，该校正量由时间更新的质量 ($\boldsymbol{P}_{k,k-1}$)、量测信息的质量 ($\boldsymbol{R}_k$)、量测与状态的关系 ($\boldsymbol{H}_k$) 以及具体的量测信息 $\boldsymbol{Z}_k$ 所确定，所有这些方程围绕一个目的，即正确、合理地利用量测值 $\boldsymbol{Z}_k$，所以这一过程描述了 Kalman 滤波的量测更新过程。

以上方程表示的滤波算法可以用方框流程图表示，如图 3-6 所示。从图中可以明显看出，Kalman 滤波具有两个计算回路：增益计算回路和滤波计算回路。其中，增益计算回路是独立计算的，而滤波计算回路依赖于增益计算回路。

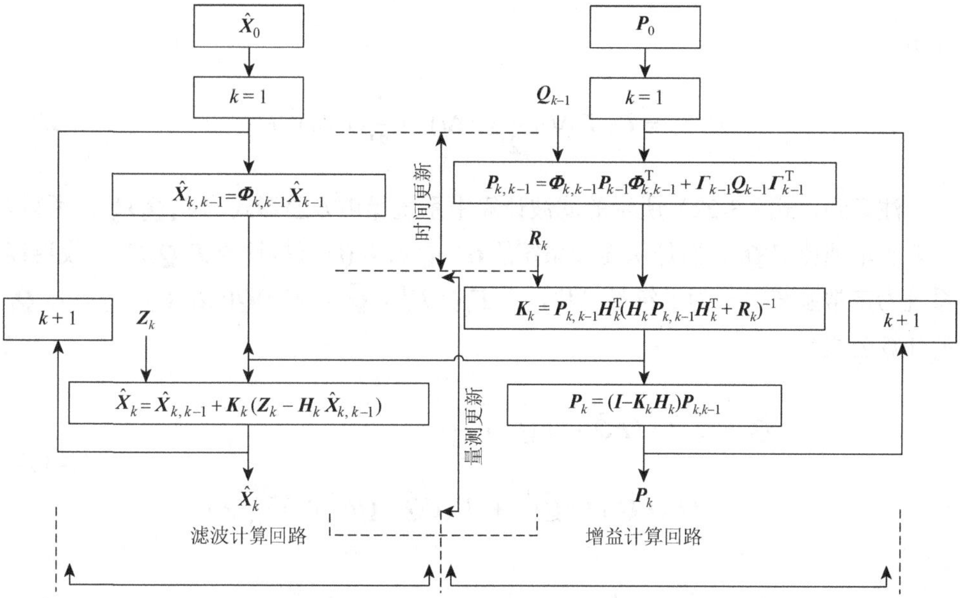


图 3-6　离散 Kalman 滤波算法方框图

由 Kalman 滤波的推导知，式（3-21）～式（3-25）所示基本方程只适用于状态方程和量测方程都是离散型的情况。但实际物理系统的动力学特性常用连续微分方程描述，如 2.4.2 节所述的 SINS 误差传播方程。所以使用基本方程之前必须对系统状态方程和量测方程进行离散化处理。

设线性连续系统的状态方程和量测方程为

$$\begin{cases}\dot{\boldsymbol{X}}(t)=\boldsymbol{F}(t)\boldsymbol{X}(t)+\boldsymbol{G}(t)\boldsymbol{W}(t)\\\boldsymbol{Z}(t)=\boldsymbol{H}(t)\boldsymbol{X}(t)+\boldsymbol{V}(t)\end{cases}\tag{3-26}$$

状态方程和量测方程中的系统噪声具有如下性质：

$$\begin{cases} E[\boldsymbol{W}(t)]=0, \quad E[\boldsymbol{V}(t)]=0 \\ E[\boldsymbol{W}(t)\boldsymbol{W}^{\mathrm{T}}(t)]=\boldsymbol{Q}(t)\delta(t-\tau) \\ E[\boldsymbol{V}(t)\boldsymbol{V}^{\mathrm{T}}(t)]=\boldsymbol{R}(t)\delta(t-\tau) \\ E[\boldsymbol{W}(t)\boldsymbol{V}^{\mathrm{T}}(t)]=0 \end{cases} \tag{3-27}$$

则与之相对应的离散系统状态方程和量测方程为

$$\begin{cases} \boldsymbol{X}_k=\boldsymbol{\Phi}_{k,k-1}\boldsymbol{X}_{k-1}+\boldsymbol{\Gamma}_{k-1}\boldsymbol{W}_{k-1} \\ \boldsymbol{Z}_k=\boldsymbol{H}_k\boldsymbol{X}_k+\boldsymbol{V}_k \end{cases} \tag{3-28}$$

式中

$$\boldsymbol{\Phi}_{k,k-1}=\boldsymbol{I}+\boldsymbol{F}\Delta t+\frac{1}{2!}(\boldsymbol{F}\Delta t)^2+\frac{1}{3!}(\boldsymbol{F}\Delta t)^3+\cdots \tag{3-29}$$

注意到，式（3-22）所示的滤波计算中系统噪声方差形式为$\boldsymbol{\Gamma}_k\boldsymbol{Q}_k\boldsymbol{\Gamma}_k^{\mathrm{T}}$，所以，一般不单独计算$\boldsymbol{Q}_k$，而是从连续系统的$\boldsymbol{G}(t)\boldsymbol{Q}(t)\boldsymbol{G}^{\mathrm{T}}(t)$直接计算$\boldsymbol{\Gamma}_k\boldsymbol{Q}_k\boldsymbol{\Gamma}_k^{\mathrm{T}}$。设连续系统为定常系统，并为了符号简化，令$\boldsymbol{\Gamma}_k\boldsymbol{Q}_k\boldsymbol{\Gamma}_k^{\mathrm{T}}=\bar{\boldsymbol{Q}}_k$，$\boldsymbol{G}(t)\boldsymbol{Q}(t)\boldsymbol{G}^{\mathrm{T}}(t)=\bar{\boldsymbol{Q}}$，则$\bar{\boldsymbol{Q}}_k$的计算公式为

$$\begin{aligned} \bar{\boldsymbol{Q}}_k=&\bar{\boldsymbol{Q}}\Delta t+(\boldsymbol{F}\bar{\boldsymbol{Q}}+(\boldsymbol{F}\bar{\boldsymbol{Q}})^{\mathrm{T}})\frac{\Delta t^2}{2!} \\ &+(\boldsymbol{F}(\boldsymbol{F}\bar{\boldsymbol{Q}}+(\boldsymbol{F}\bar{\boldsymbol{Q}})^{\mathrm{T}})+(\boldsymbol{F}(\boldsymbol{F}\bar{\boldsymbol{Q}}+\bar{\boldsymbol{Q}}\boldsymbol{F}^{\mathrm{T}}))^{\mathrm{T}})\frac{\Delta t^3}{3!}+\cdots \end{aligned} \tag{3-30}$$

### 3.4.2　非线性滤波器 EKF

3.4.1 节中介绍的 Kalman 滤波器要求系统满足线性条件假设，若不满足线性条件假设，Kalman 滤波器性能将会下降。然而工程应用中，理想的线性系统并不存在，大都是采用近似的方法来满足线性要求。针对无法近似的非线性问题，一般可采用扩展 Kalman 滤波（extended Kalman filter，EKF）加以解决。

对于非线性系统

$$\boldsymbol{X}_k=f(\boldsymbol{X}_{k-1})+\boldsymbol{W}_{k-1} \tag{3-31}$$

$$\boldsymbol{Z}_k=h(\boldsymbol{X}_k)+\boldsymbol{V}_k \tag{3-32}$$

将非线性函数 $f(\cdot)$ 与 $h(\cdot)$ 分别在滤波值 $\hat{\boldsymbol{X}}_{k-1}$ 与 $\hat{\boldsymbol{X}}_{k,k-1}$ 处进行泰勒级数展开后，忽略二阶及二阶以上小量，有

$$\begin{aligned}\boldsymbol{X}_k &\approx f(\hat{\boldsymbol{X}}_{k-1})+\frac{\partial f}{\partial \hat{\boldsymbol{X}}_{k-1}}(\boldsymbol{X}_{k-1}-\hat{\boldsymbol{X}}_{k-1})+\boldsymbol{W}_{k-1}\\ &=\frac{\partial f}{\partial \hat{\boldsymbol{X}}_{k-1}}(\boldsymbol{X}_{k-1})+\boldsymbol{W}_{k-1}+f(\hat{\boldsymbol{X}}_{k-1})-\frac{\partial f}{\partial \hat{\boldsymbol{X}}_{k-1}}(\hat{\boldsymbol{X}}_{k-1})\\ &=\frac{\partial f}{\partial \hat{\boldsymbol{X}}_{k-1}}(\boldsymbol{X}_{k-1})+\boldsymbol{W}_{k-1}+\boldsymbol{U}_{k-1}\end{aligned}\tag{3-33}$$

$$\begin{aligned}\boldsymbol{Z}_k &\approx h(\hat{\boldsymbol{X}}_{k,k-1})+\frac{\partial h}{\hat{\boldsymbol{X}}_{k,k-1}}(\boldsymbol{X}_k-\hat{\boldsymbol{X}}_{k,k-1})+\boldsymbol{V}_k\\ &=\frac{\partial h}{\partial \hat{\boldsymbol{X}}_{k,k-1}}(\boldsymbol{X}_k)+\boldsymbol{V}_k+h(\hat{\boldsymbol{X}}_{k,k-1})-\frac{\partial h}{\partial \hat{\boldsymbol{X}}_{k,k-1}}(\hat{\boldsymbol{X}}_{k,k-1})\\ &=\frac{\partial h}{\partial \hat{\boldsymbol{X}}_{k,k-1}}(\boldsymbol{X}_k)+\boldsymbol{V}_k+\boldsymbol{Y}_k\end{aligned}\tag{3-34}$$

式中，$\boldsymbol{U}_{k-1}=f(\hat{\boldsymbol{X}}_{k-1})-\frac{\partial f}{\partial \hat{\boldsymbol{X}}_{k-1}}(\hat{\boldsymbol{X}}_{k-1})$ 与 $\boldsymbol{Y}_k=h(\hat{\boldsymbol{X}}_{k,k-1})-\frac{\partial h}{\hat{\boldsymbol{X}}_{k,k-1}}(\hat{\boldsymbol{X}}_{k,k-1})$ 分别为泰勒级数展开引入的非随机控制项与量测项。令

$$\boldsymbol{\Phi}_{k,k-1}=\left.\frac{\partial f}{\partial \hat{\boldsymbol{X}}_{k-1}}\right|_{\hat{\boldsymbol{X}}_{k-1}}\tag{3-35}$$

$$\boldsymbol{H}_k=\left.\frac{\partial h}{\partial \hat{\boldsymbol{X}}_{k-1}}\right|_{\hat{\boldsymbol{X}}_{k,k-1}}\tag{3-36}$$

相应地，EKF 的五个方程可改写为

$$\begin{cases}\hat{\boldsymbol{X}}_{k,k-1}=f(\hat{\boldsymbol{X}}_{k-1})\\ \hat{\boldsymbol{X}}_k=\hat{\boldsymbol{X}}_{k,k-1}+\boldsymbol{K}_k(\boldsymbol{Z}_k-\boldsymbol{h}(\hat{\boldsymbol{X}}_{k,k-1}))\\ \boldsymbol{K}_k=\boldsymbol{P}_{k,k-1}\boldsymbol{H}_k^{\mathrm{T}}(\boldsymbol{H}_k\boldsymbol{P}_{k,k-1}\boldsymbol{H}_k^{\mathrm{T}}+\boldsymbol{R}_k)^{-1}\\ \boldsymbol{P}_{k,k-1}=\boldsymbol{\Phi}_{k,k-1}\boldsymbol{P}_{k-1}\boldsymbol{\Phi}_{k,k-1}^{\mathrm{T}}+\boldsymbol{Q}_{k-1}\\ \boldsymbol{P}_k=(\boldsymbol{I}-\boldsymbol{K}_k\boldsymbol{H}_k)\boldsymbol{P}_{k,k-1}\end{cases}\tag{3-37}$$

此外，还有各类改进型 Kalman 滤波器，如粒子滤波、无迹 Kalman 滤波。此类滤波器大多为采用了 Kalman 滤波器的递推形式。本章不再赘述。

## 3.5 本章小结

本章讨论 SINS 中姿态矩阵与失准角的物理含义；分析了地球自转角运动与重力加速度带来的初始对准信息源，以及失准角在仪表测量值与导航参数中的直接与间接量测值；介绍了 SINS 初始对准的常用方法——解析法与反馈法对准；并进一步介绍了一类常用的反馈融合工具——Kalman 滤波算法。

# 第 4 章　基于双矢量定姿的静基座解析对准

## 4.1　引　　言

SINS 初始对准问题可归结为一个数学问题——两个坐标系之间的姿态矩阵求解问题。本章具体讨论如何使用地球自转角速度与重力加速度作为对准信息源、使用双矢量定姿算法作为数学工具，进行姿态矩阵求解；进一步针对载体晃动基座条件下的解析对准问题，本章介绍了基于视运动的解析对准方法及其改进方法。

## 4.2　基于重力加速度与地球自转的解析粗对准

### 4.2.1　双矢量选择

对于随地球自转的某点而言，如图 4-1 所示，除地球两极点外，地球自转角速度与重力加速度两者不共线，因而地球自转角速度与重力加速度矢量成为双矢量定姿的首要选择。

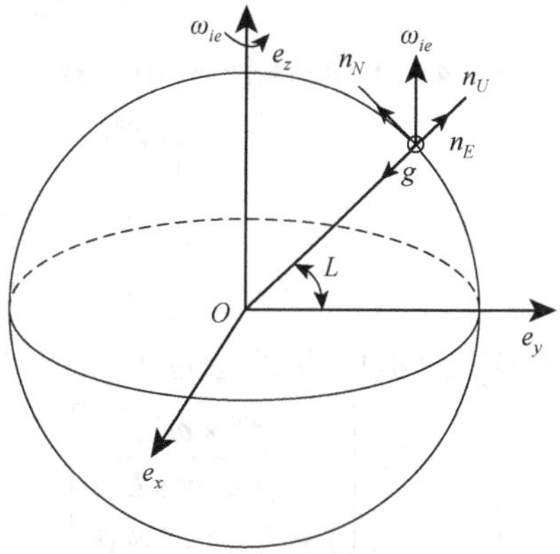


图 4-1　地球自转角速度与重力加速度几何关系示意图

对于导航坐标系 $n$ 而言，地球自转角速度与重力加速度矢量在其上的投影值可以由运载体所处的地理纬度 $L$ 来计算确定，具体如下：

$$\begin{cases}\boldsymbol{\omega}_{ie}^n=\begin{bmatrix}0 & \omega_{ie}\cos L & \omega_{ie}\sin L\end{bmatrix}^{\mathrm{T}}\\ \boldsymbol{g}^n=\begin{bmatrix}0 & 0 & -g\end{bmatrix}^{\mathrm{T}}\end{cases} \tag{4-1}$$

地球自转角速度在载体坐标系 $b$ 中的投影可由安装在载体上的 IMU 获取，即

$$\begin{cases}\boldsymbol{\omega}_{ie}^b=\boldsymbol{\omega}_{ib}^b=[\omega_{ibx}^b \quad \omega_{iby}^b \quad \omega_{ibz}^b]^{\mathrm{T}}\\ -\boldsymbol{g}^b=\boldsymbol{f}^b=[f_x^b \quad f_y^b \quad f_z^b]^{\mathrm{T}}\end{cases} \tag{4-2}$$

进一步，利用式（3-17）有

$$\boldsymbol{C}_b^n=\begin{bmatrix}(-\boldsymbol{g}^n)^{\mathrm{T}}\\ (-\boldsymbol{g}^n\times\boldsymbol{\omega}_{ie}^n)^{\mathrm{T}}\\ (-\boldsymbol{g}^n\times\boldsymbol{\omega}_{ie}^n\times(-\boldsymbol{g}^n))^{\mathrm{T}}\end{bmatrix}^{-1}\begin{bmatrix}(\boldsymbol{f}^b)^{\mathrm{T}}\\ (\boldsymbol{f}^b\times\boldsymbol{\omega}_{ib}^b)^{\mathrm{T}}\\ (\boldsymbol{f}^b\times\boldsymbol{\omega}_{ib}^b\times\boldsymbol{f}^b)^{\mathrm{T}}\end{bmatrix} \tag{4-3}$$

根据式（4-1）～式（4-3）即可完成 SINS 的解析对准，获取导航坐标系与载体坐标系之间的姿态矩阵。

本书将该方法定义为经典解析法，其对准机理可进行如下描述。改写式（4-3）为

$$
C_b^n=\begin{bmatrix}\dfrac{(-\boldsymbol{g}^n)^{\mathrm T}}{\left\|(-\boldsymbol{g}^n)^{\mathrm T}\right\|}\\[2ex]\dfrac{(-\boldsymbol{g}^n\times\boldsymbol{\omega}_{ie}^n)^{\mathrm T}}{\left\|(-\boldsymbol{g}^n\times\boldsymbol{\omega}_{ie}^n)^{\mathrm T}\right\|}\\[2ex]\dfrac{(-\boldsymbol{g}^n\times\boldsymbol{\omega}_{ie}^n\times\boldsymbol{g}^n)^{\mathrm T}}{\left\|(-\boldsymbol{g}^n\times\boldsymbol{\omega}_{ie}^n\times(-\boldsymbol{g}^n))^{\mathrm T}\right\|}\end{bmatrix}^{-1}\begin{bmatrix}\dfrac{(\boldsymbol{f}^b)^{\mathrm T}}{\left\|(\boldsymbol{f}^b)^{\mathrm T}\right\|}\\[2ex]\dfrac{(\boldsymbol{f}^b\times\boldsymbol{\omega}_{ib}^b)^{\mathrm T}}{\left\|(\boldsymbol{f}^b\times\boldsymbol{\omega}_{ib}^b)^{\mathrm T}\right\|}\\[2ex]\dfrac{(\boldsymbol{f}^b\times\boldsymbol{\omega}_{ib}^b\times\boldsymbol{f}^b)^{\mathrm T}}{\left\|(\boldsymbol{f}^b\times\boldsymbol{\omega}_{ib}^b\times\boldsymbol{f}^b)^{\mathrm T}\right\|}\end{bmatrix}
$$

$$
=\begin{bmatrix}0&-1&0\\0&0&1\\1&0&0\end{bmatrix}\begin{bmatrix}\dfrac{(\boldsymbol{f}^b)^{\mathrm T}}{\left\|(\boldsymbol{f}^b)^{\mathrm T}\right\|}\\[2ex]\dfrac{(\boldsymbol{f}^b\times\boldsymbol{\omega}_{ib}^b)^{\mathrm T}}{\left\|(\boldsymbol{f}^b\times\boldsymbol{\omega}_{ib}^b)^{\mathrm T}\right\|}\\[2ex]\dfrac{(\boldsymbol{f}^b\times\boldsymbol{\omega}_{ib}^b\times\boldsymbol{f}^b)^{\mathrm T}}{\left\|(\boldsymbol{f}^b\times\boldsymbol{\omega}_{ib}^b\times\boldsymbol{f}^b)^{\mathrm T}\right\|}\end{bmatrix}=\begin{bmatrix}-\dfrac{(\boldsymbol{f}^b\times\boldsymbol{\omega}_{ib}^b)^{\mathrm T}}{\left\|(\boldsymbol{f}^b\times\boldsymbol{\omega}_{ib}^b)^{\mathrm T}\right\|}\\[2ex]\dfrac{(\boldsymbol{f}^b\times\boldsymbol{\omega}_{ib}^b\times\boldsymbol{f}^b)^{\mathrm T}}{\left\|(\boldsymbol{f}^b\times\boldsymbol{\omega}_{ib}^b\times\boldsymbol{f}^b)^{\mathrm T}\right\|}\\[2ex]\dfrac{(\boldsymbol{f}^b)^{\mathrm T}}{\left\|(\boldsymbol{f}^b)^{\mathrm T}\right\|}\end{bmatrix} \tag{4-4}
$$

式（4-4）中最右侧矩阵中元素及表达式的模值可计算如下：

$$
\begin{cases}\left\|\boldsymbol{f}^b\right\|=g\\ \left\|(\boldsymbol{f}^b)^{\mathrm T}\times(\boldsymbol{\omega}_{ib}^b)^{\mathrm T}\right\|=g\omega_{ie}\cos L\\ \left\|(\boldsymbol{f}^b)^{\mathrm T}\times(\boldsymbol{\omega}_{ib}^b)^{\mathrm T}\times(\boldsymbol{f}^b)^{\mathrm T}\right\|=g^2\omega_{ie}\cos L\end{cases} \tag{4-5}
$$

从而式（4-4）可改写为

$$
C_b^n=\begin{bmatrix}-\dfrac{(\boldsymbol{f}^b\times\boldsymbol{\omega}_{ib}^b)^{\mathrm T}}{g\omega_{ie}\cos L}\\[2ex]\dfrac{(\boldsymbol{f}^b\times\boldsymbol{\omega}_{ib}^b\times\boldsymbol{f}^b)^{\mathrm T}}{g^2\omega_{ie}\cos L}\\[2ex]\dfrac{(\boldsymbol{f}^b)^{\mathrm T}}{g}\end{bmatrix},\quad C_n^b=\begin{bmatrix}-\dfrac{(\boldsymbol{f}^b\times\boldsymbol{\omega}_{ib}^b)}{g\omega_{ie}\cos L}&\dfrac{(\boldsymbol{f}^b\times\boldsymbol{\omega}_{ib}^b\times\boldsymbol{f}^b)}{g^2\omega_{ie}\cos L}&\dfrac{\boldsymbol{f}^b}{g}\end{bmatrix} \tag{4-6}
$$

式（4-6）中 $C_n^b$ 各列向量的物理意义可简述如下：最后一列元素为理想导航坐标系中天向轴 $n_U$ 在载体坐标系 $b$ 中的投影，显然该投影值为加速度计测量值 $\boldsymbol{f}^b$ 的单位化处理结果。第一列元素为理想导航坐标系中东向轴 $n_E$ 在载体坐标系 $b$ 中的投影；如图 4-1 所示，$n_E$ 的指向可由重力加速度 $\boldsymbol{g}^n$ 叉乘地球自转角速度 $\boldsymbol{\omega}_{ie}^n$ 得到，从而有 $n_E$ 在 $b$ 系中投影值为 $\boldsymbol{f}^b\times\boldsymbol{\omega}_{ib}^b$ 的单位化结果。类似地，第二列元素的物

理意义为理想导航坐标系北向轴 $n_N$ 在载体坐标系中的投影，其值为 $\boldsymbol{f}^b \times \boldsymbol{\omega}_{ib}^b \times \boldsymbol{f}^b$ 的单位化结果。

综上可以认为，解析对准通过求解理想导航坐标系各轴在载体坐标系中的投影来完成姿态矩阵的计算；对准过程中，利用重力加速度构建天向轴，利用重力加速度和地球自转角速度构建东向轴，并进一步利用天向轴和东向轴来构建北向轴。

### 4.2.2　解析粗对准的精度分析

1. 精度分析

上述解析过程使用了载体坐标系 $b$ 中的仪表测量值来作为地球自转角速度与重力加速度在载体坐标系中的投影值，这种近似是否成立，需要一定的前提条件。

地球自转角速度与陀螺仪测量值的关系可表达如下：

$$\tilde{\boldsymbol{\omega}}_{ib}^b = \boldsymbol{C}_n^b \boldsymbol{\omega}_{ie}^n + \boldsymbol{\omega}_{en}^b + \boldsymbol{\omega}_{nb}^b + \boldsymbol{\varepsilon}^b + \boldsymbol{w}_g \tag{4-7}$$

式中，等号右侧第一项为地球自转角速度在载体坐标系中的投影；第二项为载体线运动引起的导航坐标系相对于地球坐标系的牵连角速度；第三项为载体坐标系相对于理想导航坐标系的角运动；第四、五项分别为陀螺仪常值误差和噪声。显然，以 $\tilde{\boldsymbol{\omega}}_{ib}^b$ 作为 $\boldsymbol{\omega}_{ie}^n$ 在载体坐标系中的投影值，会引入式（4-7）等号右侧中第二～五项所示的误差项。当且仅当载体无线运动、无角运动以及仪表无误差时，上述假设严格成立。

具体分析陀螺仪测量中各项近似值如下：以舰船为例，当舰船以 20 节速度匀速直航时，其引起的牵连角速度约为 0.3238°/h，相较于地球自转角速率，该牵连运动较小。4 节海况下，中小型舰船横摇角速度可达 15°/s，该值可完全淹没地球自转角运动。仪表误差及噪声需要视具体陀螺仪而言，对于导航级陀螺仪而言，其影响较小；而对于消费级陀螺仪，其噪声则可能淹没地球自转角运动。上述误差项中，牵连角运动与仪表常值误差会引起地球自转角运动测量值中的常值误差；而载体角运动和仪表噪声则可能会淹没地球自转角运动。

重力加速度与加速度计测量值关系分析如下：

$$\tilde{\boldsymbol{f}}^b = -\boldsymbol{C}_n^b \boldsymbol{g}^n + \boldsymbol{C}_n^b \dot{\boldsymbol{V}}^n + \boldsymbol{C}_n^b (2\boldsymbol{\omega}_{ie}^n + \boldsymbol{\omega}_{en}^n) \times \boldsymbol{V}^n + \nabla^b + \boldsymbol{w}_a \tag{4-8}$$

式中，等号右侧第一项为重力加速度在载体坐标系中的投影；第二项为载体线加速度在载体坐标系中的投影；第三项为载体线运动及其牵连角运动、地球自转耦合引起的牵连加速度；第四、五项分别为加速度常值误差与噪声。以 $\tilde{\boldsymbol{f}}^b$ 作为 $-\boldsymbol{g}^n$ 在载体坐标系中的投影值，会引入式（4-8）等号右侧中第二～五项所示的误差项。当且仅当载体无线运动、无角运动以及仪表无误差时，上述假设严格成立。

具体分析加速度计测量中各近似项如下：以舰船为例，其线加速度变化范围较大（0～几 m/s$^2$），较大的线运动加速度会带来较大的加速度计测量值；牵连加速度则相对较小，如舰船以 10 节速度匀速直航时，其牵连加速度约为 $10\mu g(1\mu g = 10^{-6}g)$；加速度计零偏与噪声一般不会超过重力加速度量级。上述近似项中，牵连加速度与加速度计零偏会带来重力加速度测量值中的常值误差；载体加速度则视具体加速度量值大小，会引入常值误差或淹没重力加速度。

综上分析可以认为，选择重力加速度与地球自转角速度进行基于双矢量定姿的解析对准，要求陀螺仪精度足够高、可正确测量地球自转角速度；要求运载体无角运动，即无晃动干扰等；要求运载体无明显加速、减速等线运动。

在上述理想条件下，假设仪表只存在常值误差，则解析结果可表示如下：

$$
\begin{aligned}
\hat{\boldsymbol{C}}_b^n &= \left[-\frac{(\boldsymbol{f}^b+\nabla^b)\times(\boldsymbol{\omega}_{ib}^b+\boldsymbol{\varepsilon}^b)}{g\omega_{ie}\cos L} \quad \frac{(\boldsymbol{f}^b+\nabla^b)\times(\boldsymbol{\omega}_{ib}^b+\boldsymbol{\varepsilon}^b)\times(\boldsymbol{f}^b+\nabla^b)}{g^2\omega_{ie}\cos L} \quad \frac{(\boldsymbol{f}^b+\nabla^b)}{g}\right]^{\mathrm{T}} \\
&= \left[-\frac{(\boldsymbol{f}^b+\nabla^b)\times(\boldsymbol{\omega}_{ib}^b+\boldsymbol{\varepsilon}^b)}{g\omega_{ie}\cos L} \quad \frac{(\boldsymbol{f}^b+\nabla^b)\times(\boldsymbol{\omega}_{ib}^b+\boldsymbol{\varepsilon}^b)\times(\boldsymbol{f}^b+\nabla^b)}{g^2\omega_{ie}\cos L} \quad \frac{(\boldsymbol{f}^b+\nabla^b)}{g}\right]^{\mathrm{T}} \boldsymbol{C}_n^b\boldsymbol{C}_b^n \\
&= \left(\boldsymbol{C}_b^n\left[-\frac{(\boldsymbol{f}^b+\nabla^b)\times(\boldsymbol{\omega}_{ib}^b+\boldsymbol{\varepsilon}^b)}{g\omega_{ie}\cos L} \quad \frac{(\boldsymbol{f}^b+\nabla^b)\times(\boldsymbol{\omega}_{ib}^b+\boldsymbol{\varepsilon}^b)\times(\boldsymbol{f}^b+\nabla^b)}{g^2\omega_{ie}\cos L} \quad \frac{(\boldsymbol{f}^b+\nabla^b)}{g}\right]\right)^{\mathrm{T}} \boldsymbol{C}_b^n \\
&= \left(\left[-\frac{(\boldsymbol{f}^n+\nabla^n)\times(\boldsymbol{\omega}_{ib}^n+\boldsymbol{\varepsilon}^n)}{g\omega_{ie}\cos L} \quad \frac{(\boldsymbol{f}^n+\nabla^n)\times(\boldsymbol{\omega}_{ib}^n+\boldsymbol{\varepsilon}^n)\times(\boldsymbol{f}^n+\nabla^n)}{g^2\omega_{ie}\cos L} \quad \frac{(\boldsymbol{f}^n+\nabla^n)}{g}\right]\right)^{\mathrm{T}} \boldsymbol{C}_b^n \\
&\approx \boldsymbol{C}_b^n + \left[-\frac{\boldsymbol{f}^n\times\boldsymbol{\varepsilon}^n+\nabla^n\times\boldsymbol{\omega}_{ie}^n}{g\omega_{ie}\cos L} \quad \frac{\boldsymbol{f}^n\times\boldsymbol{\omega}_{ib}^n\times\nabla^n+\boldsymbol{f}^n\times\boldsymbol{\varepsilon}^n\times\boldsymbol{f}^n+\nabla^n\times\boldsymbol{\omega}_{ib}^n\times\boldsymbol{f}^n}{g^2\omega_{ie}\cos L} \quad \frac{\boldsymbol{f}^n+\nabla^n}{g}\right]^{\mathrm{T}} \boldsymbol{C}_b^n
\end{aligned}
\tag{4-9}
$$

比较式（2-17）与式（4-9），有

$$
\boldsymbol{\phi}\times = -\left[-\frac{\boldsymbol{f}^n\times\boldsymbol{\varepsilon}^n+\nabla^n\times\boldsymbol{\omega}_{ie}^n}{g\omega_{ie}\cos L} \quad \frac{\boldsymbol{f}^n\times\boldsymbol{\omega}_{ie}^n\times\nabla^n+\boldsymbol{f}^n\times\boldsymbol{\varepsilon}^n\times\boldsymbol{f}^n+\nabla^n\times\boldsymbol{\omega}_{ie}^n\times\boldsymbol{f}^n}{g^2\omega_{ie}\cos L} \quad \frac{\boldsymbol{f}^n+\nabla^n}{g}\right]^{\mathrm{T}}
\tag{4-10}
$$

将 $\boldsymbol{\omega}_{ie}^n$、$\boldsymbol{f}^n$ 以及 $\boldsymbol{\varepsilon}^n$ 与 $\nabla^n$ 代入式（4-10），并展开有

$$
\boldsymbol{\phi}\times = \begin{bmatrix} 0 & -\phi_U & \phi_N \\ \phi_U & 0 & -\phi_E \\ -\phi_N & \phi_E & 0 \end{bmatrix} = -\begin{bmatrix} \times & -\left(\dfrac{\varepsilon_E^n}{\omega_{ie}\cos L}-\dfrac{\nabla_E}{g}\tan L\right) & \times \\ \times & \times & \times \\ \dfrac{\nabla_E}{g} & \dfrac{\nabla_N}{g} & \times \end{bmatrix}
\tag{4-11}
$$

从而有

$$\begin{cases}\phi_E = \dfrac{\nabla_N}{g} \\ \phi_N = -\dfrac{\nabla_E}{g} \\ \phi_U = \dfrac{\varepsilon_E}{\omega_{ie}\cos L} - \dfrac{\nabla_E}{g}\tan L\end{cases} \tag{4-12}$$

式中，各精度值与式（3-13）及式（3-16）的分析结果一致。

工程应用中上述要求无法绝对满足，因而基于重力加速度与地球自转角速度的解析对准一般用作粗对准，以提供粗略姿态信息。一般地，在载车停车、舰船系泊条件下，利用一段时间的导航级IMU测量数据进行平均，然后进行式（4-3）的解析对准，姿态误差可满足线性假设条件。

2. 仿真验证

下面对上述方法进行仿真验证。仿真条件设置如下：设各轴陀螺仪零偏均为0.01°/h，陀螺仪测量噪声均方差均为0.01°/h；加速度计零偏均为50μg，加速度计测量噪声方差均为50μg。设置运动状态分别如下。条件一：运载体处于理想静止状态；条件二：运载体处于摇摆运动状态，各轴摇摆均服从正弦函数规律，其中纵摇、横摇与航向的摇摆幅值分别为7°、15°和5°，摇摆周期分别为8s、15s和5s，摇摆初始姿态角和相位角均为0°。

对准结果如图4-2所示，图中虚线和实线分别表示条件一和条件二对准结果。仿真结果表明，在两种仿真条件下，对准纵摇角误差与横摇角误差曲线几乎无差

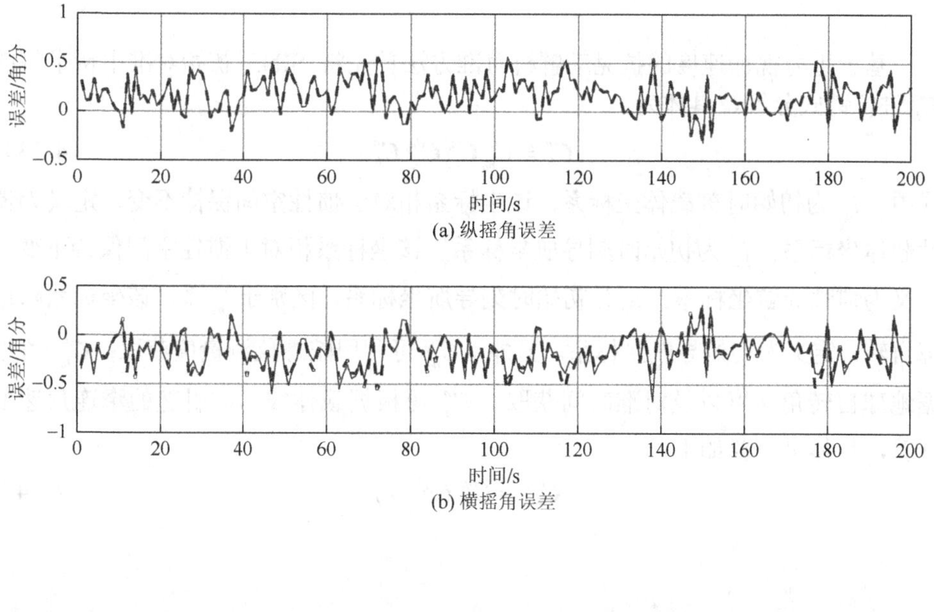

(a) 纵摇角误差


(b) 横摇角误差

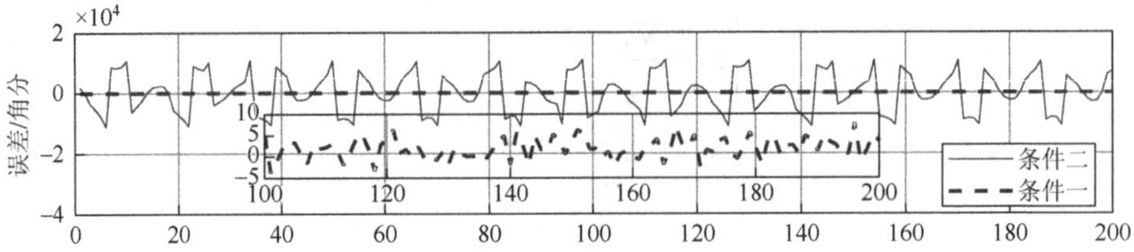


(c) 航向角误差

图 4-2　经典解析对准姿态误差曲线

异，水平对准精度符合式（4-12）理论分析结果。在条件一下，方位对准精度符合式（4-12）理论分析结果；但在条件二下，经典解析算法无法完成方位对准，其原因在于运载体晃动时，陀螺仪测量值不能简单视为地球自转角速度在载体坐标系中的投影。

## 4.3　基于重力视加速度的解析对准

4.2 节分析表明在晃动基座条件下，陀螺仪测量值中同时包含了晃动角速度与地球自转角速度，两者无法分离，且前者量级远远大于后者，因而无法完成解析对准。2000 年，法国 IxSea 公司撰文声称它们通过跟踪地球自转完成了晃动基座条件下的 SINS 初始对准。国内学者也对该方法进行了剖析，并定义该方法为凝固对准法、惯性系抗晃动对准或基于重力视加速度的抗晃动解析对准等。

### 4.3.1　基于重力视加速度的解析对准原理

基于重力视加速度的抗晃动解析对准方法首先将 SINS 初始对准中待求解的 $\boldsymbol{C}_b^n$ 进行链式分解，具体为

$$\boldsymbol{C}_b^n = \boldsymbol{C}_{n_0}^n \boldsymbol{C}_{i_{n0}}^{n_0} \boldsymbol{C}_{i_{b0}}^{i_{n0}} \boldsymbol{C}_b^{i_{b0}} \tag{4-13}$$

式中，$i_{b_0}$ 为初始时刻载体坐标系，该坐标系相对于惯性空间保持不变，定义为惯性载体坐标系；$i_{n_0}$ 为初始时刻导航坐标系，该坐标系相对于惯性空间保持不变，定义为惯性导航坐标系；$n_0$ 为初始时刻导航坐标系，区别于 $i_{n_0}$ 系，该坐标系随地球自转，定义为初始导航坐标系。另外，$\boldsymbol{C}_{n_0}^{i_{b0}}$ 可利用陀螺仪测量值获取；$\boldsymbol{C}_{n_0}^{i_{n0}}$ 可根据地球自转角速度以及对准时间获取；$\boldsymbol{C}_n^{n_0}$ 可根据载体线运动引起的牵连角速度计算，具体可计算如下：

$$\dot{\boldsymbol{C}}_b^{i_{b0}} = \boldsymbol{C}_b^{i_{b0}} (\boldsymbol{\omega}_{i_{b0}b}^b \times) \tag{4-14}$$

$$\dot{C}_{n_0}^{i_{n0}} = C_{n_0}^{i_{n0}} (\omega_{ie}^{n_0} \times) \tag{4-15}$$

$$\dot{C}_{n}^{n_0} = C_{n}^{n_0} (\omega_{en}^{n} \times) \tag{4-16}$$

利用上述三个式子，SINS 初始对准问题可以转换为求解惯性载体坐标系与惯性导航坐标系之间的姿态矩阵。求解 $C_n^{n_0}$ 需要引入外部参考信息，本章主要针对自对准问题展开，后面不考虑载体线运动，将实时导航坐标系与初始导航坐标系等同，即

$$\dot{C}_{n}^{i_{n0}} = C_{n}^{i_{n0}} (\omega_{ie}^{n} \times) \tag{4-17}$$

利用双矢量定姿算法求解 $C_{i_{n0}}^{i_{b0}}$，首先需要寻找两个不共线的矢量并计算两者在惯性载体坐标系与惯性导航坐标系中的投影值。重力视加速度成为不共线矢量的理想选择。重力视加速度可定义为：随地球自转某点的重力加速度在惯性空间中的投影。如图 4-3 所示，重力视加速度在 24h 内构成一个完整圆锥，圆锥母线值为重力加速度模值，圆锥底圆半径由运载体所处地理纬度决定。在圆锥上任意两个母线均不共线。

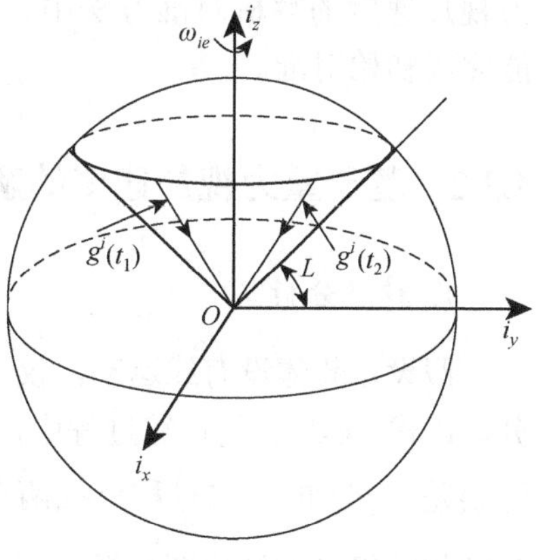


图 4-3　惯性坐标系中重力加速度与重力视加速度图

惯性载体坐标系与惯性导航坐标系中的重力视加速度可分别计算如下：

$$f^{i_{n0}} = C_n^{i_{n0}} g^n = C_n^{i_{n0}} [0 \quad 0 \quad -g]^{\mathrm{T}} \tag{4-18}$$

$$f^{i_{b0}} = C_b^{i_{b0}} f^b = C_b^{i_{b0}} [f_x^b \quad f_y^b \quad f_z^b]^{\mathrm{T}} \tag{4-19}$$

式中，$g$ 为已知值；$f^b$ 为加速度计测量值；$C_b^{i_{b0}}$ 可利用式（4-14）解算获取；$C_n^{i_{n0}}$ 可利用式（4-17）解算获取。此时，可选择两个时刻的重力视加速度向量作为双矢量，即 $f^{i_{n0}}(t_1)$、$f^{i_{n0}}(t_2)$ 与 $f^{i_{b0}}(t_1)$、$f^{i_{b0}}(t_2)$，利用式（4-20）完成解析对准。

$$C_{i_{b0}}^{i_{n0}} = \begin{bmatrix} (f^{i_{n0}}(t_1))^{\mathrm{T}} \\ (f^{i_{n0}}(t_1) \times f^{i_{n0}}(t_2))^{\mathrm{T}} \\ (f^{i_{n0}}(t_1) \times f^{i_{n0}}(t_2) \times f^{i_{n0}}(t_1))^{\mathrm{T}} \end{bmatrix}^{-1} \begin{bmatrix} (f^{i_{b0}}(t_1))^{\mathrm{T}} \\ (f^{i_{b0}}(t_1) \times f^{i_{b0}}(t_2))^{\mathrm{T}} \\ (f^{i_{b0}}(t_1) \times f^{i_{b0}}(t_2) \times f^{i_{b0}}(t_1))^{\mathrm{T}} \end{bmatrix} \tag{4-20}$$

式（4-13）～式（4-20）组成了晃动基座条件的 SINS 初始对准方法，即所谓的基于重力视加速度的解析对准。类似于 4.2 节分析方法，可以认为上述

求解过程也是通过求解惯性导航坐标系各轴在惯性载体坐标系中投影来完成初始对准。

上述方法将对准以及对准中的晃动问题进行了转化，因而具有抗晃动的能力。第一个转化是：将两个时变坐标系间姿态矩阵 $\boldsymbol{C}_b^n$ 的求解问题转换为两个惯性坐标系间姿态矩阵 $\boldsymbol{C}_{i_{b0}}^{i_{n0}}$ 求解；第二个转化是：将抗晃动问题转化为利用陀螺仪测量值进行时变坐标系相对于惯性坐标系的姿态跟踪问题。但需要明确的是，与基于重力加速度与地球自转的解析对准方法相比，基于重力视加速度的解析对准方法同样也是利用重力加速度与地球自转角速度。因而也可认为，基于重力视加速度的解析对准方法中，若陀螺仪不能正确测量地球自转角速度，则不能完成初始对准。

### 4.3.2 基于重力视加速度的解析对准精度分析

1. 精度分析

假设运载体没有线运动，仅考虑仪表误差，包括常值误差与随机误差两个部分。在式（4-18）的计算过程中，$\boldsymbol{C}_n^{i_{n0}}$ 与 $g$ 的计算可认为无误差，因而 $\boldsymbol{f}^{i_{n0}}$ 可认为无误差。$\boldsymbol{f}^{i_{b0}}$ 的计算过程包括两个部分：$\boldsymbol{C}_{i_{b0}}^b$ 与 $\boldsymbol{f}^b$ 的计算。在 $\boldsymbol{C}_{i_{b0}}^b$ 计算过程中，陀螺仪随机噪声被逐渐平滑，而常值误差表现为随时间累积的漂移。而加速度计测量值 $\boldsymbol{f}^b$ 在利用 $\boldsymbol{C}_{i_{b0}}^b$ 向惯性载体坐标系投影时，加速度计常值误差仍表现为常值误差，噪声仍为噪声。陀螺仪常值误差引起的姿态角误差，将进一步引起重力视加速度在三轴投影分量的变化。

此处不考虑陀螺仪漂移，仅给出存在加速度计零偏时的水平对准精度解析解。为了便于推导，假设载体坐标系与理想导航坐标系重合，则 $\boldsymbol{C}_n^{i_{n0}}$ 与 $\boldsymbol{C}_b^{i_{b0}}$ 的理论表达式均为

$$\boldsymbol{C}_n^{i_{n0}}=\boldsymbol{C}_b^{i_{b0}}=\begin{bmatrix}\cos\omega_{ie}t & -\sin\omega_{ie}t\sin L & \sin\omega_{ie}t\cos L\\ \sin\omega_{ie}t\sin L & 1-(1-\cos\omega_{ie}t)\sin^2 L & (1-\cos\omega_{ie}t)\sin L\cos L\\ -\sin\omega_{ie}t\cos L & (1-\cos\omega_{ie}t)\sin L\cos L & 1-(1-\cos\omega_{ie}t)\cos^2 L\end{bmatrix} \tag{4-21}$$

为便于推导，取第一个时刻为 0，取第二个时刻 $t=\pi/\omega_{ie}$，则有

$$\boldsymbol{f}^{i_{n0}}(0)=g\begin{bmatrix}0\\0\\1\end{bmatrix},\quad \boldsymbol{f}^{i_{n0}}(t)=g\begin{bmatrix}0\\2\sin L\cos L\\1-2\cos^2 L\end{bmatrix} \tag{4-22}$$

对式（4-22）进行类似式（4-4）的处理，有

$$\begin{bmatrix} \dfrac{(\boldsymbol{f}^{i_{n0}}(0))^{\mathrm{T}}}{\left\|\boldsymbol{f}^{i_{n0}}(0)\right\|} \\ \dfrac{\left(\boldsymbol{f}^{i_{n0}}(0)\times\boldsymbol{f}^{i_{n0}}(t)\right)^{\mathrm{T}}}{\left\|\boldsymbol{f}^{i_{n0}}(0)\times\boldsymbol{f}^{i_{n0}}(t)\right\|} \\ \dfrac{\left(\boldsymbol{f}^{i_{n0}}(0)\times\boldsymbol{f}^{i_{n0}}(t)\times\boldsymbol{f}^{i_{n0}}(0)\right)^{\mathrm{T}}}{\left\|\boldsymbol{f}^{i_{n0}}(0)\times\boldsymbol{f}^{i_{n0}}(t)\times\boldsymbol{f}^{i_{n0}}(0)\right\|} \end{bmatrix}^{-1} = \begin{bmatrix} 0 & -1 & 0 \\ 0 & 0 & 1 \\ 1 & 0 & 0 \end{bmatrix} \tag{4-23}$$

式中，各模值为

$$\begin{cases} \left\|\boldsymbol{f}^{i_{n0}}(0)\right\| = g \\ \left\|\boldsymbol{f}^{i_{n0}}(0)\times\boldsymbol{f}^{i_{n0}}(t)\right\| = 2g^2\sin L\cos L \\ \left\|\boldsymbol{f}^{i_{n0}}(0)\times\boldsymbol{f}^{i_{n0}}(t)\times\boldsymbol{f}^{i_{n0}}(0)\right\| = 2g^3\sin L\cos L \end{cases} \tag{4-24}$$

进而式（4-20）可改写为

$$\boldsymbol{C}_{i_{b0}}^{i_{n0}} = \begin{bmatrix} -\dfrac{\left(\boldsymbol{f}^{i_{b0}}(0)\times\boldsymbol{f}^{i_{b0}}(t)\right)^{\mathrm{T}}}{2g^2\sin L\cos L} \\ \dfrac{\left(\boldsymbol{f}^{i_{b0}}(0)\times\boldsymbol{f}^{i_{b0}}(t)\times\boldsymbol{f}^{i_{b0}}(0)\right)^{\mathrm{T}}}{2g^3\sin L\cos L} \\ \dfrac{\left(\boldsymbol{f}^{i_{b0}}(0)\right)^{\mathrm{T}}}{g} \end{bmatrix} \tag{4-25}$$

考虑加速度计零偏 $\nabla^b$，参照式（4-11）可以认为，失准角分别对应于 $\boldsymbol{C}_{i_{b0}}^{i_{n0}}$ 中一阶小量。其中 $\phi_{i_{n0}E}$ 与 $\phi_{i_{n0}N}$ 对应矩阵第三行前两个元素的小量。矩阵 $\boldsymbol{C}_{i_{b0}}^{i_{n0}}$ 中第三行元素可展开如下：

$$\frac{(\boldsymbol{f}^{i_{b0}}(0))^{\mathrm{T}}}{g} = [0 \quad 0 \quad 1]^{\mathrm{T}} + \begin{bmatrix} \dfrac{\nabla_E}{g} & \dfrac{\nabla_N}{g} & \dfrac{\nabla_U}{g} \end{bmatrix}^{\mathrm{T}} \tag{4-26}$$

从而有水平对准极限精度为

$$\begin{cases} \phi_E = \dfrac{\nabla_N}{g} \\ \phi_N = -\dfrac{\nabla_E}{g} \end{cases} \tag{4-27}$$

综上可以认为，加速度计零偏对基于重力视加速度解析对准方法与经典解析方法对准精度的影响类似。

2. 仿真验证

下面进一步分析陀螺仪常值误差对对准精度以及加速度计零偏对方位对准精度的影响。仿真过程中仪表参数设置如 4.2.2 节。假设运载体处于理想静止状态，分别针对以下两种条件进行仿真。条件一：仅存在加速度计常值误差；条件二：仅存在陀螺仪常值误差。

条件一的仿真结果如图 4-4 所示。仿真结果表明，加速度计零偏引起的对准误差以极限值为起点开始漂移，与图 4-5 中曲线相比，其漂移速度相对较慢，漂移速度的变化率也较为缓慢。上述分析认为，加速度计测量值直接参与解析对准，带来对准常值误差；但图 4-4 中的对准误差出现了漂移项，其原因主要源于 $\boldsymbol{C}_b^{i_{b0}}$ 计算中的不可交换性误差。地球自转具有方向不变且缓慢的特点，因而不可交换性误差引起了变化缓慢的误差漂移项。

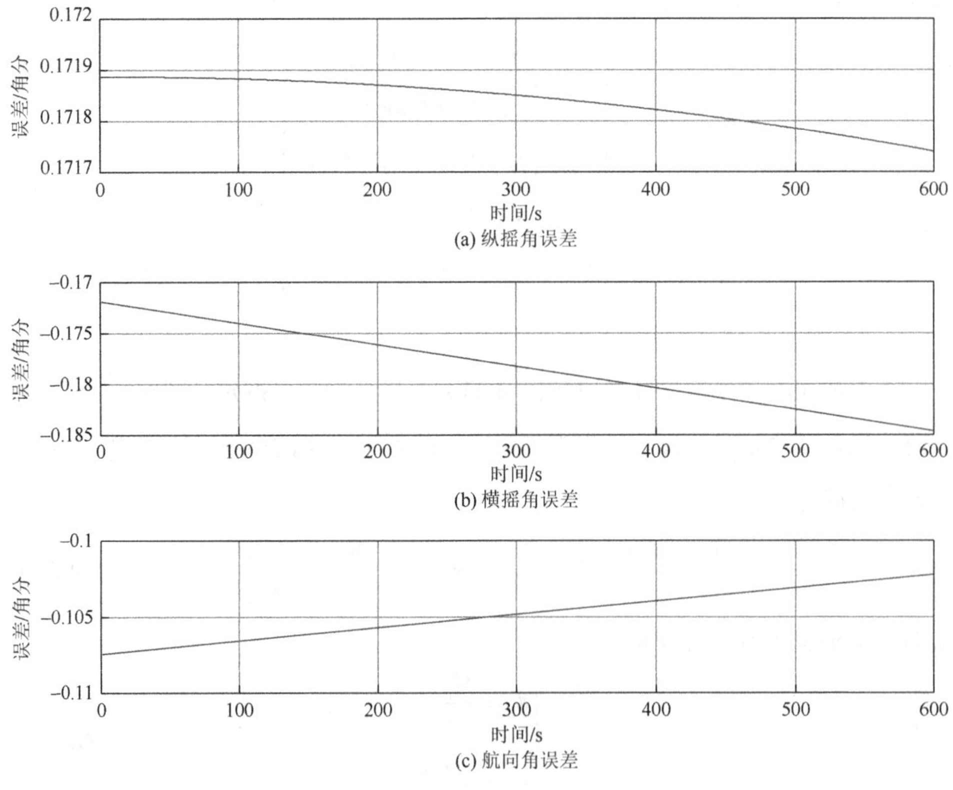


(a) 纵摇角误差

(b) 横摇角误差

(c) 航向角误差

图 4-4　理想静基座条件下基于重力视加速度的解析对准（仅考虑加速度计零偏）

条件二的仿真结果如图 4-5 所示，仿真结果表明，陀螺仪零偏引起的水平对准误差从零值附近开始呈现漂移趋势，开始时间段内漂移速度较慢，但随着时间增长漂移速度加快；方位对准误差以极限值为起点开始漂移，漂移速度较大，但变化率平缓。与图 4-4 相比，图 4-5 中的误差漂移项变化明显，其主要原因在于陀螺仪常值零偏在 $C_b^{i_{b0}}$ 中引起了累积误差，且量值远大于地球自转引起的姿态解算不可交换性误差。

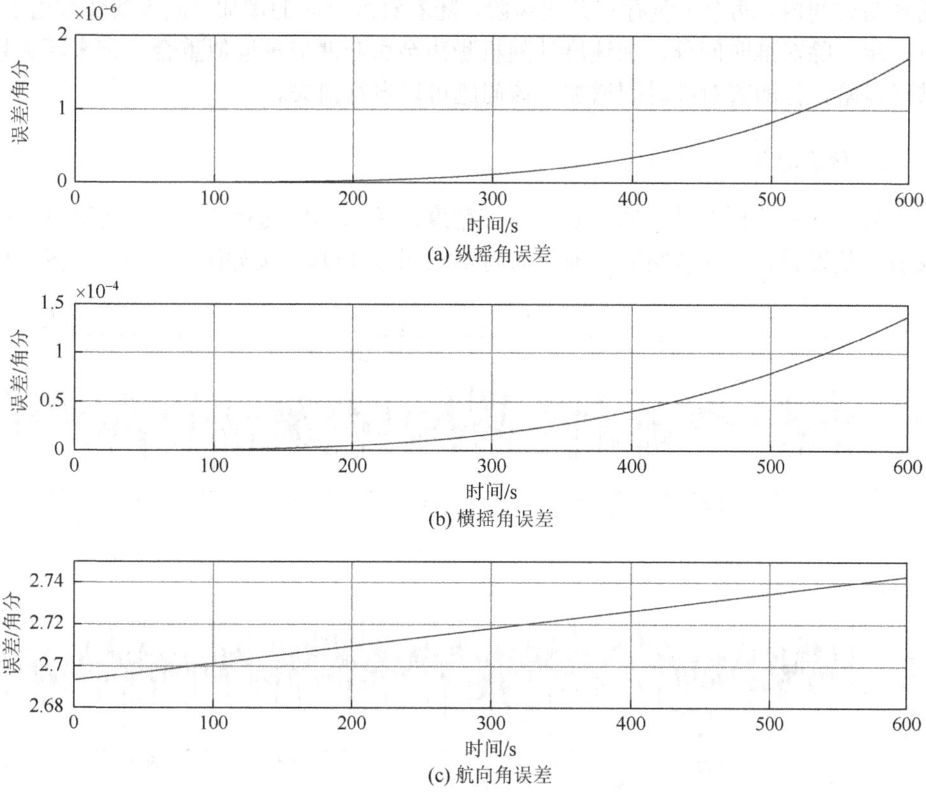


图 4-5　理想静基座条件下基于重力视加速度的解析对准（仅考虑陀螺仪零偏）

## 4.3.3　双矢量定姿中矩阵病态性分析

### 1. 病态性分析

利用双矢量定姿进行矩阵求解的前提条件之一是两矢量不共线。4.2 节中直接选择重力加速度与地球自转角速度作为双矢量，在地球南北极两个矢量共线会带来式（4-3）中矩阵病态，导致解析对准失败；远离南北极，两个矢量不存在共线，矩阵条件数较大，不存在矩阵病态问题；但在接近南北极时，矩阵条件数较小，两矢量接近共线，存在矩阵病态可能。

本节中选择两个时刻的重力视加速度作为双矢量，同样在地球南北极，两个矢量共线，矩阵病态；接近南北极时，亦存在矩阵病态可能。需要注意的是，即使不在地球南北极或接近南北极，基于重力视加速度的解析对准也存在病态可能。重力视加速度在 24h 内形成一个圆锥；在数分钟的对准时间内，两个矢量的夹角随时间增加而增大；相隔 12h 的两个矢量之间的夹角最大。因而可以认为在对准的最初时间内，两个矢量存在共线风险，随着对准时间的增加，矩阵条件数增加。进一步，除对准时间外，加速度计随机噪声会引起两矢量近似重合，带来两矢量共线风险，但随着对准时间增加，该问题可以自行消失。

2. 仿真验证

为进一步分析对准时间与解析对准精度的关系，仿真验证如下。仿真过程中仪表参数设置、两种基座运动条件均同 4.2.2 节。仿真结果如图 4-6 所示，图中虚

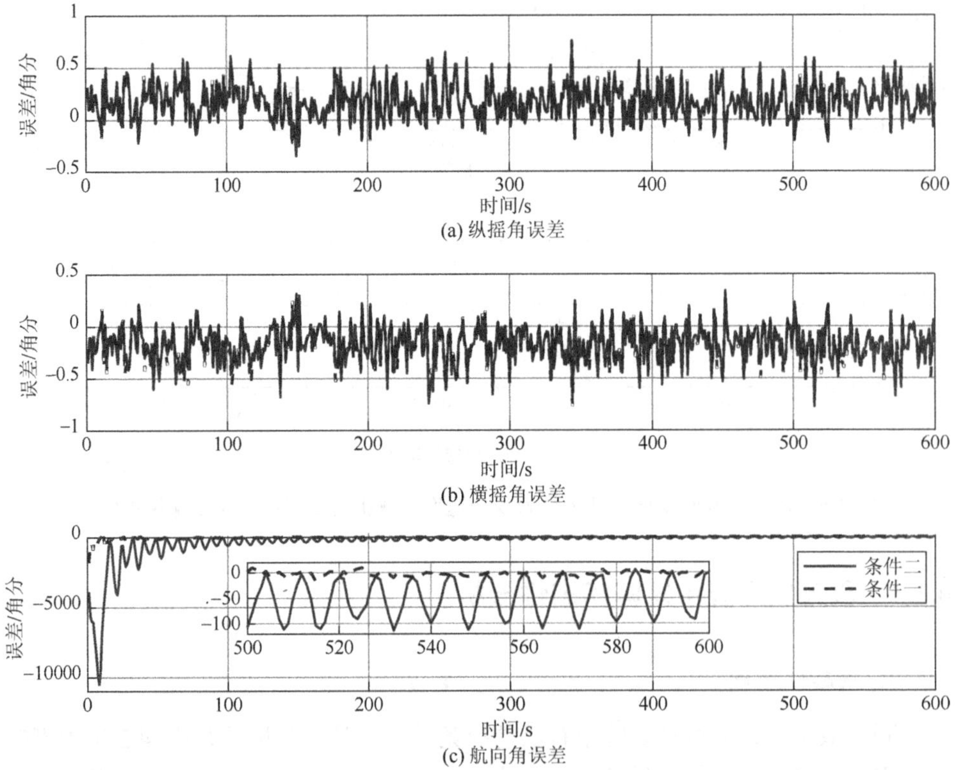


图 4-6　基于重力视加速度的解析对准结果

线和实线分别对应条件一（静止）和条件二（摇摆）。在两种条件下，水平对准误差曲线基本重合，均可逼近其对准极限精度；航向对准误差曲线也随时间积累而逐渐收敛，并趋于极限值附近。

在航向角误差曲线中，条件一的收敛速度远快于条件二。其原因可以分析如下，在理想静止条件下，引起解析矩阵病态的可能原因仅为噪声；而在晃动基座条件下，引起解析矩阵病态的可能原因有噪声、晃动引起的解算误差等。因而条件二下的解析对准需要更多的时间来改善矩阵条件数。

此外，条件二下的航向误差曲线也存在一定的振荡，其主要原因在于：导航坐标系中仪表等效误差的变换、姿态解算误差以及仪表噪声等。

### 4.3.4　两种解析方法的比较分析

1. 对准机理的比较分析

两者的机理相同：均需要加速度计来测量重力加速度、陀螺仪来测量地球自转。但表现形式不同，经典解析法分别在导航坐标系和载体坐标系中直接描述重力加速度与地球自转角速度，而基于重力视加速度的解析对准利用陀螺仪来跟踪地球自转和载体晃动，从而将重力加速度分别表达在惯性导航坐标系与惯性载体坐标系中。在此过程，两种方法均需要陀螺仪有足够的精度来测量地球的自转。

基于重力视加速度的解析对准方法通过积分的方式平滑了陀螺仪测量噪声、同时跟踪了地球自转与运载体晃动。与经典的解析对准相比，该对准方法的最大优势在于可以在晃动条件下完成航向对准。

2. 信息利用方式的比较

经典解析方法在对准过程中使用各个采样时刻的信息进行对准，前后两个时刻的解析结果之间没有直接联系。

基于重力视加速度的解析方法在对准过程中对陀螺仪数据进行了积分，前后两个时刻的姿态信息之间存在直接关系；但在求解重力视加速度的过程中，使用了当前时刻的采样信息。可以认为该方法使用了从起始到当前时刻所有的陀螺仪采样信息，但只使用了某两个时刻的加速度计采样信息。

3. 误差表现形式的比较

重力视加速度的解析对准方法存在如下问题：一是姿态跟踪积分算法在平滑仪表测量噪声的同时，也会带来仪表常值误差的累积，姿态中的累积误差将会带来重力视加速度分解误差，从而带来对准极限精度表达式的不同；二是重力视加速度解析对准中两矢量间需要足够的夹角来避免病态、保证精度，而这需要增加对准时间来保证。

## 4.4 基于重力视加速度解析对准的改进

上述基于重力视加速度的解析对准方法利用陀螺仪的全部采样信息，但仅利用了两个时刻的加速度计采样信息，无法充分利用加速度计的采样信息，且易受到噪声干扰。下面分别从重力视速度和视加速度辨识重构两个角度进行改进。

### 4.4.1 基于重力视速度的解析对准方法

通过对式（4-18）与式（4-19）进行积分，可获取重力视速度。积分过程可平滑噪声，并可利用全部的加速度计采样信息。重力视速度可表达如下：

$$\boldsymbol{V}^{i_{n0}}(t)=\int_0^t \boldsymbol{f}^{i_{n0}}(\tau)\mathrm{d}\tau=\begin{bmatrix} V_x^{i_{n0}} \\ V_y^{i_{n0}} \\ V_z^{i_{n0}} \end{bmatrix} \tag{4-28}$$

$$\boldsymbol{V}^{i_{b0}}(t)=\int_0^t \boldsymbol{f}^{i_{b0}}(\tau)\mathrm{d}\tau=\begin{bmatrix} V_x^{i_{b0}} \\ V_y^{i_{b0}} \\ V_z^{i_{b0}} \end{bmatrix} \tag{4-29}$$

进一步选择两个时刻的重力视速度向量作为双矢量，即$\boldsymbol{V}^{i_{n0}}(t_1)$、$\boldsymbol{V}^{i_{n0}}(t_2)$与$\boldsymbol{V}^{i_{b0}}(t_1)$、$\boldsymbol{V}^{i_{b0}}(t_2)$，可利用式（4-30）完成解析对准。

$$\boldsymbol{C}_{i_{b0}}^{i_{n0}}=\begin{bmatrix} (\boldsymbol{V}^{i_{n0}}(t_1))^{\mathrm{T}} \\ (\boldsymbol{V}^{i_{n0}}(t_1)\times\boldsymbol{V}^{i_{n0}}(t_2))^{\mathrm{T}} \\ (\boldsymbol{V}^{i_{n0}}(t_1)\times\boldsymbol{V}^{i_{n0}}(t_2)\times\boldsymbol{V}^{i_{n0}}(t_1))^{\mathrm{T}} \end{bmatrix}^{-1}\begin{bmatrix} (\boldsymbol{V}^{i_{b0}}(t_1))^{\mathrm{T}} \\ (\boldsymbol{V}^{i_{b0}}(t_1)\times\boldsymbol{V}^{i_{b0}}(t_2))^{\mathrm{T}} \\ (\boldsymbol{V}^{i_{b0}}(t_1)\times\boldsymbol{V}^{i_{b0}}(t_2)\times\boldsymbol{V}^{i_{b0}}(t_1))^{\mathrm{T}} \end{bmatrix} \tag{4-30}$$

分析基于重力视速度的对准过程，仍存在如下问题：

（1）噪声的平滑是通过积分来完成的，有限的积分时间内，积分时间越长平滑效果越好，因而要获取理想的平滑效果，需要较长的积分时间；

（2）解析对准需要选择两个时刻的重力视速度、双矢量定姿算法中两个向量的间隔角度越大越好，第二个向量比第一个向量的积分时间长，因而精度也优于第一个，即两个矢量精度不同；

（3）第二个向量为整个对准过程中加速度计采样的积分和，利用了全部的采样信息，而第一个向量无法使用整个对准过程中的加速度计采样值，造成了信息的浪费。

### 4.4.2 基于参数辨识与视加速度重构的解析对准方法

1. 重力视加速度的参数辨识与重构

4.4.1 节中利用积分来对重力视加速度中的随机噪声进行平滑。本节介绍一种基于参数辨识与视加速度重构的噪声平滑抑制方法。展开式（4-19）有

$$\boldsymbol{f}^{i_{b0}} = \boldsymbol{C}_b^{i_{b0}} \boldsymbol{f}^b = \boldsymbol{C}_n^{i_{b0}} \boldsymbol{f}^n = \boldsymbol{C}_{i_{n0}}^{i_{b0}} \boldsymbol{C}_n^{i_{n0}} \boldsymbol{f}^n \tag{4-31}$$

式中，$\boldsymbol{C}_{i_{n0}}^{i_{b0}}$ 为确定的未知值；$\boldsymbol{C}_n^{i_{n0}} \boldsymbol{f}^n$ 为具有确定变化规律的已知值，即 $\boldsymbol{f}^{i_{n0}}$。将式（4-31）中的 $\boldsymbol{C}_n^{i_{n0}}$ 进一步展开后，有

$$\begin{aligned}
\boldsymbol{f}^{i_{b0}}(t) &= \boldsymbol{C}_{n_0}^{i_{b0}} \boldsymbol{C}_{e_0}^{n_0} \boldsymbol{C}_e^{e_0}(t) \boldsymbol{C}_n^e(t) \boldsymbol{f}^n = \boldsymbol{C}_{e_0}^{i_{b0}} \boldsymbol{C}_e^{e_0}(t) \boldsymbol{C}_n^e \boldsymbol{f}^n \\
&= \begin{bmatrix} a_{11} & a_{12} & a_{13} \\ a_{21} & a_{22} & a_{23} \\ a_{31} & a_{32} & a_{33} \end{bmatrix} \begin{bmatrix} \cos(\omega_{ie}t) & -\sin(\omega_{ie}t) & 0 \\ \sin(\omega_{ie}t) & \cos(\omega_{ie}t) & 0 \\ 0 & 0 & 1 \end{bmatrix} \begin{bmatrix} b_{11} & b_{12} & b_{13} \\ b_{21} & b_{22} & b_{23} \\ b_{31} & b_{32} & b_{33} \end{bmatrix} \begin{bmatrix} 0 \\ 0 \\ g \end{bmatrix} \\
&= \begin{bmatrix} A_{11} & A_{12} & A_{13} \\ A_{21} & A_{22} & A_{23} \\ A_{31} & A_{32} & A_{33} \end{bmatrix} \begin{bmatrix} \cos(\omega_{ie}t) \\ \sin(\omega_{ie}t) \\ 1 \end{bmatrix} = \begin{bmatrix} A_{11}\cos(\omega_{ie}t) + A_{12}\sin(\omega_{ie}t) + A_{13} \\ A_{21}\cos(\omega_{ie}t) + A_{22}\sin(\omega_{ie}t) + A_{23} \\ A_{31}\cos(\omega_{ie}t) + A_{32}\sin(\omega_{ie}t) + A_{33} \end{bmatrix}
\end{aligned} \tag{4-32}$$

式中，$\boldsymbol{C}_{e_0}^{i_{b0}}$ 与 $\boldsymbol{C}_n^e$ 均为确定的未知值；$\boldsymbol{C}_e^{e_0}(t)$ 为地球自转角速度与时间相关矩阵；$A_{11\sim33}$ 为九个确定的未知值。利用 $\hat{\boldsymbol{f}}^{i_{b0}}$ 的实际计算值可以对上述参数进行辨识，如最小二乘法、递推最小二乘法或 Kalman 滤波等。

以 Kalman 滤波为例进行 $A_{11\sim33}$ 的辨识，选择状态向量 $\boldsymbol{X} = [A_{11} \quad A_{12} \quad A_{13} \quad A_{21} \quad A_{22} \quad A_{23} \quad A_{31} \quad A_{32} \quad A_{33}]^{\mathrm{T}}$，选择 $\hat{\boldsymbol{f}}^{i_{b0}}$ 的实际计算值为量测向量 $\boldsymbol{Z} = \hat{\boldsymbol{f}}^{i_{b0}} = [\hat{f}_x^{i_{b0}} \quad \hat{f}_y^{i_{b0}} \quad \hat{f}_z^{i_{b0}}]^{\mathrm{T}}$，有系统状态方程为

$$\boldsymbol{X}_k = \boldsymbol{X}_{k-1} \tag{4-33}$$

量测矩阵为

$$\boldsymbol{H} = [\boldsymbol{H}_1 \quad \boldsymbol{H}_2 \quad \boldsymbol{H}_3] \tag{4-34}$$

式中

$$\boldsymbol{H}_1 = \begin{bmatrix} \cos(\omega_{ie}t) & \sin(\omega_{ie}t) & 1 \\ 0 & 0 & 0 \\ 0 & 0 & 0 \end{bmatrix}, \quad \boldsymbol{H}_2 = \begin{bmatrix} 0 & 0 & 0 \\ \cos(\omega_{ie}t) & \sin(\omega_{ie}t) & 1 \\ 0 & 0 & 0 \end{bmatrix}$$

$$\boldsymbol{H}_3 = \begin{bmatrix} 0 & 0 & 0 \\ 0 & 0 & 0 \\ \cos(\omega_{ie}t) & \sin(\omega_{ie}t) & 1 \end{bmatrix}$$

基于上述方程可进行 $A_{11\sim33}$ 辨识，在获取 $A_{11\sim33}$ 参数后，设置两个时刻点 $t$ 和 $-t$，根据式（4-30）重构重力视加速度 $\boldsymbol{f}^{i_{b0}}(-t)$ 和 $\boldsymbol{f}^{i_{b0}}(t)$，进而利用式（4-20）完成基于重力视加速度的解析对准。重构过程中，两个被重构的重力视加速度向量均利用了所有对准时间段内的加速度计采样信息，两者精度相同。

2. 仿真验证

为验证重力视加速度辨识效果，仿真验证如下。仿真过程中仪表参数设置同 4.2.2 节，基座运动同条件二（摇摆）。仿真结果如图 4-7 所示，图中虚线与实线分别表示惯性载体坐标系中的重力加速度计算值与重构值。图中曲线表明，重构后的重力加速度曲线有效抑制了重力视加速度计算值中的振荡项。

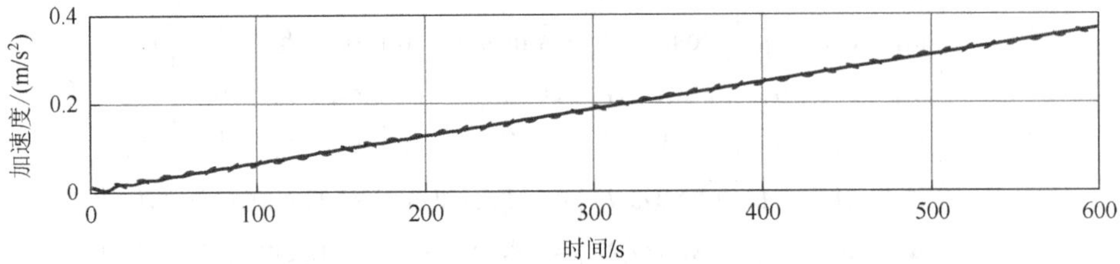

(a) x轴重力视加速度

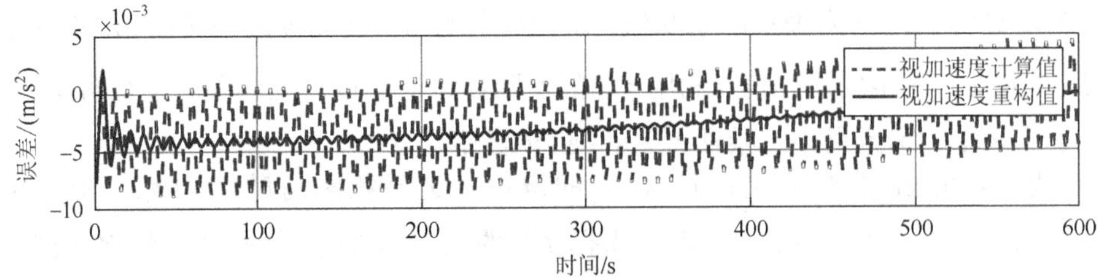

(b) y轴重力视加速度

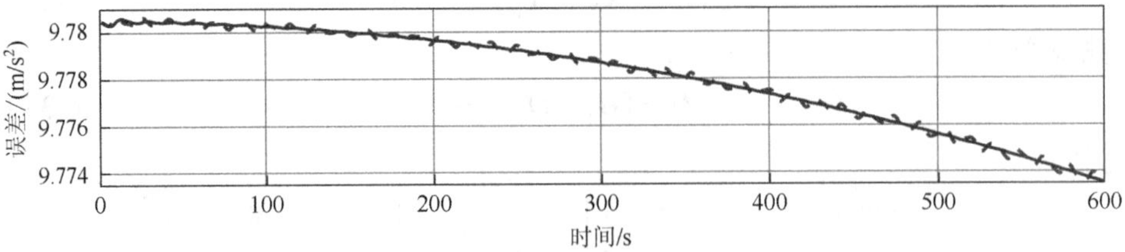

(c) z轴重力视加速度

图 4-7　重力视加速度的参数辨识与重构曲线

为验证基于重力视加速度辨识与重构解析对准效果，仿真验证如下。仿真过程中仪表参数设置与基座条件定义同 4.2.2 节，对准结果如图 4-8 所示。图中实线与虚线分别对应条件一和条件二。图中曲线表明，两种对准条件下，水平对准误差曲线迅速收敛且在较短的时间内对准精度已经逼近极限值。在条件一下，航向对准误差曲线也迅速收敛并迅速收敛到理论值附近；而在条件二下，航向对准误差需要经过相对较长的时间方可收敛，且仅能收敛到一个较小值（航向误差均值与图 4-6 中航向误差均值较接近）。

与图 4-6 中的对准误差曲线相比，图 4-8 中的条件二对应的误差曲线较为平滑、无毛刺，这表明重力视加速度经过辨识与重构后，随机噪声已被抑制，引起误差曲线振荡的主要原因在于导航坐标系中等效误差的变化以及周期性的姿态解算误差。

需要说明的是，无论基于重力视速度还是参数辨识与重构的解析对准方法，只是解决了加速度计随机噪声问题，没有解决加速度计常值误差问题。改进方法只能更加有效地逼近仪表误差所决定的极限精度。

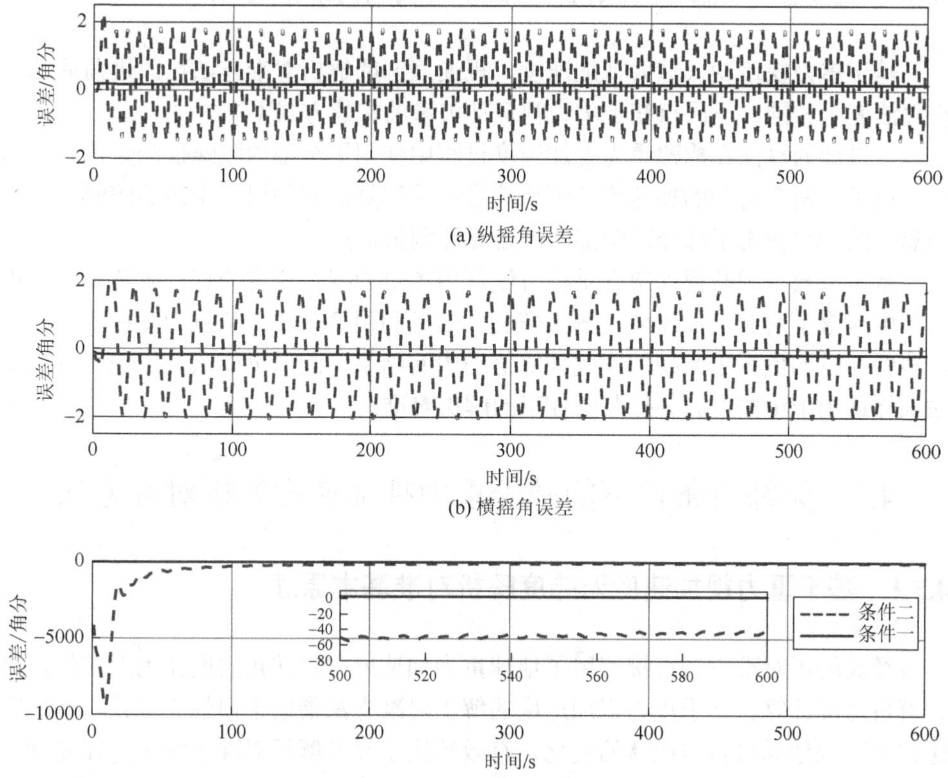

(a) 纵摇角误差

(b) 横摇角误差

(c) 航向角误差

图 4-8　基于重力视加速度辨识重构的解析对准

3. 重力视速度的参数辨识与重构

类似地，可针对 4.4.1 节中的重力视速度进行上述处理。此处仅给出重力视速度理论表达式如下：

$$
\begin{aligned}
\boldsymbol{V}^{i_{b0}}(t) &= \begin{bmatrix} B_{11}\sin(\omega_{ie}t)+B_{12}\cos(\omega_{ie}t)+B_{13}t+B_{14} \\ B_{21}\sin(\omega_{ie}t)+B_{22}\cos(\omega_{ie}t)+B_{23}t+B_{24} \\ B_{31}\sin(\omega_{ie}t)+B_{32}\cos(\omega_{ie}t)+B_{33}t+B_{34} \end{bmatrix} \\
&= \begin{bmatrix} B_{11} & B_{12} & B_{13} & B_{14} \\ B_{21} & B_{22} & B_{23} & B_{24} \\ B_{31} & B_{32} & B_{33} & B_{34} \end{bmatrix} \begin{bmatrix} \sin(\omega_{ie}t) \\ \cos(\omega_{ie}t) \\ t \\ 1 \end{bmatrix}
\end{aligned} \tag{4-35}
$$

### 4.4.3 基于重力视加速度解析对准方法改进前后的比较

基于重力视运动（重力视加速度、视速度）的解析对准方法在改进前后的解析算法完全相同，不同点在于重力视运动矢量的构建方式不同。

改进前的算法在构建重力视加速度过程中使用了全部的陀螺仪测量信息，但只使用了某两个时刻的加速度计测量信息；改进算法则使用了全部的陀螺仪测量信息，同时也使用了部分或全部的加速度计测量信息。

基于参数辨识与视加速度重构方法利用了重力视加速度的理论表达式，辨识结果中包含了所有的加速度计测量信息，信息利用度较高。从重力视加速度重构曲线看，重构值为重力视加速度计算值的中间结果，因而可以认为辨识与重构算法同样适用于小幅度高频振荡条件下的解析对准。

## 4.5 无纬度条件下的基于重力视加速度解析对准方法

### 4.5.1 基于重力视加速度无纬度解析对准基本原理

经典解析对准方法直接使用了地球重力加速度与自转角速度作为双矢量，进行解析对准计算。基于重力视加速度的解析对准方法借助于惯性坐标系，利用陀螺仪来跟踪地球自转与载体的变化，有效解决了经典解析对准方法无法在晃动基座条件下进行对准的问题。两种方法在本质上具有一致性，即均需要跟踪地球自转，当然这也对陀螺仪精度提出了较高要求。

换言之，在陀螺仪精度足够高时，陀螺仪准确测量地球的自转角速度；与此同时，地球自转角速度在理想导航坐标系中的分量为地理纬度的函数。不同纬度条件下，重力视加速度构成的圆锥参数不一，也就会带来重力加速度在惯性空间中各轴的投影值不同。因而利用包含有地球自转角速度与纬度信息的重力视加速度，可实现无纬度解析对准，并进一步获取粗略纬度信息。

## 4.5.2　基于重力视加速度无纬度解析对准算法

1. 无纬度解析算法

基于图 4-9 中重力视加速度的运动轨迹，可以通过双矢量定姿或两个矢量的向量运算方法来完成初始对准。本章选择三个时刻的重力视加速度矢量，利用向量运算方法来完成初始对准。首先将姿态矩阵 $\boldsymbol{C}_b^n$ 进行如下分解：

$$\boldsymbol{C}_b^n = \boldsymbol{C}_{i_{b0}}^n \boldsymbol{C}_b^{i_{b0}} \tag{4-36}$$

式中，$\boldsymbol{C}_b^{i_{b0}}$ 可利用式（4-14）求解，从而初始对准问题转化为求解 $\boldsymbol{C}_n^{i_{b0}}(t)$。

分析重力视加速度锥体与导航坐标系间的几何位置关系。如图 4-10 所示，重力视运动圆锥为重力加速度在惯性导航坐标系中的表达。假设在当前时刻 $t$，$n$ 系的原点位于锥体底圆上的某点 $O_{n_t}$（下面简写为 $O_n$），圆锥底圆上该点的切线与当前时刻导航坐标系的东向轴平行，圆锥顶点与该点的连线与当前时刻导航坐标系天向轴平行。具体地，连接点 $O$ 与 $O_n$，则向量 $\overrightarrow{OO_n}$ 指向与 $n$ 系中 $U$ 轴重合，与 $\boldsymbol{g}^i(t)$ 的指向相反；连接点 $O$ 与锥体底圆中心 $O_c$，则 $\overrightarrow{OO_c}$ 指向地球自转轴方向；而向量 $\overrightarrow{OO_c} \times \overrightarrow{OO_n}$ 的指向与 $n$ 系中 $E$ 轴平行；向量 $U \times E$ 的指向与 $N$ 轴平行。若 $n$ 系中各轴指向在 $i_{b_0}$ 系中均已知，则 $\boldsymbol{C}_n^{i_{b0}}(t)$ 可以构建如下：

$$\boldsymbol{C}_n^{i_{b0}}(t) = [\boldsymbol{E} \quad \boldsymbol{N} \quad \boldsymbol{U}] \tag{4-37}$$

式中，$\boldsymbol{E}$、$\boldsymbol{N}$ 与 $\boldsymbol{U}$ 分别为 $n$ 系各轴在 $i_{b_0}$ 系中具体指向，即 $n$ 系各轴在 $i_{b_0}$ 系中投影值。

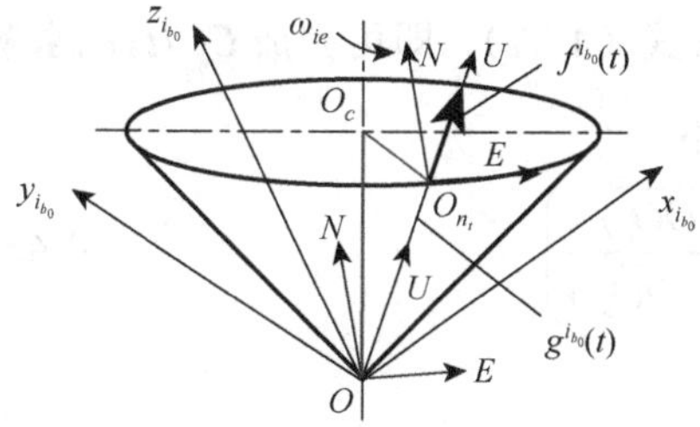


图 4-9　基于重力视加速度自对准示意图

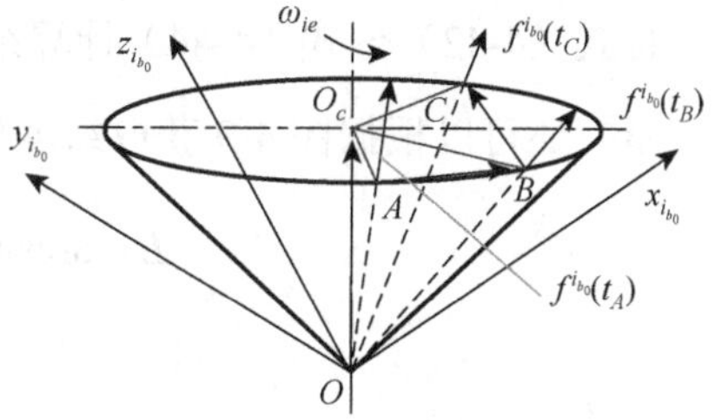


图 4-10　锥体中心轴求取方法

基于上述分析，SINS 的初始对准问题可以进一步归结为根据重力视加速度锥体求取 $n$ 系各轴在 $i_{b_0}$ 系中投影值的问题。

根据式（4-31），有当前时刻导航坐标系中的重力加速度在惯性载体坐标系中的投影为

$$\boldsymbol{f}^{i_{b0}}(t)=\boldsymbol{C}_b^{i_{b0}}(t)\boldsymbol{f}^b(t) \tag{4-38}$$

根据图 4-9 中的几何关系，向量 $\overrightarrow{OO_n}$ 指向与 $n$ 系中 $\boldsymbol{U}$ 轴重合，因而 $i_{b_0}$ 系中的向量 $\boldsymbol{U}$ 可直接计算如下：

$$\boldsymbol{U}=\overrightarrow{OO_n}=\frac{\boldsymbol{f}^{i_{b0}}(t_C)}{\|\boldsymbol{f}^{i_{b0}}(t_C)\|} \tag{4-39}$$

式中，以 $t_C$ 时刻为当前时刻。

为了求解东向向量 $\boldsymbol{E}$ 和北向向量 $\boldsymbol{N}$，现利用三个时刻的重力视加速度构建中间向量 $\overrightarrow{AB}$ 和 $\overrightarrow{BC}$，如图 4-10 所示。

$$\overrightarrow{AB}=\frac{\boldsymbol{f}^{i_{b0}}(t_A)-\boldsymbol{f}^{i_{b0}}(t_B)}{\|\boldsymbol{f}^{i_{b0}}(t_A)-\boldsymbol{f}^{i_{b0}}(t_B)\|} \tag{4-40}$$

$$\overrightarrow{BC}=\frac{\boldsymbol{f}^{i_{b0}}(t_B)-\boldsymbol{f}^{i_{b0}}(t_C)}{\|\boldsymbol{f}^{i_{b0}}(t_B)-\boldsymbol{f}^{i_{b0}}(t_C)\|} \tag{4-41}$$

进一步利用中间向量构建过锥体底圆圆心点的向量 $\overrightarrow{OO_c}$：

$$\overrightarrow{OO_c}=\frac{\overrightarrow{AB}\times\overrightarrow{BC}}{\|\overrightarrow{AB}\times\overrightarrow{BC}\|} \tag{4-42}$$

从而，利用 $(\overrightarrow{OO_c})_O$ 与 $\boldsymbol{U}$，$i_{b_0}$ 系中向量 $\boldsymbol{E}$ 可构建如下：

$$\boldsymbol{E}=\frac{(\overrightarrow{OO_c})_O\times\boldsymbol{U}}{\|(\overrightarrow{OO_c})_O\times\boldsymbol{U}\|} \tag{4-43}$$

进一步，利用 $\boldsymbol{E}$ 与 $\boldsymbol{U}$，$i_{b_0}$ 系中向量 $\boldsymbol{N}$ 可构建如下：

$$\boldsymbol{N}=\frac{\boldsymbol{U}\times\boldsymbol{E}}{\|\boldsymbol{U}\times\boldsymbol{E}\|} \tag{4-44}$$

将式（4-42）～式（4-44）计算结果代入式（4-37），即可完成 $\boldsymbol{C}_{i_{b0}}^n(t)$ 的求解。进一步，还可以根据图 4-9 获取纬度信息如下：

$$L=\arcsin\left(\frac{\langle U,\overrightarrow{OO_c}\rangle}{\|U\|\|\overrightarrow{OO_c}\|}\right) \tag{4-45}$$

2. 仿真验证

为验证重力视加速度辨识效果，仿真验证如下。仿真过程中仪表参数设置与基

座条件定义同 4.2.2 节。仿真结果如图 4-11 所示，图中实线与虚线分别对应条件一和条件二。图 4-11 中的对准结果表明，基于重力视加速度参数辨识重构与无纬度解析对准方法可以较好地完成无纬度条件的解析对准，误差曲线较为平滑。与图 4-8 中的对准相比，两者的水平对准精度较为类似；但本节采用的对准方法，航向精度更能逼近理论值。其原因在于该方法更充分地利用了重力视加速度所形成的圆锥几何关系。

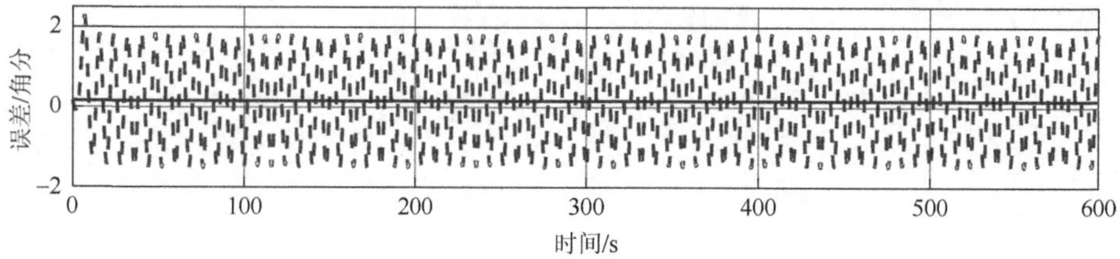


(a) 纵摇角误差

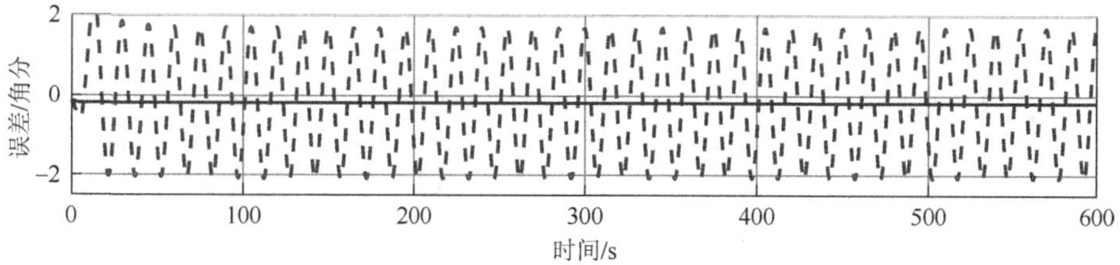


(b) 横摇角误差

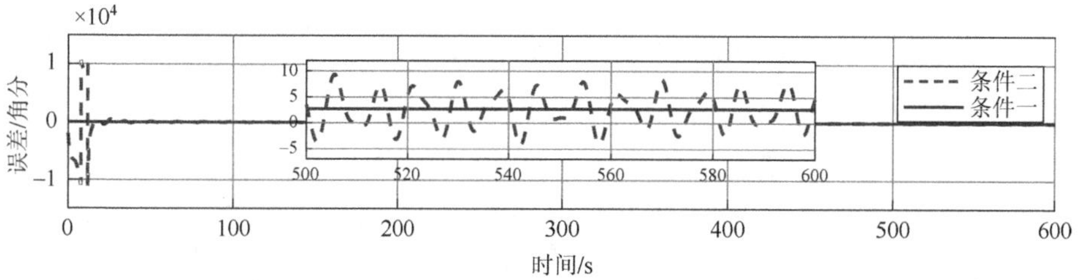


(c) 航向角误差

图 4-11　晃动条件下无纬度姿态对准

## 4.6　本 章 小 结

本章介绍了基于地球自转角速度与重力加速度矢量的经典解析对准方法及其应用条件。分析认为，当运载体理想静止时，该方法可以获得仪表精度所决定的极限精度；在运载体无线运动条件下，在运载体停车或系泊时，对 IMU 测量数据进行平均后，再进行解析对准可保证失准角满足线性假设；但当运载体摇摆时，无法进行解析对准。

针对晃动基座条件下的初始对准问题，本章介绍了基于重力视运动的解析对准方法，以及针对加速度计测量噪声的改进算法。进一步从重力视运动锥的几何关系出发，介绍了未知纬度条件下的解析对准及纬度求解方法。与经典解析对准方法相比，基于重力视运动的解析对准抗干扰能力较强、对准精度较高，但同时也需要更多的时间来完成对准。这其实也是对准精度与对准时间矛盾的体现。

# 第5章　基于多矢量定姿的动基座解析对准

## 5.1　引　　言

第4章直接或间接利用地球自转角速度/重力加速度作为信息源，利用双矢量定姿算法作为数学工具进行解析对准，但要求运载体处于无线运动的静基座状态。本章讨论当运载体存在线运动时，如何利用外部辅助信息构建矢量，进行多矢量解析对准。

## 5.2　导航坐标系速度辅助条件下的多矢量解析对准

### 5.2.1　运动基座条件下的比力方程与初始对准

运动基座条件下，将式（2-6）描述的比力方程改写如下：

$$\dot{\boldsymbol{V}}^n + (2\boldsymbol{\omega}_{ie}^n + \boldsymbol{\omega}_{en}^n)\times \boldsymbol{V}^n - \boldsymbol{g}^n = \boldsymbol{C}_b^n \boldsymbol{f}^b \tag{5-1}$$

参照式（4-13）将 $\boldsymbol{C}_b^n$ 进行链式分解，并整理可得

$$\boldsymbol{C}_n^{i_{n0}}(\dot{\boldsymbol{V}}^n + (2\boldsymbol{\omega}_{ie}^n + \boldsymbol{\omega}_{en}^n)\times \boldsymbol{V}^n - \boldsymbol{g}^n) = \boldsymbol{C}_{i_{b0}}^{i_{n0}} \boldsymbol{C}_b^{i_{b0}} \boldsymbol{f}^b \tag{5-2}$$

式中

$$\dot{\boldsymbol{C}}_b^{i_{b0}} = \boldsymbol{C}_b^{i_{b0}}(\boldsymbol{\omega}_{ib}^b\times) \tag{5-3}$$

$$\dot{\boldsymbol{C}}_n^{i_{n0}} = \boldsymbol{C}_n^{i_{n0}}(\boldsymbol{\omega}_{in}^n\times) \tag{5-4}$$

而 $\boldsymbol{\omega}_{in}^n$ 可表达为

$$\boldsymbol{\omega}_{in}^n = \begin{bmatrix} 0 \\ \boldsymbol{\omega}_{ie}\cos L \\ \boldsymbol{\omega}_{ie}\sin L \end{bmatrix} + \begin{bmatrix} -\dfrac{V_N}{R} \\ \dfrac{V_E}{R} \\ \dfrac{V_E \tan L}{R} \end{bmatrix} \tag{5-5}$$

当运载体运动时，式（5-2）与式（5-5）中 $\boldsymbol{V}^n$ 需要借助外部辅助系统提供，

以进行牵连加速度的补偿，同样地，$\dot{\boldsymbol{V}}^n$ 也需要借助外部辅助系统的速度进行差分运算来获取；需要辅助位置来进行当前运载体位置点地球自转角速度的求解。这也是动基座对准与静基座对准的最大区别，动基座对准需要引入外部速度和位置进行辅助。

由于从 $\boldsymbol{V}^n$ 中解析得到 $\dot{\boldsymbol{V}}^n$ 需要借助于差分运算，这将引入误差放大效应，因而更一般的做法是对式（5-2）两端进行积分，具体如下：

$$\begin{aligned}&\int_0^t \boldsymbol{C}_{n(\tau)}^{i_{n0}}(\dot{\boldsymbol{V}}^n+(2\boldsymbol{\omega}_{ie}^n+\boldsymbol{\omega}_{en}^n)\times\boldsymbol{V}^n-\boldsymbol{g}^n)\mathrm{d}\tau\\&=\int_0^t \boldsymbol{C}_{n(\tau)}^{i_{n0}}\mathrm{d}\boldsymbol{V}^n+\int_0^t \boldsymbol{C}_{n(\tau)}^{i_{n0}}\boldsymbol{\omega}_{ie}^n\times\boldsymbol{V}^n\mathrm{d}\tau+\int_0^t \boldsymbol{C}_{n(\tau)}^{i_{n0}}\boldsymbol{\omega}_{in}^n\times\boldsymbol{V}^n\mathrm{d}\tau-\int_0^t \boldsymbol{C}_{n(\tau)}^{i_{n0}}\boldsymbol{g}^n\mathrm{d}\tau\\&=\boldsymbol{C}_{i_{b0}}^{i_{n0}}\int_0^t \boldsymbol{C}_{b(\tau)}^{i_{b0}}\boldsymbol{f}^b\mathrm{d}\tau\end{aligned}\tag{5-6}$$

因

$$\int_0^t \boldsymbol{C}_{n(\tau)}^{n(0)}\mathrm{d}\boldsymbol{V}^n=\boldsymbol{C}_{n(\tau)}^{n(0)}\boldsymbol{V}^n\Big|_0^t-\int_0^t \boldsymbol{V}^n\mathrm{d}\boldsymbol{C}_{n(\tau)}^{n(0)}=\boldsymbol{C}_{n(t)}^{n(0)}\boldsymbol{V}^n(t)-\boldsymbol{V}^n(0)-\int_0^t \boldsymbol{C}_{n(\tau)}^{n(0)}(\boldsymbol{\omega}_{in}^n\times)\boldsymbol{V}^n\mathrm{d}\tau\tag{5-7}$$

将式（5-7）代入式（5-6）有

$$\boldsymbol{C}_{n(t)}^{i_{n0}}\boldsymbol{V}^n(t)-\boldsymbol{V}^n(0)+\int_0^t {}_{n(\tau)}^{i_{n0}}\boldsymbol{\omega}_{ie}^n\times\boldsymbol{V}^n\mathrm{d}\tau-\int_0^t {}_{n(\tau)}^{i_{n0}}\boldsymbol{g}^n\mathrm{d}\tau=\boldsymbol{C}_{i_{b0}}^{i_{n0}}\int_0^t \boldsymbol{C}_{b(\tau)}^{i_{b0}}\boldsymbol{f}^b\mathrm{d}\tau\tag{5-8}$$

定义 $\boldsymbol{\alpha}=\int_0^t \boldsymbol{C}_{b(\tau)}^{i_{b0}}\boldsymbol{f}^b\mathrm{d}\tau$，$\boldsymbol{\beta}=\int_0^t \boldsymbol{C}_{n(\tau)}^{i_{n0}}(\dot{\boldsymbol{V}}^n+(2\boldsymbol{\omega}_{ie}^n+\boldsymbol{\omega}_{en}^n)\times\boldsymbol{V}^n-\boldsymbol{g}^n)\mathrm{d}\tau$，从而有

$$\boldsymbol{\beta}=\boldsymbol{C}_{i_{b0}}^{i_{n0}}\boldsymbol{\alpha}\tag{5-9}$$

$\boldsymbol{\beta}$ 中的 $\int_0^t \boldsymbol{C}_{n(\tau)}^{i_{n0}}\boldsymbol{\omega}_{ie}^n\times\boldsymbol{V}^n\mathrm{d}\tau$ 与 $\int_0^t \boldsymbol{C}_{n(\tau)}^{i_{n0}}\boldsymbol{g}^n\mathrm{d}\tau$ 可分别展开如下：

$$\begin{aligned}&\int_0^t \boldsymbol{C}_{n(\tau)}^{i_{n0}}\boldsymbol{\omega}_{ie}^n\times\boldsymbol{V}^n\mathrm{d}\tau=\sum_{i=1}^{k}\boldsymbol{C}_{n(t_i)}^{i_{n0}}\int_{t_i}^{t_{i+1}}\boldsymbol{C}_{n(t)}^{n(t_i)}\boldsymbol{\omega}_{ie}^n\times\boldsymbol{V}^n\mathrm{d}t\\&\approx\sum_{i=0}^{k}\boldsymbol{C}_{n(t_i)}^{i_{n0}}\int_{t_i}^{t_{i+1}}(\boldsymbol{I}+(t-t_i)\boldsymbol{\omega}_{in}^n\times)\boldsymbol{\omega}_{ie}^n\times\left(\boldsymbol{V}^n(t_i)+\frac{t-t_k}{T}(\boldsymbol{V}^n(t_{i+1})-\boldsymbol{V}^n(t_i))\right)\mathrm{d}t\\&=\sum_{i=0}^{k}\boldsymbol{C}_{n(t_i)}^{i_{n0}}\left(\left(\frac{T}{2}\boldsymbol{I}+\frac{T^2}{6}\boldsymbol{\omega}_{in}^n\times\right)\boldsymbol{\omega}_{ie}^n\times\boldsymbol{V}^n(t_i)+\left(\frac{T}{2}\boldsymbol{I}+\frac{T^2}{3}\boldsymbol{\omega}_{in}^n\times\right)\boldsymbol{\omega}_{ie}^n\times\boldsymbol{V}^n(t_{i+1})\right)\end{aligned}\tag{5-10}$$

$$\int_0^t \boldsymbol{C}_{n(\tau)}^{i_{n0}}\boldsymbol{g}^n\mathrm{d}\tau\approx\sum_{i=0}^{k}\boldsymbol{C}_{n(t_i)}^{i_{n0}}\int_{t_i}^{t_{i+1}}(\boldsymbol{I}+(t-t_k)\boldsymbol{\omega}_{in}^n\times)\boldsymbol{g}^n\mathrm{d}t=\sum_{i=0}^{k}\boldsymbol{C}_{n(t_i)}^{i_{n0}}\left(T\boldsymbol{I}+\frac{T^2}{2}\boldsymbol{\omega}_{in}^n\times\right)\boldsymbol{g}^n\tag{5-11}$$

因而，$\boldsymbol{\beta}$ 可表达为

$$
\begin{aligned}
\boldsymbol{\beta} &= \boldsymbol{C}_{n(t)}^{i_{n0}}\boldsymbol{V}^n(t) - \boldsymbol{V}^n(0) + \int_0^t \boldsymbol{C}_{n(\tau)}^{i_{n0}}\boldsymbol{\omega}_{ie}^n \times \boldsymbol{V}^n \mathrm{d}\tau - \int_0^t \boldsymbol{C}_{n(\tau)}^{i_{n0}}\boldsymbol{g}^n \mathrm{d}\tau \\
&= \boldsymbol{C}_{n(t_i)}^{i_{n0}}\boldsymbol{V}^n(t_i) - \boldsymbol{V}^n(0) - \sum_{i=0}^{k}\boldsymbol{C}_{n(t_i)}^{i_{n0}}\left(T\boldsymbol{I} + \frac{T^2}{2}\boldsymbol{\omega}_{in}^n \times\right)\boldsymbol{g}^n \\
&\quad + \sum_{i=0}^{k}\boldsymbol{C}_{n(t_i)}^{i_{n0}}\left(\left(\frac{T}{2}\boldsymbol{I} + \frac{T^2}{6}\boldsymbol{\omega}_{in}^n \times\right)\boldsymbol{\omega}_{ie}^n \times \boldsymbol{V}^n(t_i) + \left(\frac{T}{2}\boldsymbol{I} + \frac{T^2}{3}\boldsymbol{\omega}_{in}^n \times\right)\boldsymbol{\omega}_{ie}^n \times \boldsymbol{V}^n(t_{i+1})\right)
\end{aligned}
\tag{5-12}
$$

$\boldsymbol{\alpha}$ 中的 $\int_0^t \boldsymbol{C}_{b(\tau)}^{b(0)}\boldsymbol{f}^b \mathrm{d}\tau$ 可展开如下：

$$
\boldsymbol{\alpha} = \int_0^t \boldsymbol{C}_{b(\tau)}^{i_{b0}}\boldsymbol{f}^b \mathrm{d}\tau = \sum_{i=0}^{k}\boldsymbol{C}_{b(t_i)}^{i_{b0}}\int_{t_i}^{t_{i+1}}\left(\boldsymbol{I} + \left(\int_{t_i}^{t}\boldsymbol{\omega}_{ib}^b \mathrm{d}\tau\right)\times\right)\boldsymbol{f}^b \mathrm{d}t \tag{5-13}
$$

式中，$\int_{t_i}^{t_{i+1}}\left(\boldsymbol{I} + \left(\int_{t_i}^{t}\boldsymbol{\omega}_{ib}^b \mathrm{d}\tau\right)\times\right)\boldsymbol{f}^b \mathrm{d}t$ 可进一步表示为

$$
\begin{aligned}
\int_{t_i}^{t_{i+1}}\left(\boldsymbol{I} + \left(\int_{t_i}^{t}\boldsymbol{\omega}_{ib}^b \mathrm{d}\tau\right)\times\right)\boldsymbol{f}^b \mathrm{d}t &= \int_{t_i}^{t_{i+1}}\boldsymbol{f}^b \mathrm{d}t + \int_{t_i}^{t_{i+1}}\left(\int_{t_i}^{t}\boldsymbol{\omega}_{ib}^b \mathrm{d}\tau\right)\times \boldsymbol{f}^b \mathrm{d}t \\
&= \Delta\boldsymbol{V}_{i+1} + \int_{t_i}^{t_{i+1}}\left(\frac{\Delta\boldsymbol{\theta}_{i+1}}{T}(t - t_i)\right)\times \mathrm{d}t\frac{\Delta\boldsymbol{V}_{i+1}}{T} \\
&= \Delta\boldsymbol{V}_{i+1} + \frac{\Delta\boldsymbol{\theta}_{i+1}}{T}\left(\frac{t^2}{2} - t_k t\right)_{t_i}^{t_{i+1}} \times \frac{\Delta\boldsymbol{V}_{i+1}}{T} \\
&= \Delta\boldsymbol{V}_{i+1} + \frac{1}{2}\Delta\boldsymbol{\theta}_{i+1} \times \Delta\boldsymbol{V}_{i+1}
\end{aligned}
\tag{5-14}
$$

式中，$\Delta\boldsymbol{V}_{i+1}$ 与 $\Delta\boldsymbol{\theta}_{i+1}$ 分别为 $t_{i\sim i+1}$ 时间段内的 $\boldsymbol{f}^b$ 与 $\boldsymbol{\omega}_{ib}^b$ 的积分。

因此，$\boldsymbol{\alpha}$ 可表达为

$$
\boldsymbol{\alpha} = \int_0^t \boldsymbol{C}_{b(\tau)}^{i_{b0}}\boldsymbol{f}^b \mathrm{d}\tau = \sum_{i=0}^{k}\boldsymbol{C}_{b(t_i)}^{i_{b0}}\left(\Delta\boldsymbol{V}_{i+1} + \frac{1}{2}\Delta\boldsymbol{\theta}_{i+1} \times \Delta\boldsymbol{V}_{i+1}\right) \tag{5-15}
$$

求解上述方程，显然可以求解两个时刻的 $\boldsymbol{\beta}_1$、$\boldsymbol{\beta}_2$ 与 $\boldsymbol{\alpha}_1$、$\boldsymbol{\alpha}_2$，利用第 4 章分析的矢量定姿方法进行求解。但同样存在如 4.4.1 节所述的双矢量定姿中对量测信息利用率不足的问题；此外，外部辅助信息同样存在噪声，在对 $\dot{\boldsymbol{V}}^n$ 进行积分后，利用双矢量定姿本质上只利用了两个时刻的辅助速度，对准精度也受外部辅助信息测量噪声的影响。

若能充分利用对准开始到当前时刻的所有 $\boldsymbol{\beta}_{1\sim k}$ 与 $\boldsymbol{\alpha}_{1\sim k}$，则可充分利用所有的量测信息。此时 $\boldsymbol{C}_{i_{b0}}^{i_{n0}}$ 的解析问题变成了一个优化问题，即著名的 Wahba 问题。具体 Wahba 问题可描述如下：给定一组观测矢量 $\boldsymbol{\beta}_{1\sim k}$ 与 $\boldsymbol{\alpha}_{1\sim k}$，其中 $k \geqslant 2$。若需要在最小二乘约束条件下寻找正交矩阵 $\boldsymbol{C}_{i_{b0}}^{i_{n0}}$ 将矢量 $\boldsymbol{\alpha}$ 转换为矢量 $\boldsymbol{\beta}$，则问题可描述为

$$\text{error}=\sum_{i=0}^{k}\|\boldsymbol{C}_{i_{b0}}^{i_{n0}}\boldsymbol{\alpha}_i-\boldsymbol{\beta}_i\|^2 \tag{5-16}$$

### 5.2.2　基于四元数描述的多矢量定姿问题

式（5-16）描述的多矢量定姿问题通常需利用四元数进行描述求解。如 3.2.1 节所述，四元数与姿态矩阵具有等价性。一般的四元数可表达如下：

$$\boldsymbol{q}=[s\quad \eta_1\quad \eta_2\quad \eta_3]^{\mathrm{T}} \tag{5-17}$$

记$\boldsymbol{\eta}=[\eta_1\quad \eta_2\quad \eta_3]^{\mathrm{T}}$，则四元数乘法的矩阵形式可表达如下：

$$[\overset{+}{\boldsymbol{q}}]\triangleq\begin{bmatrix} s & -\boldsymbol{\eta}^{\mathrm{T}} \\ \boldsymbol{\eta} & sI+(\boldsymbol{\eta}\times)\end{bmatrix},\quad [\overset{-}{\boldsymbol{q}}]\triangleq\begin{bmatrix} s & -\boldsymbol{\eta}^{\mathrm{T}} \\ \boldsymbol{\eta} & sI-(\boldsymbol{\eta}\times)\end{bmatrix} \tag{5-18}$$

对于任意两个四元数$\boldsymbol{p}$和$\boldsymbol{q}$，四元数乘法可表示如下：

$$\boldsymbol{p}\otimes\boldsymbol{q}\triangleq[\overset{+}{\boldsymbol{p}}]\boldsymbol{q}=[\overset{-}{\boldsymbol{q}}]\boldsymbol{p} \tag{5-19}$$

且具有如下性质：

$$\begin{cases}[\overset{+}{\boldsymbol{p}}][\overset{-}{\boldsymbol{q}}]=[\overset{-}{\boldsymbol{q}}][\overset{+}{\boldsymbol{p}}] \\ [\overset{+}{\boldsymbol{p}}][\overset{+}{\boldsymbol{q}}]=[\overset{+}{\boldsymbol{p}\otimes\boldsymbol{q}}] \\ [\overset{+}{\boldsymbol{q}}]^{\mathrm{T}}=[\overset{+}{\boldsymbol{q}^*}] \\ [\overset{-}{\boldsymbol{q}}]^{\mathrm{T}}=[\overset{-}{\boldsymbol{q}^*}]\end{cases} \tag{5-20}$$

将向量$\boldsymbol{R}$看作零标量的四元数$\boldsymbol{R}=[0\quad \boldsymbol{r}^{\mathrm{T}}]^{\mathrm{T}}$，则$\boldsymbol{r}^b$到$\boldsymbol{r}^n$的变换关系可以采用四元数乘法表示：

$$\boldsymbol{R}^n=\boldsymbol{q}\otimes\boldsymbol{R}^b\otimes\boldsymbol{q}^* \tag{5-21}$$

整理式（5-21），有

$$\begin{aligned}&\boldsymbol{R}^n=\boldsymbol{q}\otimes\boldsymbol{R}^b\otimes\boldsymbol{q}^*\Rightarrow\boldsymbol{R}^n\otimes\boldsymbol{q}=\boldsymbol{q}\otimes\boldsymbol{R}^b\Rightarrow[\overset{+}{\boldsymbol{R}^n}]\boldsymbol{q}=[\overset{-}{\boldsymbol{R}^b}]\boldsymbol{q}\\&\Rightarrow\left([\overset{-}{\boldsymbol{R}^b}]-[\overset{+}{\boldsymbol{R}^n}]\right)\boldsymbol{q}=0\end{aligned} \tag{5-22}$$

若定义$\boldsymbol{q}$对应于$\boldsymbol{C}_{i_{b0}}^{i_{n0}}$，则式（5-9）可表达为

$$\boldsymbol{\beta}=\boldsymbol{q}\otimes\boldsymbol{\alpha}\otimes\boldsymbol{q}^* \tag{5-23}$$

参照式（5-22），式（5-23）可表达为

$$([\overset{-}{\boldsymbol{\alpha}}]-[\overset{+}{\boldsymbol{\beta}}])\boldsymbol{q}=0 \tag{5-24}$$

根据式（5-24），式（5-16）对应的优化问题可表达为

$$\text{error}=\sum_{i=1}^{k}\boldsymbol{q}^{\mathrm{T}}\left([\overset{-}{\boldsymbol{\alpha}}_i]-[\overset{+}{\boldsymbol{\beta}}_i]\right)^{\mathrm{T}}\left([\overset{-}{\boldsymbol{\alpha}}_i]-[\overset{+}{\boldsymbol{\beta}}_i]\right)\boldsymbol{q} \tag{5-25}$$

令 $\boldsymbol{K}=\sum_{M}\left([\overset{-}{\boldsymbol{\alpha}}]-[\overset{+}{\boldsymbol{\beta}}]\right)^{\mathrm{T}}\left([\overset{-}{\boldsymbol{\alpha}}]-[\overset{+}{\boldsymbol{\beta}}]\right)$，则式（5-25）可表达为

$$\text{error}=\sum_{i=1}^{k}\boldsymbol{q}^{\mathrm{T}}\boldsymbol{K}_i\boldsymbol{q}=\boldsymbol{q}^{\mathrm{T}}\left(\sum_{i=1}^{k}\boldsymbol{K}_i\right)\boldsymbol{q} \tag{5-26}$$

### 5.2.3　Wahba 问题求解

1. Wahba 问题的优化解法

式（5-26）所示的四元数求解问题本质上是一个优化问题。因为四元数满足 $\boldsymbol{q}^{\mathrm{T}}\boldsymbol{q}=1$ 约束，引入该约束，构建如下目标函数：

$$F(\boldsymbol{q})=\boldsymbol{q}^{\mathrm{T}}\boldsymbol{K}\boldsymbol{q}-r(\boldsymbol{q}^{\mathrm{T}}\boldsymbol{q}-1) \tag{5-27}$$

式中，$\boldsymbol{K}=\left(\sum_{i=1}^{k}\boldsymbol{K}_i\right)$。

为求解 $F(\boldsymbol{q})$ 极值，对式（5-27）求导可得

$$\frac{\partial F(\boldsymbol{q})}{\partial \boldsymbol{q}}=(\boldsymbol{K}+\boldsymbol{K}^{\mathrm{T}})\boldsymbol{q}-2r\boldsymbol{q} \tag{5-28}$$

令 $\frac{\partial F(\boldsymbol{q})}{\partial \boldsymbol{q}}=0$，有如下关系式成立：

$$\boldsymbol{K}\boldsymbol{q}=r\boldsymbol{q} \tag{5-29}$$

从而有 $\boldsymbol{q}$ 值的最优估计是矩阵 $\boldsymbol{K}$ 的最小特征值对应的特征向量，且 $f(\boldsymbol{q})$ 极值点为

$$f(\boldsymbol{q})=\boldsymbol{q}^{\mathrm{T}}\boldsymbol{K}\boldsymbol{q}=r\boldsymbol{q}^{\mathrm{T}}\boldsymbol{q}=r \tag{5-30}$$

综上所述，$\boldsymbol{q}$ 值的最优估计求解方法如下。

第一步：初始化，$\boldsymbol{\alpha}(0)=\boldsymbol{\beta}(0)=0_{3\times1}$，$k=0$。

第二步：令 $k=k+1$，据式（4.2）计算 $\boldsymbol{C}_{n(t_k)}^{i_{n0}}$ 和 $\boldsymbol{C}_{b(t_k)}^{i_{b0}}$。

第三步：根据式（5-12）和式（5-15）计算 $\boldsymbol{\alpha}_k$ 和 $\boldsymbol{\beta}_k$。

第四步：根据 $\boldsymbol{\alpha}_k$ 和 $\boldsymbol{\beta}_k$ 计算矩阵 $\boldsymbol{K}_k$ 以及 $\boldsymbol{K}$ 。

第五步：计算矩阵 $\boldsymbol{K}$ 的最小特征值所对应特征向量，即求解 $\boldsymbol{q}$ 值的最优估计。

第六步：根据第二步和第五步的计算结果，代入式 $\boldsymbol{C}_b^n(t_k)=\boldsymbol{C}_{i_{n0}}^{n(t_k)}\boldsymbol{C}_{i_{b0}}^{i_{n0}}\boldsymbol{C}_{b(t_k)}^{i_{b0}}$ ，求解当前时刻姿态矩阵。

第七步：跳到第二步，直至结束。

2. Wahba 问题的滤波解法

若将 $([\overset{-}{\boldsymbol{\alpha}}]-[\overset{+}{\boldsymbol{\beta}}])\boldsymbol{q}=0$ 作为待估计的参数对象，则式（5-24）可作如下处理。令 $\boldsymbol{X}=\boldsymbol{q}$ 为待估计状态向量，令 $\boldsymbol{H}=[\overset{-}{\boldsymbol{\alpha}}]-[\overset{+}{\boldsymbol{\beta}}]$ 为量测矩阵， $\boldsymbol{Z}=0$ 为量测向量，则 $\boldsymbol{q}$ 的求解问题可以转化为滤波问题，其系统状态方程与量测方程可表示如下：

$$\begin{cases}\boldsymbol{X}_k=\boldsymbol{\phi}_{k,k-1}\boldsymbol{X}_{k-1}=\begin{bmatrix}1&0&0&0\\0&1&0&0\\0&0&1&0\\0&0&0&1\end{bmatrix}\boldsymbol{X}_{k-1}\\ \boldsymbol{Z}_k=\boldsymbol{H}\boldsymbol{X}_k=\left([\overset{-}{\boldsymbol{\alpha}}_k]-[\overset{+}{\boldsymbol{\beta}}_k]\right)\boldsymbol{X}_k\end{cases}\tag{5-31}$$

显然式（5-31）所示的状态向量估计问题可利用 Kalman 滤波或递推最小二乘估计等方法加以解决。

注意到，Wahba 问题的优化解法中 $\boldsymbol{q}$ 的求解是一个参数优化过程，不需要设置初始值；而在滤波解法中 $\boldsymbol{q}$ 的求解是一个参数递推过程，因而需要设置初始 $\boldsymbol{q}$ 值，这在一定程度上限制了该方法的使用。

3. 仿真验证

考虑到多矢量定姿滤波解算方法需要设置 $\boldsymbol{q}$ 值，此处仅对优化解法进行仿真验证。仿真过程中仪表参数设置同 4.2.2 节，运载体处于摇摆状态，并假设运载体沿运载体 $y$ 轴方向匀速直线运动。仿真结果如图 5-1 所示。图中曲线表明在运动基座条件下，基于外部速度辅助的 Wahba 解析对准方法可以完成 SINS 解析对准。但图 5-1 中的误差曲线表明，该方法也存在误差累积问题，对准误差曲线的均值整体上满足式（3-13）与式（3-16）所定义的对准极限精度值。

与图 4-8、图 4-11 中的对准曲线相比，本节中基于 Wahba 优化算法的对准方法，水平对准速度相当，两者的收敛速度均较快。但在航向误差收敛速度上，本节中的方法具有一定的优势，其原因在于图 4-8 中的对准方法需要一定的时间来提升矩阵的条件数；图 4-11 中的方法需要一定的时间来进行参数辨识；而本节中的方法会在同一个时间点进行多次迭代来寻找最优解，一定程度上提高了数据利用率。

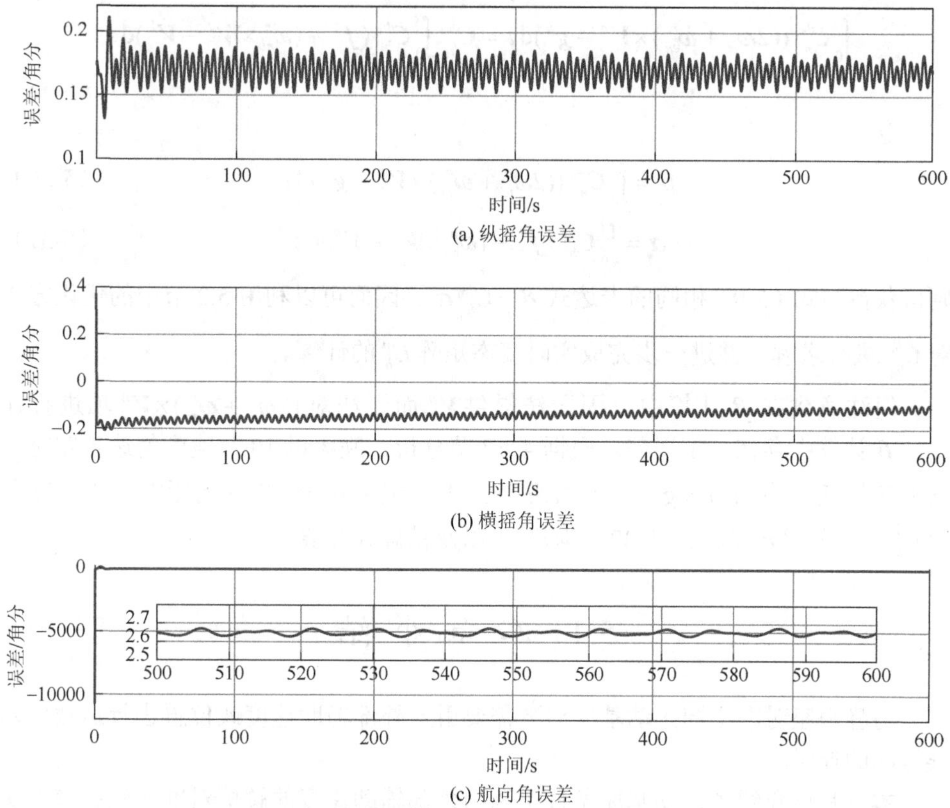


图 5-1　基于优化算法的动基座解析对准

## 5.3　载体坐标系速度辅助条件下的多矢量解析对准

5.2 节分析了导航坐标系速度辅助条件的多矢量解析对准问题。本节讨论载体坐标系速度辅助条件下的多矢量解析对准问题。导航坐标系速度 $\boldsymbol{V}^n$ 与载体坐标系速度 $\boldsymbol{V}^b$ 之间存在如下关系：

$$\begin{cases} \boldsymbol{V}^n = \boldsymbol{C}_b^n \boldsymbol{V}^b \\ \dot{\boldsymbol{V}}^n = \dot{\boldsymbol{C}}_b^n \boldsymbol{V}^b + \boldsymbol{C}_b^n \dot{\boldsymbol{V}}^b \end{cases} \tag{5-32}$$

将式（5-32）代入式（5-27），整理可得

$$(2\boldsymbol{\omega}_{ie}^n + \boldsymbol{\omega}_{en}^n) \times \boldsymbol{V}^n - \boldsymbol{g}^n = \boldsymbol{C}_b^n(\boldsymbol{f}^b - (\boldsymbol{\omega}_{nb}^n \times)\boldsymbol{V}^b - \dot{\boldsymbol{V}}^b) \tag{5-33}$$

将式（5-33）中 $\boldsymbol{C}_b^n$ 进行链式分解，整理后有

$$\boldsymbol{C}_n^{i_{n0}}((2\boldsymbol{\omega}_{ie}^n + \boldsymbol{\omega}_{en}^n) \times \boldsymbol{V}^n - \boldsymbol{g}^n) = \boldsymbol{C}_{i_{b0}}^{i_{n0}} \boldsymbol{C}_b^{i_{b0}}(\boldsymbol{f}^b - (\boldsymbol{\omega}_{nb}^n \times)\boldsymbol{V}^b - \dot{\boldsymbol{V}}^b) \tag{5-34}$$

对式（5-34）两端进行积分有

$$\int_0^t \boldsymbol{C}_n^{i_{n0}}((2\boldsymbol{\omega}_{ie}^n+\boldsymbol{\omega}_{en}^n)\times\boldsymbol{V}^n-\boldsymbol{g}^n)\mathrm{d}\tau=\boldsymbol{C}_{i_{b0}}^{i_{n0}}\int_0^t \boldsymbol{C}_b^{i_{b0}}(\boldsymbol{f}^b-(\boldsymbol{\omega}_{nb}^n\times)\boldsymbol{V}^b-\dot{\boldsymbol{V}}^b)\mathrm{d}\tau \tag{5-35}$$

令

$$\boldsymbol{\beta}=\int_0^t \boldsymbol{C}_n^{i_{n0}}((2\boldsymbol{\omega}_{ie}^n+\boldsymbol{\omega}_{en}^n)\times\boldsymbol{V}^n-\boldsymbol{g}^n)\mathrm{d}\tau \tag{5-36}$$

$$\boldsymbol{\alpha}=\int_0^t \boldsymbol{C}_b^{i_{b0}}(\boldsymbol{f}^b-(\boldsymbol{\omega}_{nb}^n\times)\boldsymbol{V}^b-\dot{\boldsymbol{V}}^b)\mathrm{d}\tau \tag{5-37}$$

则可获得与式（5-9）相同的表达式$\boldsymbol{\beta}=\boldsymbol{C}_{i_{b0}}^{i_{n0}}\boldsymbol{\alpha}$。因而可以利用 5.2 节中的优化方法对$\boldsymbol{C}_{i_{b0}}^{i_{n0}}$进行求解，并进一步完成实时姿态矩阵$\boldsymbol{C}_b^n$的计算。

但注意到在$\boldsymbol{\beta}$计算中，因无法提供$\boldsymbol{V}^n$而无法对$(2\boldsymbol{\omega}_{ie}^n+\boldsymbol{\omega}_{en}^n)\times\boldsymbol{V}^n$项进行计算，$\boldsymbol{\beta}$计算中存在一定误差。根据 4.2.2 节分析，舰船以 10 节速度匀速直航时，其牵连加速度约为 10μg。因而可忽略上述$(2\boldsymbol{\omega}_{ie}^n+\boldsymbol{\omega}_{en}^n)\times\boldsymbol{V}^n$项的影响；也可在获取$\boldsymbol{C}_b^n$后，利用$\boldsymbol{V}^b$与式（5-32）构建$\boldsymbol{V}^n$以及精确计算$\boldsymbol{\beta}$。

## 5.4 本章小结

与静基座对准不同，动基座对准需要引入外部辅助速度或位置进行运载体牵连运动的补偿。

本章具体介绍了运动基座条件下利用外部辅助速度的解析对准方法。该方法通过重构 SINS 比力方程与姿态矩阵链式分解，将初始对准问题同样归结为两个惯性坐标系间姿态矩阵求解问题；并通过积分运算来回避速度差分运算，同时将矩阵解析问题转化为优化问题来平滑外部量测信息可能存在的误差。该方法对准精度也可逼近仪表精度所决定的极限精度。

# 第 6 章　基于经典控制理论的罗经法对准

## 6.1　引　　言

罗经法对准是一种基于经典控制理论的对准方法，最初起源于 GINS，具有算法简单、易于工程实现的优点；后也被广泛应用于 SINS 的初始对准。罗经法对准主要指方位对准过程中控制算法从罗经回路中提取方位控制指令完成方位对准的过程，罗经项以及罗经回路是该方法得名的主要原因。本章主要讨论罗经法的水平精对准与方位精对准，并基于 SINS 数学平台的特点，介绍一种基于存储数据/回溯计算的快速高精度罗经法对准。

罗经法源于 GINS，并在 GINS 中取得广泛的应用。SINS 后于 GINS 出现和发展，其对准技术中也打上了 GINS 烙印。本章首先讨论 GINS，然后进行 SINS 罗经法对准的分析。

## 6.2　静基座条件下的罗经法对准

罗经法对准属于精对准范畴，在罗经法对准前需要进行粗对准，以保证失准角满足小角度以及误差传播方程近似线性的假设。本章假设 SINS 已经完成了粗对准，具体粗对准方法可详细参考第 4 章或第 5 章。

由于东向失准角与天向失准角均将引起北向速度误差，两者无法分离，且前者引起的速度误差量级远大于后者，因而方位对准需要在水平对准已经完成的基础上进行，即先进行水平精对准，然后进行方位精对准。这是一种分阶段，并在不同阶段处理不同主要矛盾的处理方法，一般将水平对准和方位对准一起并称为罗经法对准。

### 6.2.1　水平精对准

1. GINS 水平精对准

GINS 在完成粗对准后失准角可视为小角度，水平失准角 $\phi_x$ 和 $\phi_y$ 之间的交叉耦合可以忽略，此时可单独考虑 INS 的北向和东向通道（回路）。对于 GINS 而言，失准角$\phi_x$、$\phi_y$、$\phi_z$表示方法分别与$\phi_E$、$\phi_N$、$\phi_U$等价；陀螺仪零偏$\varepsilon_x$、$\varepsilon_y$、$\varepsilon_z$分别与$\varepsilon_E$、$\varepsilon_N$、$\varepsilon_U$等价；加速度计零偏$\nabla_x$、$\nabla_y$、$\nabla_z$分别与$\nabla_E$、$\nabla_N$、$\nabla_U$等价。以 GINS 北向通道为例进行分析，如图 6-1 所示。在载体无线运动条件下，导航解算参数$\boldsymbol{V}^n$即为系统速度误差$\delta\boldsymbol{V}^n$。图中实线部分为失准角、重力加速度、加速计零偏以及速度、罗经控制指令传播关系图，对应的误差方程为

$$\begin{cases}\delta\dot{V}_N = -2\omega_{ie}\sin L\delta V_E + g\phi_E + \nabla_N \\ \dot{\phi}_E = \omega_{ie}\sin L\phi_N - \omega_{ie}\cos L\phi_U - \dfrac{\delta V_N}{R} + \varepsilon_E\end{cases} \tag{6-1}$$

式中，$\varepsilon_E$、$\nabla_N$分别为 GINS 中$x$、$y$轴陀螺仪零偏与加速度计零偏。本质上该回路为舒勒回路，在该条件下，失准角$\phi_x$将进行无阻尼振荡，周期为 84.4min。此外需要注意的是，GINS 中，因仪表直接安装在机电平台上，陀螺仪零偏与失准角微分同号。

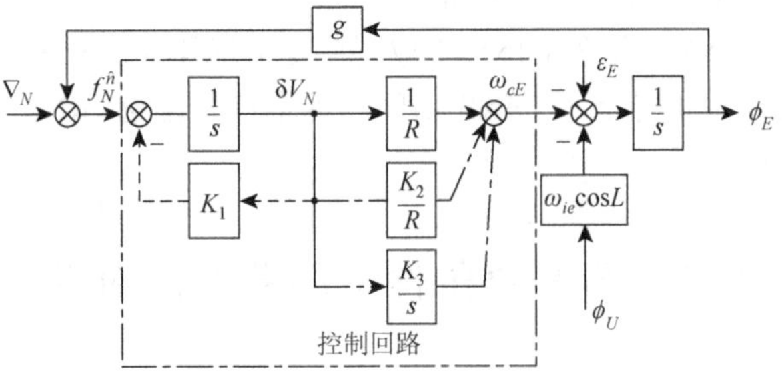


图 6-1 GINS 罗经法水平对准北向回路

为实现衰减振荡，引入内负反馈环节$K_1$，如图 6-1 中虚线所示，此时系统的特征方程为

$$\Delta_1(s) = s^2 + K_1 s + \omega_s^2 \tag{6-2}$$

式中，$\omega_s$为舒勒角振荡频率。由特征方程可知，引入$K_1$负反馈环节后，阻尼比为$\xi = K_1/(2\omega_s)$，自振角频率为$\omega_n = \omega_s = \sqrt{g/R}$。这表明，失准角$\phi_E$可收敛，但系统固有振荡频率并未发生改变，仍为舒勒振荡周期，所以需要 84.4min 才能完成一个周期的衰减，无法满足 INS 对准的快速性需求。

为缩短收敛周期，引入顺馈环节$K_2/R$，如图 6-1 中点划线所示，此时系统的特征方程变化为

$$\Delta_2(s) = s^2 + K_1 s + (1+K_2)\omega_s^2 \tag{6-3}$$

由特征方程可知，系统的角振荡频率变化为$\omega_n = \sqrt{1+K_2}\,\omega_s$，这说明引入顺馈环节可加快失准角的收敛。在静基座条件下，失准角$\phi_x$的稳态值为

$$\phi_{Ess} = \frac{K_1}{(1+K_2)\omega_s^2}(\varepsilon_E - \phi_U \omega_{ie} \cos L) - \frac{\nabla_N}{g} \tag{6-4}$$

为消除 $\varepsilon_E$ 和 $\phi_U$ 的影响，在系统中加入比例积分环节 $K_3/s$，此时系统的特征方程变化为

$$\Delta_3(s) = s^3 + K_1 s^2 + (1+K_2)\omega_s^2 s + K_3 g \tag{6-5}$$

在消除 $\varepsilon_E$ 和 $\phi_U$ 的影响后，参照式（3-14）的分析，有计算导航坐标系相对于理想导航坐标系绕东向轴姿态角的计算值为零，而实际值为 $\phi_{Ess}$，从而有对准误差为

$$\phi_E = \frac{\nabla_N}{g} \tag{6-6}$$

显然，式（6-6）与式（3-13）、式（3-14）的结论一致。

类似地，可对水平对准的东向回路进行分析，如图 6-2 所示，对应的误差传播方程为

$$\begin{cases} \delta\dot{V}_E = 2\omega_{ie}\sin L\delta V_N - g\phi_N + \nabla_E \\ \dot{\phi}_N = -\omega_{ie}\sin L\phi_E + \dfrac{\delta V_E}{R} + \varepsilon_N \end{cases} \tag{6-7}$$

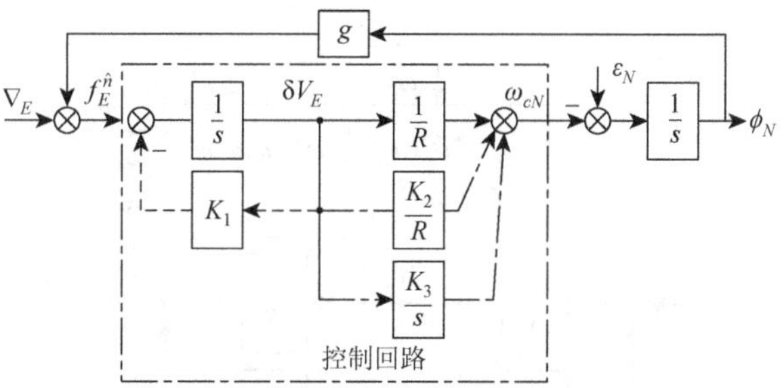


图 6-2　GINS 罗经法水平对准东向回路

东向回路与北向回路各控制环节相同，各环节引入后的特征方程完全相同；对于应用于北向回路中的式（6-4）与式（6-6），东向回路的对准的稳态值与对准误差分别为

$$\phi_{Nss} = \frac{K_1}{(1+K_2)\omega_s^2}\varepsilon_N + \frac{\nabla_E}{g} \tag{6-8}$$

$$\phi_N = -\frac{\nabla_E}{g} \tag{6-9}$$

应该注意到，上述分析过程中，均使用了 $K_1$、$K_2$ 与 $K_3$ 等变量，对于东向回路与北向回路而言，它们均为独立变量。

2. SINS 水平精对准

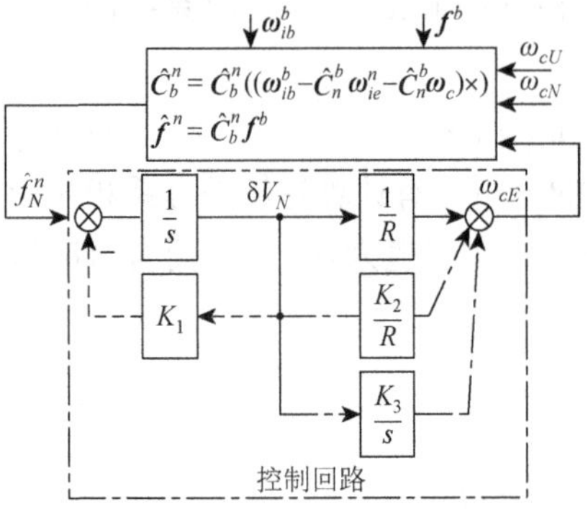


图 6-3　SINS 罗经法水平对准北向回路

不同于 GINS，SINS 没有机电平台，上述罗经控制指令直接参与 SINS 导航解算，用于完成前面所说 SINS 初始对准中的理想导航坐标系的跟踪。具体如图 6-3 与图 6-4 所示。

与图 6-1 与图 6-2 相比，两者的控制回路完全相同，不同点在罗经控制回路控制指令的利用方式。在 GINS 中，罗经控制指令驱动机电平台进行旋转；而 SINS 中罗经控制指令作为平台校正信号，参与姿态解算。前者是直接调整平台，而后者是间接调整。

需要注意的是，SINS 中计算导航坐标系中的仪表投影值参与罗经运算（控制回路计算），此时决定对准稳态误差的不再是陀螺仪和加速计零偏，而是陀螺仪和加速计零偏在导航坐标系中的投影值；当运载体存在角运动时，仪表误差在导航坐标系中的投影值为角运动的函数。

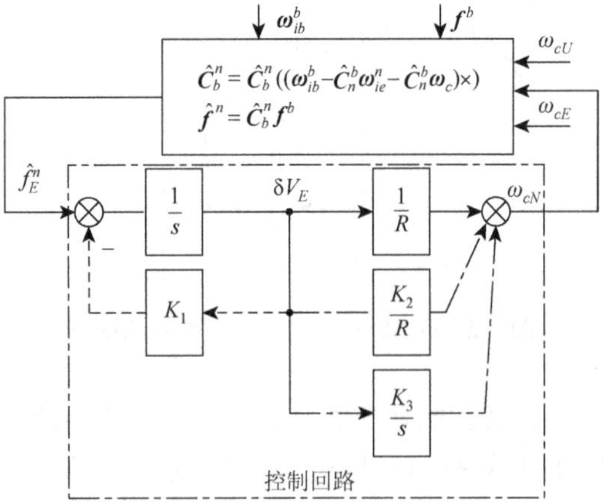


图 6-4　SINS 罗经法水平对准东向回路

此外，SINS 中惯性仪表安装在运载体上，根据式（2-20），失准角微分与陀螺仪零偏异号。对应的北向与东向误差传播方程为

$$\begin{cases}\delta\dot{V}_N = -2\omega_{ie}\sin L\delta V_E + g\phi_E + \nabla_N \\ \dot{\phi}_E = \omega_{ie}\sin L\phi_N - \omega_{ie}\cos L\phi_U - \dfrac{\delta V_N}{R} - \varepsilon_E\end{cases} \tag{6-10}$$

$$\begin{cases}\delta\dot{V}_E = 2\omega_{ie}\sin L\delta V_N - g\phi_N + \nabla_E \\ \dot{\phi}_N = -\omega_{ie}\sin L\phi_E + \dfrac{\delta V_E}{R} - \varepsilon_N\end{cases} \tag{6-11}$$

类似地，有 SINS 水平对准稳态（极限）误差为

$$\phi_E = \frac{\nabla_N}{g} \tag{6-12}$$

$$\phi_N = -\frac{\nabla_E}{g} \tag{6-13}$$

式中，$\nabla_E$ 与 $\nabla_N$ 分别为 $\nabla^n = C_b^n\nabla^b$ 在东向和北向轴的分量。

### 6.2.2　方位精对准

罗经法对准中方位失准角主要通过北向速度误差来反映，因而方位精对准主要围绕北向回路进行。

1. GINS 方位精对准

经过水平精对准后，水平失准角可达角分、角秒级，水平失准角引起的速度误差可以忽略。但相对较大的方位失准角 $\phi_U$ 由于罗经项的存在，地球自转角速度 $\omega_{ie}$ 将在东向轴上引起角速度为 $-\phi_U\omega_{ie}\cos L$ 的旋转运动，并进而引起东向失准角 $\phi_E$ 与北向加速度计测量值。

显然，与水平精对准北向回路相比，方位精对准回路需要首先打开比例积分环节，以便 $\varepsilon_E$ 和 $\phi_U$ 能够起作用。由于方位失准角 $\phi_U$ 引起的北向速度误差变化缓慢，方位精对准环节需要设计低通滤波器以滤除高频噪声。具体如图 6-5 所示。

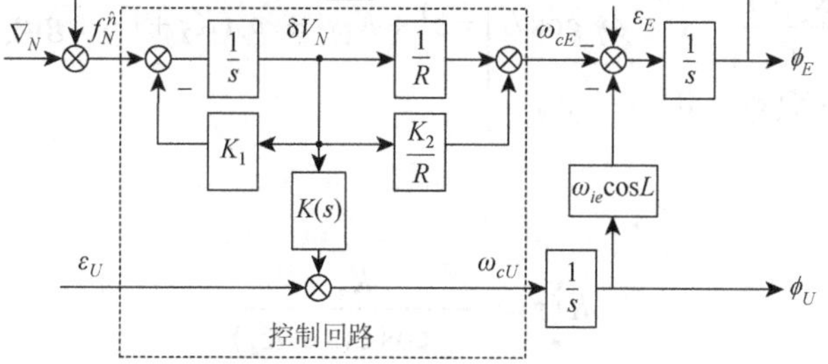


图 6-5　GINS 罗经法方位对准回路

根据图 6-5 可得

$$\begin{cases} s\delta V_N(s) = g\phi_E(s) + \nabla_N(s) - K_1\delta V_N(s) + \delta V_N(0) \\ s\phi_E(s) = -\dfrac{K_2+1}{R}\delta V_N(s) - \phi_U(s)\omega_{ie}\cos L + \varepsilon_E(s) + \phi_E(0) \\ s\phi_U(s) = K(s)\delta V_N(s) + \varepsilon_U(s) + \phi_U(0) \end{cases} \tag{6-14}$$

整理可得

$$\begin{cases} (s+K_1)\delta V_N(s) - g\phi_E(s) = \nabla_N(s) + \delta V_N(0) \\ \dfrac{K_2+1}{R}\delta V_N(s) + s\phi_E(s) + \phi_U(s)\omega_{ie}\cos L = \varepsilon_E(s) + \phi_E(0) \\ -K(s)\delta V_N(s) + s\phi_U(s) = \varepsilon_U(s) + \phi_U(0) \end{cases} \tag{6-15}$$

写成矩阵形式为

$$\begin{bmatrix} s+K_1 & -g & 0 \\ \dfrac{K_2+1}{R} & s & \omega_{ie}\cos L \\ -K(s) & 0 & s \end{bmatrix} \begin{bmatrix} \delta V_N(s) \\ \phi_E(s) \\ \phi_U(s) \end{bmatrix} = \begin{bmatrix} \nabla_N(s) + \delta V_N(0) \\ \varepsilon_E(s) + \phi_E(0) \\ \varepsilon_U(s) + \phi_U(0) \end{bmatrix} \tag{6-16}$$

利用求逆公式，得

$$\begin{bmatrix} \delta V_N(s) \\ \phi_E(s) \\ \phi_U(s) \end{bmatrix} = \frac{1}{\Delta^*(s)} \begin{bmatrix} s^2 & gs & -g\omega_{ie}\cos L \\ -\dfrac{K_2+1}{R}s - \omega_{ie}\cos LK(s) & (s+K_1)s & -(s+K_1)\omega_{ie}\cos L \\ sK(s) & gK(s) & s(s+K_1) + \dfrac{K_2+1}{R}g \end{bmatrix} \cdot \begin{bmatrix} \nabla_N(s) + \delta V_N(0) \\ \varepsilon_E(s) + \phi_E(0) \\ \varepsilon_U(s) + \phi_U(0) \end{bmatrix} \tag{6-17}$$

式中

$$\Delta^*(s) = \begin{vmatrix} s+K_1 & -g & 0 \\ \dfrac{K_2+1}{R} & s & \omega_{ie}\cos L \\ -K(s) & 0 & s \end{vmatrix} = s^3 + K_1 s^2 + \omega_s^2(K_2+1)s + g\omega_{ie}\cos LK(s) \tag{6-18}$$

取

$$K(s) = \frac{K_3}{\omega_{ie}\cos L(s+K_4)} \tag{6-19}$$

则

$$\Delta^*(s) = s^3 + K_1 s^2 + \omega_s^2 (K_2 + 1)s + \frac{K_3}{s + K_4} g \tag{6-20}$$

则由式（6-17）可得

$$\begin{aligned}\phi_U(s) = &\frac{sK(s)}{\Delta^*(s)}\left(\frac{\nabla_N(s)}{s} + \delta V_N(0)\right) + \frac{gK(s)}{\Delta^*(s)}\left(\frac{\varepsilon_E}{s} + \phi_E(0)\right) \\ &+ \frac{s(s+K_1) + \frac{K_2+1}{R}g}{\Delta^*(s)}\left(\frac{\varepsilon_U}{s} + \phi_U(0)\right)\end{aligned} \tag{6-21}$$

将式（6-19）和式（6-20）代入式（6-21），求得稳态值为

$$\phi_{Uss} = \lim_{s \to 0} s\phi_U(s) = \frac{\varepsilon_E}{\omega_{ie}\cos L} + \frac{(K_2+1)K_4}{RK_3}\varepsilon_U \tag{6-22}$$

由于陀螺仪等效天向零偏 $\varepsilon_U$ 的影响可通过选择参数 $K_2$、$K_3$、$K_4$ 来减小，所以罗经法对准中，方位对准的极限精度近似为

$$\phi_U = -\frac{\varepsilon_E}{\omega_{ie}\cos L} \tag{6-23}$$

式中，$\varepsilon_E = \varepsilon_x$。

2. SINS 方位精对准

如图 6-6 所示，与水平对准类似，SINS 方位精对准与 GINS 方位精对准的控制回路类似，区别在于：①SINS 方位调整指令参与导航解算；②陀螺仪零偏在导航坐标系东向轴的投影决定了方位对准的极限精度。

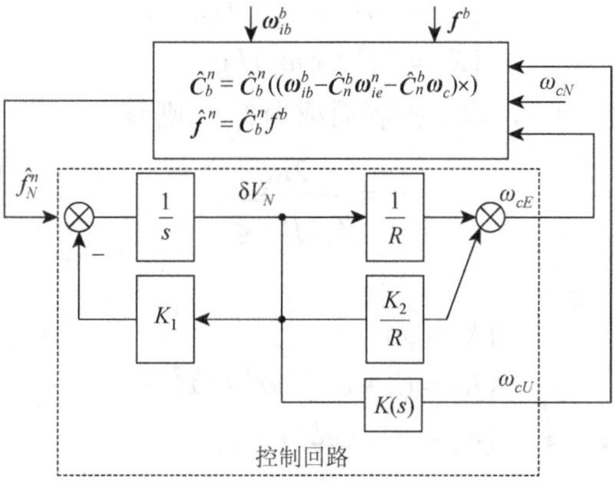


图 6-6　SINS 罗经法方位对准回路

SINS 方位对准极限精度为

$$\phi_{U\min}=\frac{\varepsilon_E}{\omega_{ie}\cos L}\tag{6-24}$$

式中，$\varepsilon_E$ 为 $\boldsymbol{\varepsilon}^n=\boldsymbol{C}_b^n\boldsymbol{\varepsilon}^b$ 在东向轴的分量。

### 6.2.3　罗经法对准参数设置

分析表明，GINS 与 SINS 两者除罗经控制指令的使用方式不同外，其余完全相同。本节讨论的罗经法对准参数设置不再区别 GINS 与 SINS。

1. 水平对准参数设置

由式（6-6）和式（6-9）可知，罗经法水平对准精度与 $K_1$、$K_2$ 和 $K_3$ 无关，所以在设置 $K_1$、$K_2$ 和 $K_3$ 时仅需考虑参数对系统动态性能的影响。

若对准回路的衰减系数为 $\sigma$，阻尼振荡角频率为 $\omega_d$，则三阶系统特征根为

$$\begin{cases}s_1=-\sigma\\ s_2=-\sigma+\mathrm{j}\omega_d\\ s_3=-\sigma-\mathrm{j}\omega_d\end{cases}\tag{6-25}$$

根据上述系统特征根，重构系统特征多项式为

$$\begin{aligned}\Delta_3(s)&=(s+\sigma)(s+\sigma-\mathrm{j}\omega_d)(s+\sigma+\mathrm{j}\omega_d)\\&=s^3+3\sigma s^2+(3\sigma^2+\omega_d^2)s+\sigma^3+\sigma\omega_d^2\end{aligned}\tag{6-26}$$

比较式（6-5）与式（6-9），可得

$$\begin{cases}K_1=3\sigma\\ K_2=(3\sigma^2+\omega_d^2)/(\omega_s^2-1)\\ K_3=(\sigma^3+\sigma\omega_d^2)/g\end{cases}\tag{6-27}$$

假设系统阻尼比为 $\xi$，水平控制周期为 $T_{xy}$，则有

$$\sigma=\frac{2\pi\xi}{T_{xy}\sqrt{1-\xi^2}}\tag{6-28}$$

进一步有

$$\begin{cases}K_1=3\sigma\\ K_2=(2+1/\xi^2)\sigma^2/(\omega_s^2-1)\\ K_3=\sigma^3/(g\xi^2)\end{cases}\tag{6-29}$$

2. 方位对准参数设置

在罗经法方位对准回路中，北向通道采用了水平对准的二阶快型回路，但水平对准回路中的系数 $K_1$、$K_2$ 并不适用方位对准，必须另行设定。

根据系统动态响应要求，不妨设阻尼比$\xi=\sqrt{2}/2$，衰减系数为$\sigma$，则阻尼振荡频率$\omega_d=\sigma$，所以可以构建特征根为$s_{1,2}=-\sigma-\mathrm{j}\sigma$与$s_{3,4}=-\sigma+\mathrm{j}\sigma$，从而可构建特征方程为

$$\begin{aligned}\Delta(s)&=((s+\sigma+\mathrm{j}\sigma)(s+\sigma-\mathrm{j}\sigma))^2\\&=s^4+4\sigma s^3+8\sigma^2 s^2+8\sigma^3 s+4\sigma^4\end{aligned}\tag{6-30}$$

改写式（6-20）有

$$\begin{aligned}\Delta(s)&=s^3(s+K_4)+K_1 s^2(s+K_4)+\omega_s^2(K_2+1)s(s+K_4)+gK_3\\&=s^4+(K_1+K_4)s^3+(\omega_s^2(K_2+1)+K_1K_4)s^2+\omega_s^2(K_2+1)K_4 s+gK_3\end{aligned}\tag{6-31}$$

比较式（6-30）与式（6-31），有

$$\begin{cases}K_1+K_4=4\sigma\\ \omega_s^2(K_2+1)+K_1K_4=8\sigma^2\\ \omega_s^2(K_2+1)K_4=8\sigma^3\\ gK_3=4\sigma^4\end{cases}\tag{6-32}$$

式（6-32）是关于未知参数的非线性方程组，且解不唯一。令$K_1=K_4$，则有参数唯一解为

$$\begin{cases}K_1=K_4=2\sigma\\ K_2=4\sigma^2/(\omega_S^2-1)\\ K_3=4\sigma^4/g\end{cases}\tag{6-33}$$

式中，$\sigma=\dfrac{2\pi\xi}{T_z\sqrt{1-\xi^2}}\approx\dfrac{2\pi}{T_z}$，$T_z$为方位对准回路的控制周期。

上述参数中，衰减系数$\sigma$与系统的收敛速度成正比，与系统抗干扰能力成反比。因此在罗经法方位精对准过程中可以通过改变$\sigma$的方式来调整系统的收敛速度与性能。在方位对准初期可以选择较大的$\sigma$值来加速收敛；在方位对准后期可以选择较小的$\sigma$值来提高系统抗干扰能力。需要说明的是，INS 罗经法对准参数的设置需要针对具体系统、具体工作环境进行选择和优化。

3. *仿真验证*

仿真参数以及基座运动条件同 4.2.2 节；初始失准角设置为：纵摇 1°、横摇 –1°和航向 3°。仿真过程中，前 150s 进行水平对准，150s 后进行方位对准。仿真结果如图 6-7 所示，图中实线和虚线分别对应条件一和条件二。图中曲线表明，两种条件下，罗经对准算法均可完成 SINS 对准，且对准精度可逼近仪表精度所决定的极限值（详见式（6-12）、式（6-13）与式（6-24））。此外，两种条件下的姿态误差曲线走势完全一致，且条件一的对准误差为条件二误差的中心位置，这

也表明条件二中误差振荡的主要原因在于摇摆带来的姿态解算中的不可交换性误差以及仪表等效误差的变化。

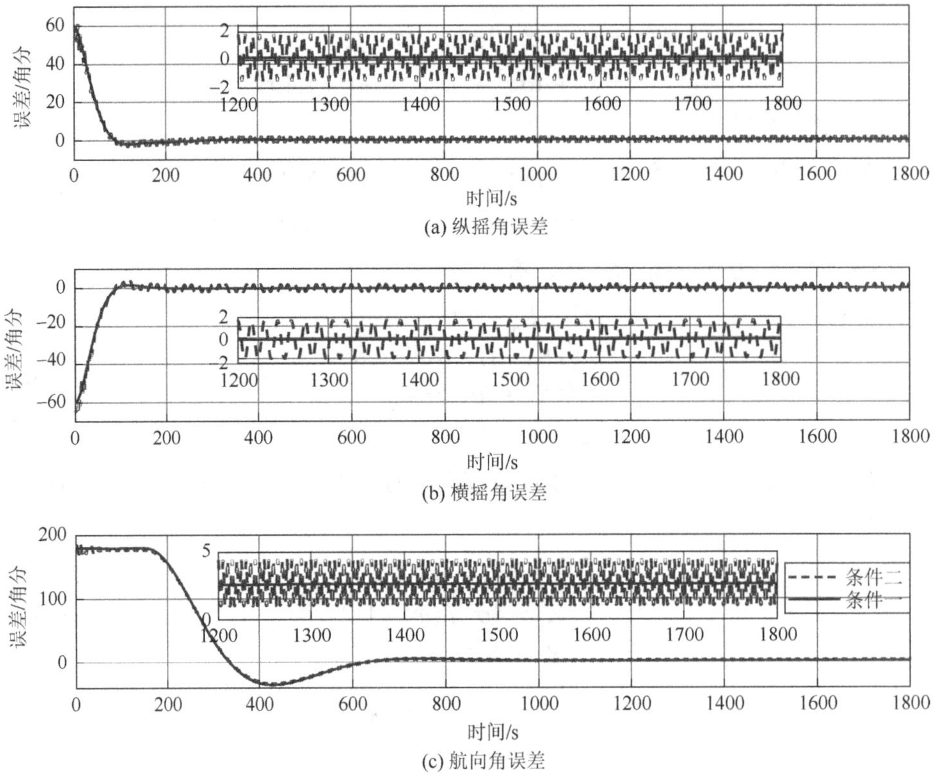


图 6-7　SINS 罗经法对准结果

## 6.3　运动基座条件下的罗经法对准

### 6.3.1　基于外部速度/位置辅助的行进间罗经对准设计

上述罗经法适用于静基座条件，当运载体处于动基座条件下时，运载体的速度、位置以及加速度等都会发生改变，这些变化都会对罗经对准回路产生影响。

动基座条件下，运载体纬度的变化会带来 SINS 中理想导航坐标系的变化，平台控制指令需要进行相应的调整，主要体现在地球自转角速度 $\boldsymbol{\omega}_{ie}^n=[0\quad \omega_{ie}\cos L\quad \omega_{ie}\sin L]^{\mathrm{T}}$、平动引起牵连角速度 $\boldsymbol{\omega}_{en}^n=[-V_N/(R+h)\quad V_E/(R+h)\quad (V_E/(R+h))\tan L]^{\mathrm{T}}$ 以及罗经项 $\omega_{ie}\cos L$ 的计算中。这需要引入外部速度和位置进行辅助，若运载体

纬度变化较小，则 $\boldsymbol{\omega}_{ie}^n$ 量值变化也较小，可以忽略位置的变化。运载体线速度除带来上述纬度变化外，还会带来加速计测量值的改变。主要体现为有害加速度 $(2\boldsymbol{\omega}_{ie}^n+\boldsymbol{\omega}_{en}^n)\times\boldsymbol{V}^n$。同样地，这需要引入外部速度与位置进行辅助。若不进行平台指令的调整和有害加速度的补偿，则上述项将会表现为陀螺仪等效零偏和加速度计等效零偏。为此，图 6-3、图 6-4 与图 6-6 中的 SINS 解算需要调整，具体如下：

$$\begin{cases}\dot{\hat{\boldsymbol{C}}}_b^n=\hat{\boldsymbol{C}}_b^n((\tilde{\boldsymbol{\omega}}_{ib}^b-\hat{\boldsymbol{C}}_n^b(\boldsymbol{\omega}_{ie}^n+\boldsymbol{\omega}_{en}^n)-\hat{\boldsymbol{C}}_n^b\boldsymbol{\omega}_c)\times)\\ \hat{\boldsymbol{f}}^n=\hat{\boldsymbol{C}}_b^n\tilde{\boldsymbol{f}}^b-(2\boldsymbol{\omega}_{ie}^n+\boldsymbol{\omega}_{en}^n)\times\boldsymbol{V}^n\end{cases}\tag{6-34}$$

类似地，运载体线加速/减速也会引起上述各类误差项。但更为重要的是，加速/减速会在加速度计测量中引入附加加速度，且该量值通常大于上述加速度计等效误差。因而需要在 $\hat{\boldsymbol{f}}^n=\hat{\boldsymbol{C}}_b^n\tilde{\boldsymbol{f}}^b-(2\boldsymbol{\omega}_{ie}^n+\boldsymbol{\omega}_{en}^n)\times\boldsymbol{V}^n$ 项中进一步去除 $\dot{\boldsymbol{V}}^n$。因为运载体自身无法区分这种加速/减速。为此可对 $\hat{\boldsymbol{f}}^n$ 进行积分，并引入外部速度去求取速度误差值，以剔除运载体加速/减速的影响。为此相应的对准回路需进行适应性改进，以方位对准为例，对图 6-6 进行改进，如图 6-8 所示。

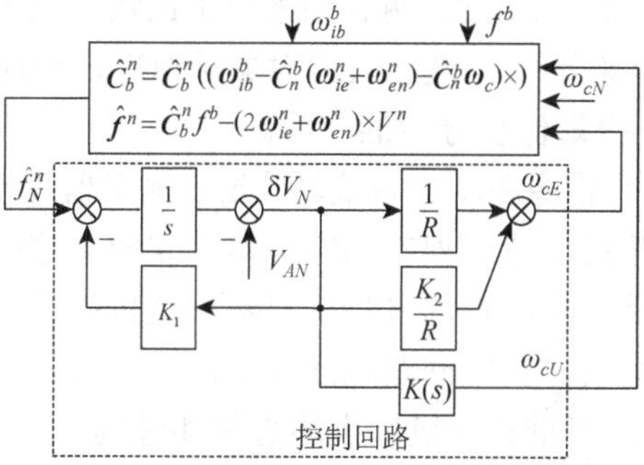


图 6-8　运动基座条件下的 SINS 罗经法方位对准回路

## 6.3.2　运载体机动与回路参数设计

1. 运载体匀速直航

当运载体处于匀速直航状态时，其罗经对准回路与静基座条件下的罗经回路基本一致。不同点在于辅助信息会引入测量误差和噪声。由于积分环节的存在，罗经对准中的水平和方位回路均具有低通性，因而可以认为辅助速度噪声对系统对准精度影响较小。但辅助速度常值误差将等效为加速度零偏，带来对准误差中的常值误差。

在匀速直航状态下，罗经回路以及各牵连运动信息均可利用外部辅助系统进行补偿。因而其控制参数设置与静基座条件下控制回路的参数设置基本相同。

2. 运载体加速/减速运动

当运载体处于加速/减速时，加/减速对罗经回路而言表现为系统低频输入。罗经回路对高频输入有一定的抑制作用，但对低频输入没有抑制能力。因而加速/减速运动将会带来系统的振荡。当外部辅助速度精度较高时，可适当增加 $K_1$ 以增加其反馈能力，抑制振荡；对于方位对准回路而言，可适当增加 $K_4$，以增强其对低频输出的抑制能力。

## 6.4 基于存储数据/回溯计算的罗经法对准

### 6.4.1 SINS 数学平台与数据回溯利用的原理

上述分析表明，SINS 罗经法对准完全借鉴了 GINS 罗经法对准的原理思路，区别仅在于控制指令的使用方式与仪表误差的传播方向，即对于 GINS 而言，陀螺仪零偏与失准角同号；而对于 SINS 而言，陀螺仪等效零偏与失准角异号。共同点在于：无论 GINS 还是 SINS，两者均采用了比较—反馈调整—再比较—再反馈调整的思想。罗经法对准中，被比较的对象是速度，而速度则是 GINS 仪表测量值或 SINS 中的仪表投影值积分后的产物。

GINS 中，罗经控制指令驱动平台旋转，仪表测量值直接反映失准角大小，经过多次比较、反馈调整后，速度误差为零，对准完成。这在物理上是一个连续的过程，在时间轴上也是一个串行的过程。显然，这也必须是一个连续的、串行的过程，后一时刻的测量值、罗经回路输入与输出均是建立在前一个时刻调整结果的基础上。SINS 罗经法对准也是延续上述思想和过程。

但注意到，SINS 中仪表测量值并不直接反映失准角大小，只有其投影到数学平台后，方可反映失准角大小，即 1.1.2 节所述的 SINS 在数学平台上的仪表投影数据与 GINS 在机电平台上的仪表测量数据具有相同的物理含义。而在 SINS 中，仪表测量值与仪表投影值并不具有确定的一一对应关系，同一组仪表测量数据在不同姿态矩阵作用下会带来不同的投影值，这就给初始对准带来了新的思路。

考虑一类理想情况：假设运载体处于理想静止状态（既无角运动也无线运动），无环境噪声干扰；假设陀螺仪和加速度计为理想器件，即无常值误差也无随机噪声。根据 6.2 节描述，该条件下 SINS 可以利用罗经法完成初始对准。

注意到在该条件下，仪表测量数据均相同，所有的数据可视为一组数据。本质上，上述罗经法对准仅利用了一组数据即可完成初始对准。由此可以省去仪表数据采集过程，仅对采集的一组仪表数据进行多次计算来完成初始对准。

借助图 6-9，回溯对准可描述如下：在初始姿态的基础上，将仪表测量数据向数学平台（计算导航坐标系）投影，仪表投影数据参与罗经对准运算获取罗经指令；罗经指令在参与 SINS 导航解算后，获取新的姿态矩阵；利用新的姿态矩阵对仪表测量数据再次进行投影，可以获取新的仪表数据投影值，进行运算后可获取新的罗经指令参数，新的罗经指令参数参与 SINS 导航解算后，又获取新的姿态，如此循环，可完成对准。在计算机计算速度足够快的前提下，上述计算过程几乎可以在瞬间完成；而且 SINS 中数学平台不具有质量、阻尼和弹簧等机械特征，数学平台的调整也可在瞬间完成。

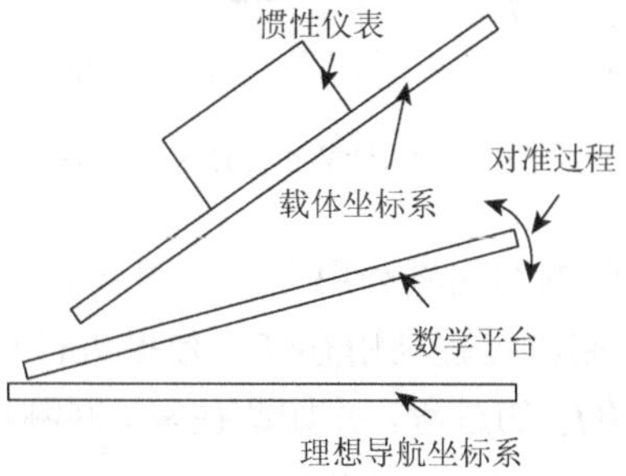


图 6-9　SINS 对准过程示意图

从平台调整的角度看，上述回溯计算仍然延续了比较—反馈调整—再比较—再反馈调整的思路。可以认为回溯计算并没有改变罗经法对准的内在机理，仅通过改变数据利用方式来加速对准过程。基于实时计算的对准过程如图 6-10（a）所示；而基于存储数据与回溯计算的对准过程如图 6-10（b）所示。

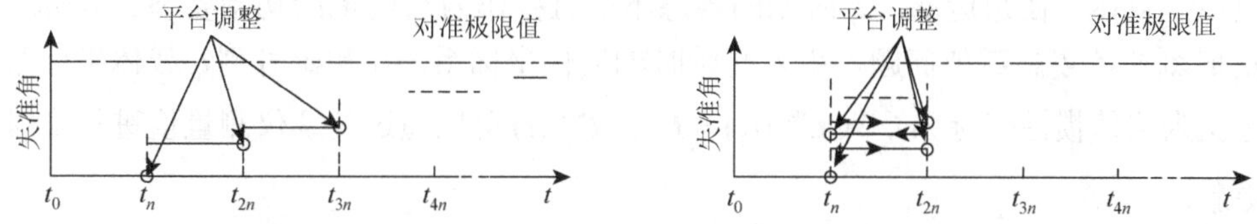


(a)“基于实时计算”方式　　(b)“基于存储数据与回溯计算”方式

图 6-10　实时计算对准与回溯对准过程比较示意图

## 6.4.2　基于存储数据/回溯计算的罗经法设计与实现

### 1. 基于存储数据/回溯计算的对准

实际应用过程中，运载体无法处于理想静止状态，仪表也一定存在测量误差，因而常使用一段时间的仪表测量数据进行上述对准运算。基于存储数据与回溯计算的罗经法对准算法中数据利用过程如图 6-11 所示。

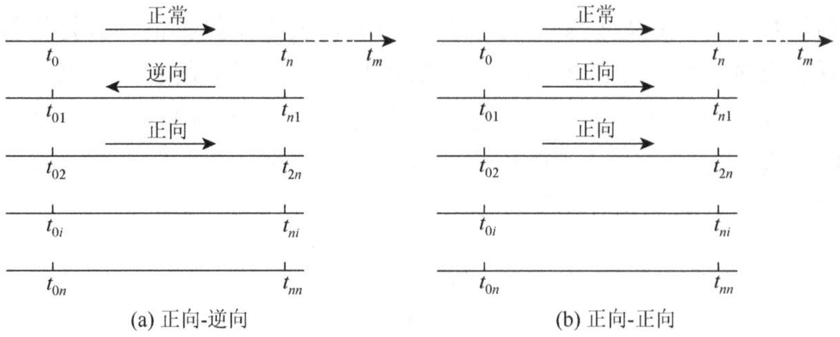


图 6-11　基于存储数据与回溯计算的 SINS 罗经法对准数据利用过程

图 6-11 描述了存储数据的回溯利用方式。图 6-11（a）中，$t_0$ 为数据采集过程的起点，而 $t_n$ 为终点，回溯过程利用存储的数据进行从终点 $t_{n1}$ 返回起点 $t_{01}$，再进行从起点 $t_{02}$ 返回终点的 $t_{n2}$ 的过程，并如此往复。回溯过程中需要对存储数据进行各种操作以完成逆向解算，正向-逆向数据处理方法具有普遍适用性。

图 6-11（b）中利用载体无线运动特点，设计了一种正向-正向数据处理方式。当运载体无线运动时，对准过程中 SINS 速度解算回路可保持不变；姿态解算过程中，当数据从终点回到起点时，载体坐标系会发生突变，此时需要引入载体坐标系跟踪环节。具体如下：在时间段 $t_0 \sim t_n$，惯性仪表测量数据被采集与存储，同时进行正常的导航解算；在时间段 $t_{01} \sim t_{n1}$，导航解算过程与时间段 $t_0 \sim t_n$ 相同。由于载体无线运动，$t_n$ 时刻载体的速度与位置可以作为 $t_{01}$ 时刻的初始速度与位置，但由于载体存在角运动，$t_n$ 时刻的姿态不能直接作为 $t_{01}$ 时刻的初始姿态。为解决 $t_{01}$ 时刻初始姿态赋值问题，引入初始时刻惯性坐标系，在初始时刻 $t_0$ 载体坐标系定义为载体惯性坐标系 $i_{b_0}$（$\boldsymbol{C}_b^{i_{b0}}(t_0)=\boldsymbol{I}$），$\boldsymbol{C}_b^{i_{b0}}(t)$ 可以通过陀螺仪测量值进行实时更新：

$$\dot{\boldsymbol{C}}_b^{i_{b0}}(t)=\boldsymbol{C}_b^{i_{b0}}(\boldsymbol{\omega}_{i_{b_0}b}^b\times)=\boldsymbol{C}_b^{i_{b0}}(\boldsymbol{\omega}_{ib}^b\times) \tag{6-35}$$

类似地，$t_0$ 时刻导航坐标系定义为导航惯性坐标系 $i_{n_0}$，$\boldsymbol{C}_n^{i_{n0}}(t)$ 可以通过地球自转信息进行实时更新：

$$\dot{\boldsymbol{C}}_n^{i_{n0}}(t)=\boldsymbol{C}_n^{i_{n0}}(\boldsymbol{\omega}_{i_{n_0}n}^n\times)=\boldsymbol{C}_n^{i_{n0}}(\boldsymbol{\omega}_{in}^n\times) \tag{6-36}$$

在 $t_{01}$ 时刻，初始姿态可以根据 $t_n$ 时刻姿态矩阵 $\boldsymbol{C}_b^n(t_n)$ 与载体坐标系变化矩阵 $\boldsymbol{C}_b^{i_{b0}}(t_n)$ 获取：

$$C_b^n(t_{01}) = C_n^{i_{n0}}(t_n) C_b^n(t_n) (C_b^{i_{b0}}(t_n))^{\mathrm{T}} \tag{6-37}$$

在后续的正向导航解算初始时刻，上述过程被重复，以 $t_{02} \sim t_{n2}$ 为例，$C_b^n(t_{02}) = C_n^{i_{n0}}(t_n) C_b^n(t_{n1}) (C_b^{i_{b0}}(t_n))^{\mathrm{T}}$。

2. 对准结束时刻实时姿态矩阵的计算

注意到计算机不可能在瞬间完成回溯计算，因而“基于存储数据与回溯计算”的对准方法本质上属于事后数据处理方法，对准获取的姿态为图 6-11 中 $t_n$ 时刻的姿态。

假设时间段 $t_n \sim t_m$ 为回溯计算占用的时间，对准算法在对准结束时刻可得到 $t_n$ 时刻的精确对准姿态 $C_b^n(t_{nn})$；但由于载体存在角运动以及地球存在自转角运动，$t_n$ 与 $t_m$ 时刻载体坐标系发生了变化，不能以 $t_n$ 时刻的姿态矩阵替代 $t_m$ 时刻的姿态矩阵。为此同样利用瞬时惯性坐标系，在 $t_n \sim t_m$ 时间内继续更新 $C_b^{i_{b0}}(t)$ 与 $C_n^{i_{n0}}(t)$，并在对准结束时刻 $t_m$ 更新载体坐标系，得到实时姿态矩阵如下：

$$C_b^n(t_m) = (C_n^{i_{n0}}(t_m))^{\mathrm{T}} C_n^{i_{n0}}(t_n) C_b^n(t_{nn}) (C_b^{i_{b0}}(t_n))^{\mathrm{T}} C_b^{i_{b0}}(t_m) \tag{6-38}$$

3. 仿真验证

仿真条件设置同 4.2.2 节和 6.2.3 节。选取存储时间长度为 60s。仿真结果如图 6-12 所示，图中实线对应 6.2.3 节中的仿真结果，虚线对应本节中的仿真结果；图中的横坐标对于非回溯方法而言表示对准时间，而对于回溯方法表示对准次数。图中曲线表明，两种方案均能完成对准误差曲线的收敛。其中，水平对准结果均可逼近极限精度，两种方法对准的差异较小；在水平对准结果的局部放大图中，回溯方法的纵摇误差曲线存在不连续现象，这是由于存储数据长度与纵摇周期不一致且无倍数关系所致。

图中的航向对准误差曲线表明，回溯方法的对准结果存在周期性振荡，但随着对准次数增加而逐渐被抑制，其原因在于回溯方法带来了周期性输入项。具体讨论如下：回溯计算过程中，需要进行姿态跟踪，而姿态跟踪会引入误差累积项，进一步可以进行回路参数改进设计加以解决。

在回溯对准过程中，前 60s 需要进行数据录取，因而必须真实耗费 60s；后续的 SINS 解算与对准解算均是建立在以存储数据的基础上，因而耗时长度由计算机决定。对于高性能计算机而言，进行非回溯方法中 2340s 的 SINS 解算与对准解算耗时不过数秒，因而可极大地提高对准速度。

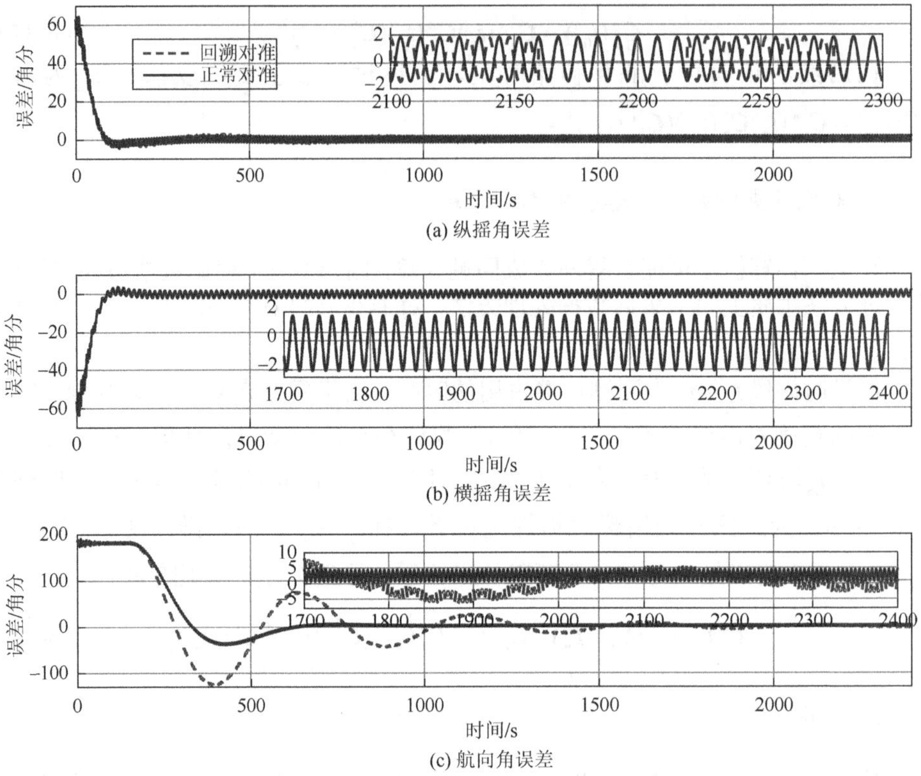


图 6-12　基于数据回溯的 SINS 罗经法对准结果

#### 4. 基于粗对准存储数据/回溯计算的罗经法设计

罗经法对准要求 SINS 已经完成粗对准以满足失准角小量及误差方程的线性假设。但在运载体处于角运动状态时，经典双矢量定姿算法精度不高；而基于重力视运动的解析对准精度较高，但耗时较长。结合基于重力视运动解析对准与回溯罗经法对准两者的特点，可将图 6-11 中的正常数据采集阶段作为基于重力视运动的解析对准阶段，对准过程中同时进行数据存储，从而可以避免粗对准过程引起的对准时间增加问题，同时也可以保证粗对准精度，以满足误差传播方程的线性假设。

## 6.5　本 章 小 结

本章从静基座条件下的惯导误差方程出发，介绍了 GINS 罗经法对准基本原理，并将其引入 SINS，比较分析了罗经法对准在 GINS 与 SINS 应用的异同，详细分析了罗经法对准中的参数设计。简单介绍了运动基座条件下罗经法对准需要考虑的问题。分析认为罗经法对准是在导航坐标系中进行反馈信息的比较，参与罗经运算的各参数也来自导航坐标系，获取的罗经控制指令也表达在导航坐标系中，与此同时仪表误差在导航坐标系中的投影决定了对准的极限精度。

从 SINS 数学平台特点出发，介绍了一种基于存储数据与回溯计算的 SINS 快速高精度罗经对准算法，并详细分析了该方法的内在机理。

# 第 7 章　基于现代控制理论的组合对准

## 7.1　引　　言

外部速度是 SINS 最常用的辅助信息源，也是相对较为容易获得的信息源。例如，运载体在静止时刻可利用零速约束作为辅助信息；DVL 或里程计可以提供载体坐标系下的速度；GNSS 可以同时提供导航坐标系下的速度与位置信息。目前业内针对组合导航定义明确，但针对组合对准业内尚无明确定义。本书将仅基于线运动信息匹配的对准方式称为组合对准，以区别于传递对准。本章针对零速辅助情况，具体讨论基于比力匹配、速度匹配的组合对准；针对外部速度位置辅助情况，具体讨论基于速度、位置匹配的组合对准。

## 7.2　组合对准的原理与方案设计

### 7.2.1　组合对准的基本原理

2.4 节与 2.5 节介绍了 SINS 误差传播方程，分析认为当 SINS 存在初始失准角、初始速度与位置误差以及仪表误差时，上述误差总会随着导航积分时间的增加而体现在导航参数中；2.5 节还给出了静基座条件下 SINS 的误差传播规律的时域解。组合对准即是通过观测 SINS 导航参数中的速度与位置误差来完成初始对准的。

组合对准过程可简单描述如下：以基于现代控制理论的 Kalman 滤波及其改进算法为数学工具，以 SINS 误差传播规律为理论依据，以外部辅助信息与 SINS 对应导航信息差值为量测值，从误差量测中观测和估计出 SINS 系统的各类误差（导航参数误差、惯性仪表误差）。

在此过程中，SINS 各误差为误差源头，量测值为误差的观测值。组合对准中误差源个数多于误差量测值个数，且大部分误差量测值为非误差源的直接观测，需要借助误差传播方程（状态方程）与量测方程来构建误差源和误差量测之间的对应关系。而 Kalman 滤波及其改进算法作为一种数学工具，扮演着从包含有各类误差的量测中反演误差源的角色，是随机系统的状态观测器。

### 7.2.2　组合对准中状态量的选择

1. 状态向量中导航误差参数的选择

对于本书研究的初始对准而言，核心话题是初始姿态矩阵，因而失准角成为状态向量的必需选项。对于长时间工作的 SINS 而言，仪表误差也将成为状态量的必需选项，而仪表误差主要用于校正仪表测量值，因而一般将载体坐标系中的仪表误差作为状态向量。

此外，速度误差、位置误差等导航参数误差也可选作状态向量，但需根据状态向量与量测量之间的关系来决定。如 7.2.1 节所述，组合对准的本质是根据误差量测值和误差传播规律来反演系统状态量。若某个误差量不能反映在误差量测值中，则该误差可不纳入状态向量；或某个误差量与量测值之间耦合关系较弱，则根据对准时间、精度需求等决定是否将该误差量纳入状态向量。

若以比力作为量测值，则加速度计零偏必须成为状态向量之一，因为加速度计零偏直接表现为比力测量值；而速度误差则不必列为状态量，因为从比力反演失准角时，不涉及速度误差。若以速度误差作为量测值，则速度误差必须成为状态向量；而位置误差是否作为状态量，则可根据实际情况进行取舍，具体分析如下。

在式（2-27）中，速度误差以确定的系数关系表现为位置误差变化率；在式（2-26）中纬度误差、高度误差与速度误差变化率耦合关系较弱，分别以 $\omega_{ie}$、$\dfrac{1}{R+h}$ 与 $\dfrac{1}{(R+h)^2}$ 为系数，而经度误差不对速度误差变化率产生影响。因而在速度匹配时，可以不考虑经度误差，而根据实际需要考虑纬度与高度误差。

2. 状态向量中仪表误差参数的选择

不同于失准角、速度误差、位置误差等在数学平台上描述参数，仪表误差既可以在导航坐标系中描述，具体为 $\boldsymbol{\varepsilon}_{E,N,U}$ 与 $\nabla_{E,N,U}$，也可以在载体坐标系中描述，即 $\boldsymbol{\varepsilon}_{x,y,z}$ 与 $\nabla_{x,y,z}$。两者选择并无本质区别，可以进行等价转换，即 $\boldsymbol{\varepsilon}^n = \boldsymbol{C}_b^n \boldsymbol{\varepsilon}^b$，$\nabla^n = \boldsymbol{C}_b^n \nabla^b$。但注意到利用 Kalman 滤波器进行仪表误差的估计时需要对误差的传播规律进行建模。若在导航坐标系中对仪表误差进行描述，则需要同时对运载体角运动和载体坐标系中的仪表误差进行建模；而运载体角运动主要由外部激励引起，无法事先建模。因而一般都选择在载体坐标系中进行仪表误差的描述。与此同时，选择载体坐标系中仪表误差作为状态量也可兼顾仪表误差补偿需求，即直接对载体坐标系中仪表测量值进行补偿。

此外，对于近地航行的运载体，SINS 通常将天向速度与高度信息置零，以避免天向通道的发散。此时在导航坐标系中的速度误差、位置误差成为二维量，类似地，加速度计零偏也成为二维量。但需要注意的是，导航坐标系中的水平加速度计零偏是载体坐标系中加速度计零偏在水平面内的投影值，此时仍应选择载体坐标系中的三轴加速度计零偏作为状态向量，否则无法从水平二维加速度计等效零偏中反演得到三维加速度计零偏，带来可观测度与可观测性分析错误。

### 7.2.3　组合对准过程校正方式的选择

当误差源被反演估计后，组合对准算法有三种不同的使用方式：闭环校正、开环校正以及混合校正。

闭环校正如图 7-1 所示，对准过程中误差估计值反馈给 SINS 进行各类误差校正，SINS 误差演化建立在校正后 SINS 导航参数的基础上。如 3.4 节描述，Kalman 滤波是一种最优融合算法，每一次对准解算获取的都是当前条件下对误差量的最优估计，因而在反馈校正后，可以认为 SINS 系统各误差为零；后续导航解算在校正后的导航参数基础上进行，具体如下：

$$\boldsymbol{C}_b^n = \boldsymbol{C}_{\hat{n}}^n \boldsymbol{C}_b^{\hat{n}} \tag{7-1}$$

式中，$\boldsymbol{C}_b^{\hat{n}}$ 为校正前的姿态矩阵；$\boldsymbol{C}_{\hat{n}}^n$ 为根据失准角估计构建的姿态校正矩阵；$\boldsymbol{C}_b^n$ 为校正后的姿态矩阵。

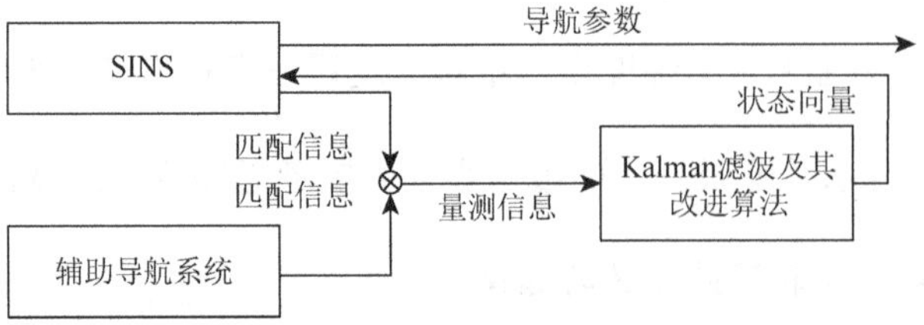


图 7-1　闭环校正过程示意图

闭环校正方式下，仪表误差的估计值被用于校正仪表测量值；一次校正后，Kalman 滤波器再次根据误差量测与误差传播规律反演得到的仪表误差本质上属于残余误差。因而闭环校正方式下的仪表误差应视为残余误差，而仪表误差的估计应视为对残余误差的估计。对准过程中可以将每次对残余误差的估计进行累加，作为当前仪表误差的校正值。

与罗经法对准类似，闭环校正也采用了反馈调整思想，通过反馈调整来逐步缩小初始对准中的各类误差项。其中比较过程可理解为：量测值的获取过程，即进行参考（辅助）导航参数与实际（SINS 解算）导航参数的比较。调整过程可理解为：根据误差量测值与误差传播规律以及 Kalman 滤波器反演得到各误差估计值，并利用各误差估计值进行导航参数校正与仪表误差补偿。这是一个观测—反馈调整—再观测—再反馈调整的过程。

在此过程中，若系统稳定，且某状态量可观测，则该状态量将逐渐逼近真值。以失准角为例，速度辅助方式下，失准角可观测，则失准角始终保持为小量，并朝着更小的方向演化。本章主要讨论闭环校正方式。

开环校正方式如图 7-2 所示，对准过程中，误差估计值不反馈回 SINS 进行各类误差校正，SINS 误差的演化建立在未进行校正的 SINS 导航参数基础上。该方式下，待 SINS 对准结束时，利用误差估计值对 SINS 各类参数进行一次性校正，以获取校正后的 SINS 导航参数作为后续导航解算的初始值。开环校正方式的主要特点在于：误差估计结果不参与 SINS 导航解算，其对误差估计的过程可视为参数辨识的过程。注意到，式（2-17）、式（3-6）与式（3-7）在推导 SINS 误差传播方程时假设失准角 $\phi$ 为小量。开环校正方式下，失准角 $\phi$ 得不到及时校正，可能会随时间推移而逐渐增大，不再满足小量假设；但开环方式下，不可观测/可观测度较弱的状态量不会因错误的/误差较大的估计结果以及滤波中间过程振荡而带来信息融合与 SINS 解算过程的交叉负面影响。

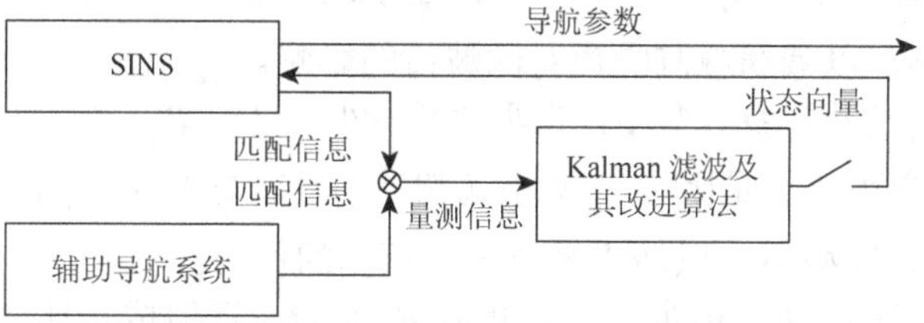


图 7-2　开环校正过程示意图

换一个角度看待上述基于现代控制理论的反馈对准，可以认为该对准是利用 Kalman 滤波器作为工具从误差非直接观测值中辨识误差源的过程。闭环校正模式下，辨识周期较短，且辨识结果立即用于调整平台或补偿误差。开环校正模式下，辨识周期较长，且只进行一次反馈校正。因而可将上述反馈校正视为一种参数辨识法。

此外，还可以根据各状态变量的可观测度不同，选择部分参数反馈方式（混合校正）。具体地，选择可观测度大的变量进行反馈校正，而对于可观测度较小或不可观测的变量不进行反馈校正，以保证对准过程中误差模型的准确性和适用性。

### 7.2.4 滤波参数的设计选择

Kalman 滤波方程在时间域内采用了递推形式，其计算过程是一个不断地“预测—校正”过程。求解时不要求存储大量数据，且一旦观测到了新的数据，可以立即得到新的滤波值。这种滤波方法非常便于实时处理，易于计算机实现。

Kalman 滤波器利用 $\boldsymbol{P}_0$ 来描述初始状态向量的误差协方差（误差大小）；利用 $\boldsymbol{P}_k$ 来描述 $k$ 时刻状态向量的误差协方差；利用 $\boldsymbol{P}_{k,k-1}$ 来描述预测值 $\hat{\boldsymbol{X}}_{k,k-1}$ 的误差协方差；$\boldsymbol{Q}_k$ 表示系统演化过程中的不确定性噪声；$\boldsymbol{R}_k$ 表示量测向量的不确定程度。进一步，Kalman 滤波器利用上述参数来求解增益矩阵 $\boldsymbol{K}_k$，以进行预测值和量测值之间的加权融合。

在求滤波器增益矩阵 $\boldsymbol{K}_k$ 时要计算 $(\boldsymbol{H}_k\boldsymbol{P}_{k,k-1}\boldsymbol{H}_k^{\mathrm{T}}+\boldsymbol{R}_k)^{-1}$，它的阶数取决于量测方程的维数 $m$，在维数较高时，计算量通常较大。

增益矩阵 $\boldsymbol{K}_k$ 与初始方差阵 $\boldsymbol{P}_0$，系统噪声方差阵 $\boldsymbol{Q}_{k-1}$ 以及观测噪声方差阵 $\boldsymbol{R}_k$ 之间具有如下关系。

（1）由 Kalman 滤波的基本方程可以看出：$\boldsymbol{P}_0$、$\boldsymbol{Q}_{k-1}$ 和 $\boldsymbol{R}_k(k=1,2,\cdots)$ 同乘一个相同的标量时，$\boldsymbol{K}_k$ 不变。等比例增加上述三个参数对 $\boldsymbol{K}_k$ 不产生影响。

（2）当 $\boldsymbol{R}_k$ 增大时，$\boldsymbol{K}_k$ 就变小。这是因为如果观测噪声增大（误差增加），滤波增益则需减小，以减弱观测噪声对滤波值的影响。

（3）如果 $\boldsymbol{P}_0$ 变小，$\boldsymbol{Q}_{k-1}$ 变小，或两者都变小，这时 $\boldsymbol{P}_{k,k-1}$ 变小，进一步带来 $\boldsymbol{P}_k$ 变小，从而 $\boldsymbol{K}_k$ 变小。这是因为 $\boldsymbol{P}_0$ 变小（初始估计较好），$\boldsymbol{Q}_{k-1}$ 变小（系统噪声变小），滤波增益则需减小，以增强系统一步预测的作用。

综上所述，可以简单地说，增益矩阵 $\boldsymbol{K}_k$ 与 $\boldsymbol{Q}_{k-1}$ 近似成正比，而与 $\boldsymbol{R}_k$ 近似成反比。工程应用中，应根据系统器件实际精度设置 $\boldsymbol{Q}$ 和 $\boldsymbol{R}$ 值，同时通过设置合理的 $\boldsymbol{P}_0$ 来获取满意的滤波过程。

## 7.3 基于运载体零速约束的组合对准

零速约束是指运载体无线运动（如舰船系泊、载体停车）时带来的零速约束进行初始对准以及仪表误差估计的过程。在零速条件下，可以利用比力匹配以及零速约束进行组合对准。比力匹配通过比较导航坐标系中的重力加速度理论值与投影值来完成初始对准；而零速约束通过比较导航坐标系中的速度理论值（零值）与速度计算值来完成初始对准。

### 7.3.1　基于比力匹配的组合对准

1. 状态方程

根据 7.2.2 节分析，选择失准角、加速度计零偏、陀螺仪零偏为系统状态向量：

$$\boldsymbol{X}=[\phi_E \quad \phi_N \quad \phi_U \quad \nabla_x \quad \nabla_y \quad \nabla_z \quad \varepsilon_x \quad \varepsilon_y \quad \varepsilon_z]^{\mathrm{T}} \tag{7-2}$$

参考式（2-31），有对应的状态转移矩阵为

$$\boldsymbol{F}=\begin{bmatrix} \boldsymbol{F}_1 & \boldsymbol{0}_{3\times3} & -\boldsymbol{C}_b^n \\ \boldsymbol{0}_{6\times3} & \boldsymbol{0}_{6\times3} & \boldsymbol{0}_{6\times3} \end{bmatrix} \tag{7-3}$$

式中，$\boldsymbol{0}_{m\times n}$ 表示 $m\times n$ 零矩阵

$$\boldsymbol{F}_1=\begin{bmatrix} 0 & \omega_{ie}\sin L & -\omega_{ie}\cos L \\ -\omega_{ie}\sin L & 0 & 0 \\ \omega_{ie}\cos L & 0 & 0 \end{bmatrix} \tag{7-4}$$

若仅选择失准角作为系统状态向量，则式（7-2）、式（7-3）可改写为

$$\boldsymbol{X}=[\phi_E \quad \phi_N \quad \phi_U]^{\mathrm{T}} \tag{7-5}$$

$$\boldsymbol{F}=\boldsymbol{F}_1 \tag{7-6}$$

2. 量测方程

选择比力在计算导航坐标系中的投影值与理论值之差在水平方向的分量为量测值，则有

$$\boldsymbol{Z}=\hat{\boldsymbol{C}}_b^n\tilde{\boldsymbol{f}}^b-\boldsymbol{f}^n=(\boldsymbol{I}-\boldsymbol{\phi}\times)\boldsymbol{C}_b^n(\boldsymbol{f}^b+\nabla^b)-\boldsymbol{f}^n\approx\boldsymbol{C}_b^n\boldsymbol{f}^b\times\boldsymbol{\phi}+\boldsymbol{C}_b^n\nabla^b \tag{7-7}$$

从而量测向量 $\boldsymbol{Z}$ 可构建如下：

$$\boldsymbol{Z}=\begin{bmatrix} C_{11} & C_{12} & C_{13} \\ C_{21} & C_{22} & C_{23} \\ C_{31} & C_{32} & C_{33} \end{bmatrix}\begin{bmatrix} \tilde{f}_x \\ \tilde{f}_y \\ \tilde{f}_z \end{bmatrix}-\begin{bmatrix} 0 \\ 0 \\ g \end{bmatrix}=\begin{bmatrix} \hat{f}_E \\ \hat{f}_N \\ \hat{f}_U-g \end{bmatrix} \tag{7-8}$$

选择三维比力匹配时，重力加速度在水平方向的投影均为零，而在天向的投影为 $g$，即

$$\boldsymbol{C}_b^n\boldsymbol{f}^b=\begin{bmatrix} 0 \\ 0 \\ g \end{bmatrix} \tag{7-9}$$

根据式（7-7），有量测矩阵为

$$\boldsymbol{H}=[\boldsymbol{H}_1 \quad \boldsymbol{H}_2] \tag{7-10}$$

式中

$$\boldsymbol{H}_1=\begin{bmatrix}0 & -g & 0\\ g & 0 & 0\\ 0 & 0 & 0\end{bmatrix},\quad \boldsymbol{H}_2=\begin{bmatrix}C_{11} & C_{12} & C_{13}\\ C_{21} & C_{22} & C_{23}\\ C_{31} & C_{32} & C_{33}\end{bmatrix} \tag{7-11}$$

注意到式（7-11）中矩阵 $\boldsymbol{H}_1$ 的第三行元素均为 0，这就意味着量测向量中 $\hat{f}_U - g$ 无法与失准角建立联系，但可与加速度计零偏建立联系。

选择二维比力匹配时，重力加速度在水平方向的投影值均为零，从而量测向量 $\boldsymbol{Z}$ 可构建如下：

$$\boldsymbol{Z}=\begin{bmatrix}C_{11} & C_{12} & C_{13}\\ C_{21} & C_{22} & C_{23}\end{bmatrix}\begin{bmatrix}\tilde{f}_x\\ \tilde{f}_y\\ \tilde{f}_z\end{bmatrix} \tag{7-12}$$

类似地，根据式（7-7），有量测矩阵为

$$\boldsymbol{H}=[\boldsymbol{H}_1 \quad \boldsymbol{H}_2] \tag{7-13}$$

式中

$$\boldsymbol{H}_1=\begin{bmatrix}0 & -g & 0\\ g & 0 & 0\end{bmatrix},\quad \boldsymbol{H}_2=\begin{bmatrix}C_{11} & C_{12} & C_{13}\\ C_{21} & C_{22} & C_{23}\end{bmatrix} \tag{7-14}$$

在仅选择失准角作为系统状态向量时，对应的量测矩阵为

$$\boldsymbol{H}=\boldsymbol{H}_1 \tag{7-15}$$

### 3. 仿真验证

仿真中的仪表参数设置同 4.2.2 节。在晃动基座条件下，分别针对二维比力匹配和三维比力匹配进行仿真验证，仿真过程中采用闭环校正方式。为展示状态量的收敛过程与稳定后的状态，仿真时长为 4h。

仿真结果如图 7-3～图 7-5 所示，图中实线对应三维比力匹配方案，虚线对应二维匹配方案。图 7-3 中水平对准曲线表明，两种方案均能完成水平失准角的估计，且对准误差均接近于零值，但局部放大图表明三维比力匹配方案对准速度稍快于二维比力匹配方案。与此同时，图 7-4 中的曲线也表明，两种方案对加速度计零偏的估计值可接近于理论设定值，但同样的三维比力匹配方案对加速度计零偏的估计速度快于二维比力匹配方案。图中的水平对准误差接近零值而非仪表误差决定的极限值，这表明仪表误差得到有效估计，且在闭环校正方式中得到有效补偿。

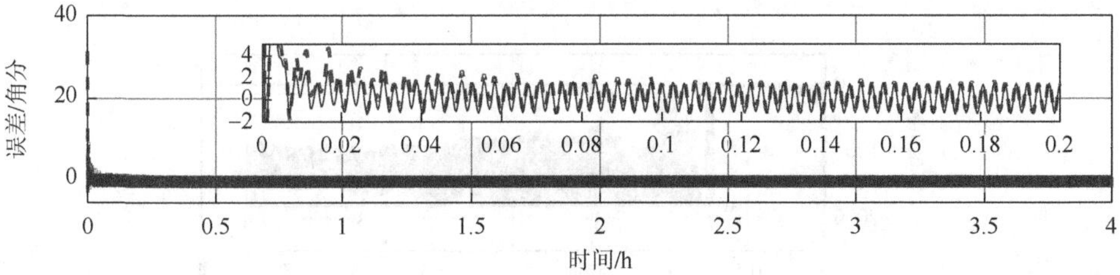


(a) 纵摇角误差

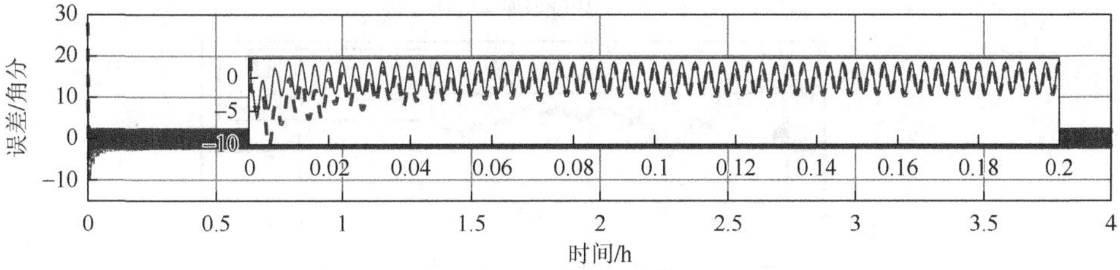


(b) 横摇角误差

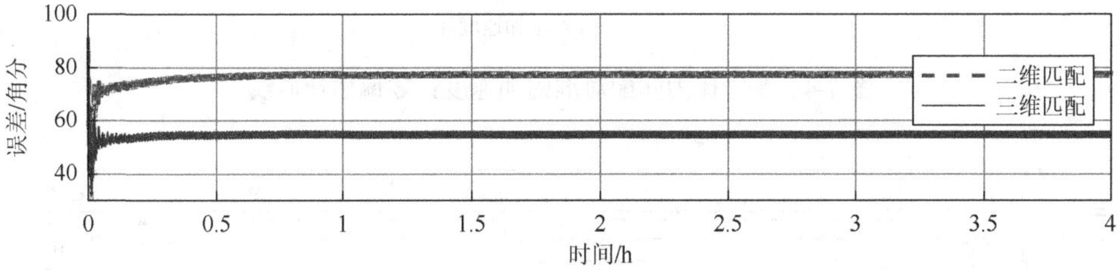


(c) 航向角误差

图 7-3　基于比力匹配对准的姿态误差曲线

图 7-3 中航向角对准误差曲线表明，两种方案的对准结果均偏离航向对准的极限精度。与此同时，图 7-5 中 $x$ 轴陀螺仪估计曲线也存在较大误差。由于本节仿真中载体坐标系在零位附近摇摆，因而 $x$ 轴陀螺仪零偏与陀螺仪东向等效零偏较为接近。图 7-3 中的航向误差值与图 7-5 中 $x$ 轴陀螺仪零偏估计值间的数学关系满足式(3-16)。这表明，航向失准角无法被正确估计的原因在于 $x$ 轴陀螺仪零偏估计精度不够。图 7-5 中 $y$ 轴与 $z$ 轴陀螺仪估计曲线表明，两轴陀螺仪零偏得到一定程度的估计。

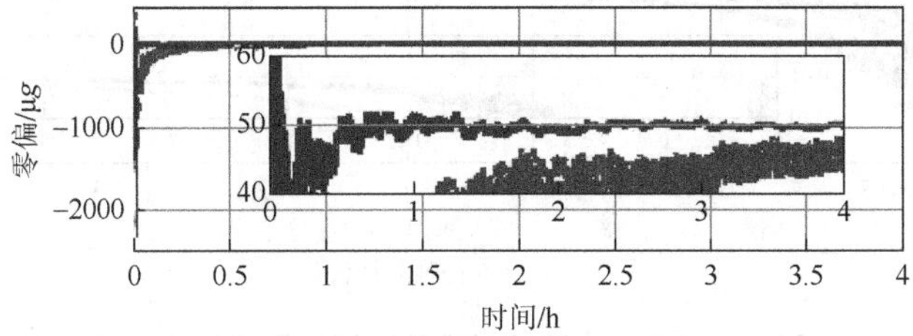


(a) $x$轴加速度计

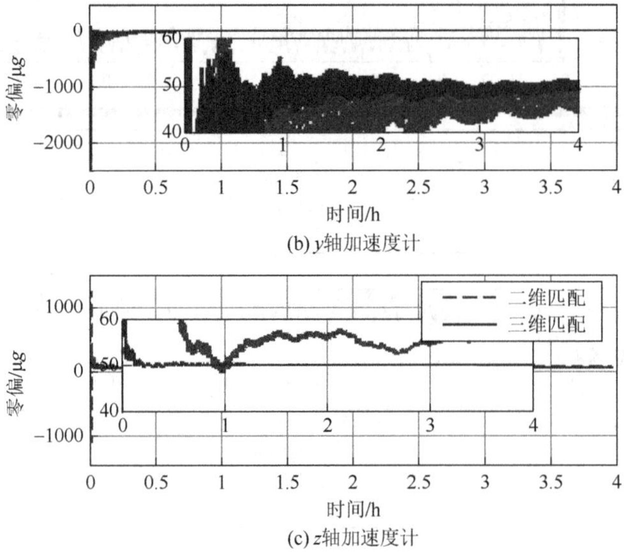


图 7-4　基于比力匹配对准的加速度计零偏估计曲线

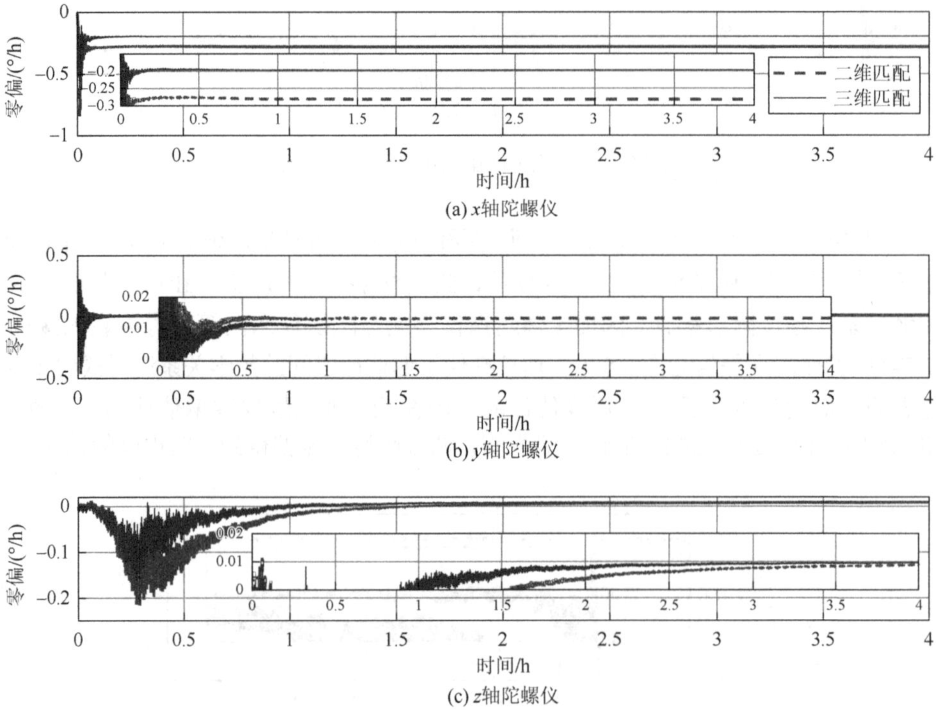


图 7-5　基于比力匹配对准的陀螺仪零偏估计曲线

## 7.3.2 基于零速约束的组合对准

1. 状态方程

基于近地作业运载体天向通道一般置零的考虑，此部分以水平速度约束为例进行讨论。根据 7.2.2 节分析，速度匹配中，忽略天向速度与位置信息，选择水平速度误差、失准角、加速度计零偏与陀螺仪零偏作为状态向量，有

$$\boldsymbol{X}=[\delta V_E \quad \delta V_N \quad \phi_E \quad \phi_N \quad \phi_U \quad \nabla_x \quad \nabla_y \quad \nabla_z \quad \varepsilon_x \quad \varepsilon_y \quad \varepsilon_z]^{\mathrm{T}} \tag{7-16}$$

参考式（2-31），有对应的状态转移矩阵为

$$\boldsymbol{F}=\begin{bmatrix} \boldsymbol{F}_{11} & \boldsymbol{F}_{12} & \boldsymbol{F}_{13} & \boldsymbol{0}_{2\times 3} \\ \boldsymbol{F}_{21} & \boldsymbol{F}_{22} & \boldsymbol{0}_{3\times 3} & \boldsymbol{F}_{24} \\ \boldsymbol{0}_{3\times 2} & \boldsymbol{0}_{3\times 3} & \boldsymbol{0}_{3\times 3} & \boldsymbol{0}_{3\times 3} \\ \boldsymbol{0}_{3\times 2} & \boldsymbol{0}_{3\times 3} & \boldsymbol{0}_{3\times 3} & \boldsymbol{0}_{3\times 3} \end{bmatrix} \tag{7-17}$$

式中

$$\boldsymbol{F}_{11}=\begin{bmatrix} 0 & 2\omega_{ie}\sin L \\ -2\omega_{ie}\sin L & 0 \end{bmatrix},\quad \boldsymbol{F}_{12}=\begin{bmatrix} 0 & -f_U & f_N \\ f_U & 0 & -f_E \end{bmatrix},\quad \boldsymbol{F}_{13}=\begin{bmatrix} C_{11} & C_{12} & C_{13} \\ C_{21} & C_{22} & C_{23} \end{bmatrix}$$

$$\boldsymbol{F}_{21}=\begin{bmatrix} 0 & -\dfrac{1}{R} \\ \dfrac{1}{R} & 0 \\ \dfrac{\tan L}{R} & 0 \end{bmatrix},\quad \boldsymbol{F}_{22}=\begin{bmatrix} 0 & \omega_{ie}\sin L & -\omega_{ie}\cos L \\ -\omega_{ie}\sin L & 0 & 0 \\ \omega_{ie}\cos L & 0 & 0 \end{bmatrix},\quad \boldsymbol{F}_{24}=-\begin{bmatrix} C_{11} & C_{12} & C_{13} \\ C_{21} & C_{22} & C_{23} \\ C_{31} & C_{32} & C_{33} \end{bmatrix}$$

若选择水平速度误差与失准角作为状态向量，有

$$\boldsymbol{X}=[\delta V_E \quad \delta V_N \quad \phi_E \quad \phi_N \quad \phi_U]^{\mathrm{T}} \tag{7-18}$$

对应的状态转移函数为

$$\boldsymbol{F}=\begin{bmatrix} \boldsymbol{F}_{11} & \boldsymbol{F}_{12} \\ \boldsymbol{F}_{21} & \boldsymbol{F}_{22} \end{bmatrix} \tag{7-19}$$

2. 量测方程

选择 SINS 速度与辅助系统速度之差为量测向量：

$$\boldsymbol{Z}=\begin{bmatrix} V_E \\ V_N \end{bmatrix}-\begin{bmatrix} V_{AE} \\ V_{AN} \end{bmatrix} \tag{7-20}$$

式中，$[V_{AE} \quad V_{AN}]^{\mathrm{T}}$ 为辅助系统提供的速度信息。在速度匹配方式下，速度误差为直接量测值，而其他误差与速度误差之间为非直接量测关系，因而有

$$
\boldsymbol{H}=\begin{bmatrix}1&0&0&0&0&0&0&0&0&0&0\\0&1&0&0&0&0&0&0&0&0&0\end{bmatrix} \tag{7-21}
$$

若选择速度与失准角作为量测向量，有对应的量测矩阵为

$$
\boldsymbol{H}=\begin{bmatrix}1&0&0&0&0\\0&1&0&0&0\end{bmatrix} \tag{7-22}
$$

### 3. 仿真验证

零速修正是 SINS 对准的常用方式，本节在零速修正方式下，分别仿真验证：①在闭环校正方式下，仅考虑失准角与速度误差；②在闭环校正方式下，同时考虑失准角、速度误差与仪表误差；③在混合校正方式下，同时考虑失准角、速度误差与仪表误差。

仿真中的仪表参数设置与基座运动条件设置同 4.2.2 节。零速修正模式下，仅考虑失准角时的对准结果如图 7-6 所示。图中，实线对应于条件一，虚线对应于

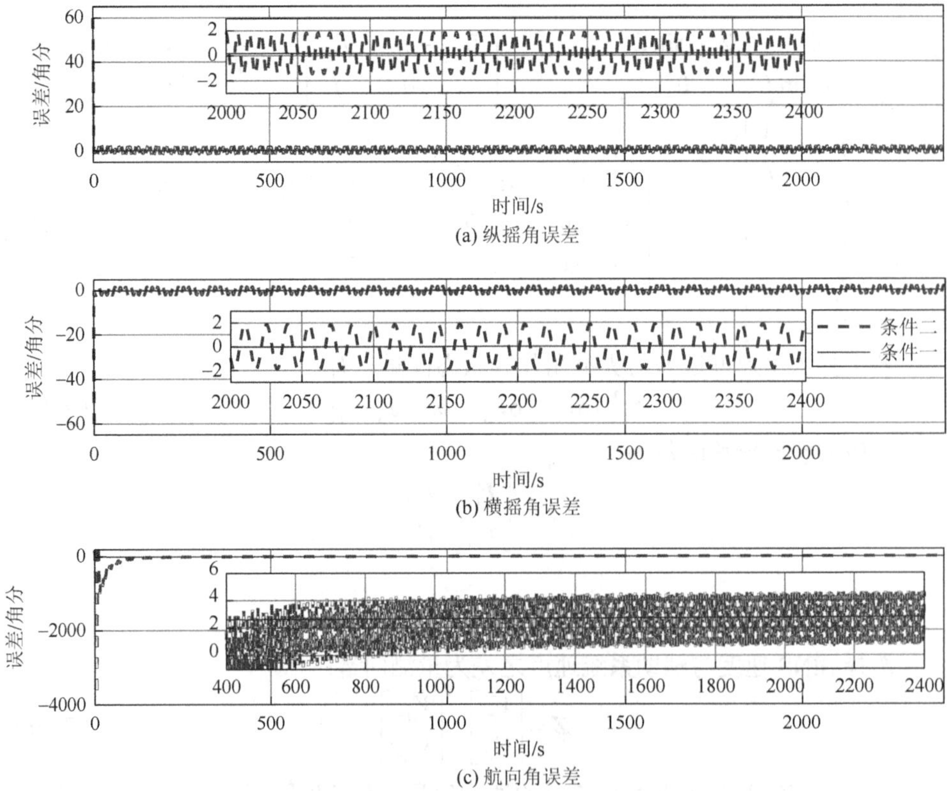


图 7-6 不考虑仪表误差时基于二维速度匹配的姿态误差曲线

条件二。图中曲线表明，两种基座条件下零速修正均可完成初始对准。其中水平对准误差曲线可迅速收敛，并逼近对准极限精度。在条件一下，航向对准误差曲线可迅速收敛并逼近极限值；在条件二下，航向对准误差曲线需要相当长的时间来进行收敛并逐步逼近极限值。

进一步在零速修正模式下，考虑失准角、速度误差与仪表误差，仿真结果如图 7-7～图 7-9 所示。图中曲线表明，在闭环校正方式下，综合考虑各类误差，水平失准角可以得到有效估计。在条件一下，水平对准精度可逼近极限值，加速度计零偏无法得到估计；在条件二下，水平对准误差接近于零，与此同时各轴加速度计的大部分零偏可以得到估计。这说明，运载体晃动有助于加速度计零偏的估计。

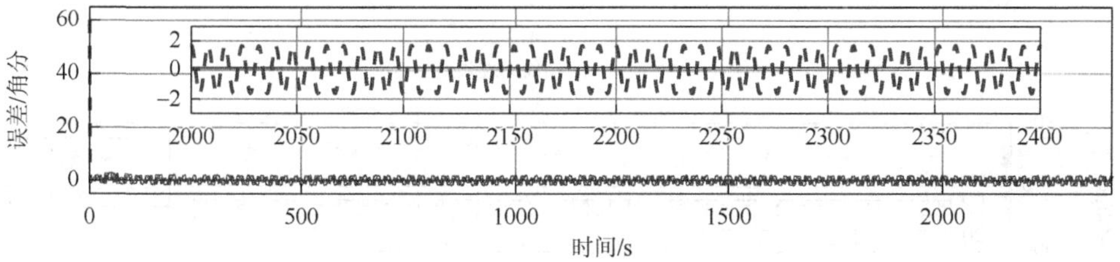

(a) 纵摇角误差

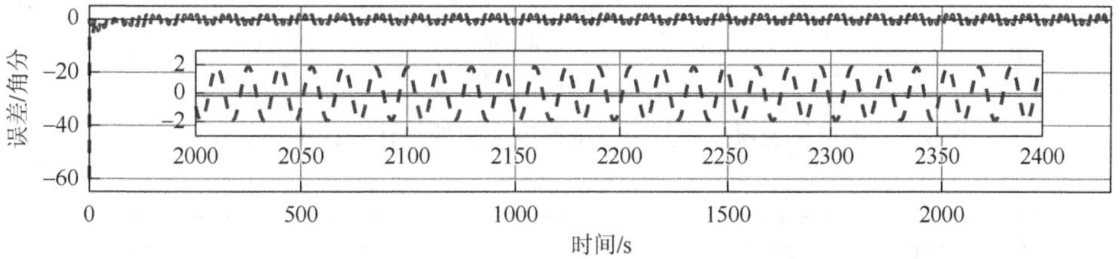

(b) 横摇角误差

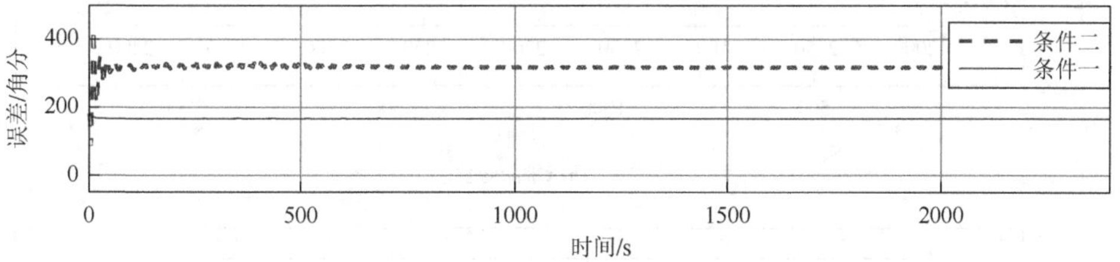

(c) 航向角误差

图 7-7 考虑仪表误差时基于二维速度匹配的姿态误差曲线

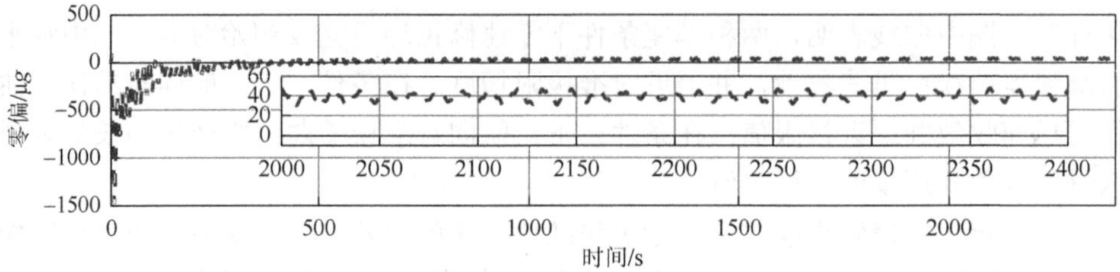

(a) x轴加速度计

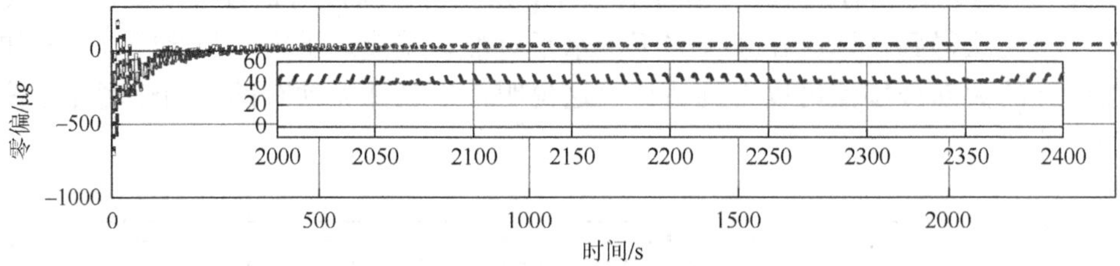

(b) y轴加速度计

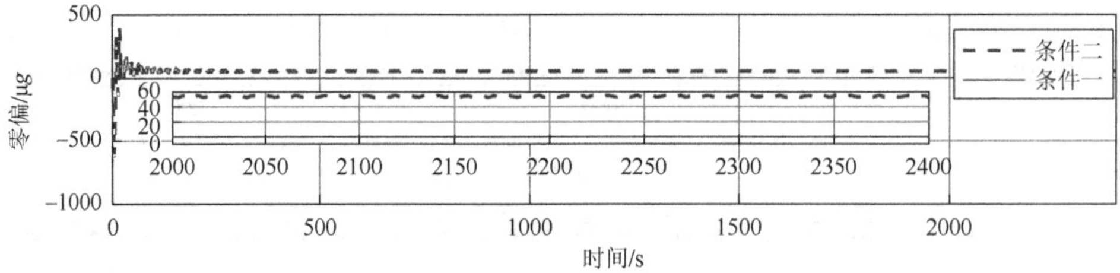

(c) z轴加速度计

图 7-8　考虑仪表误差时基于二维速度匹配的加速度计零偏估计曲线

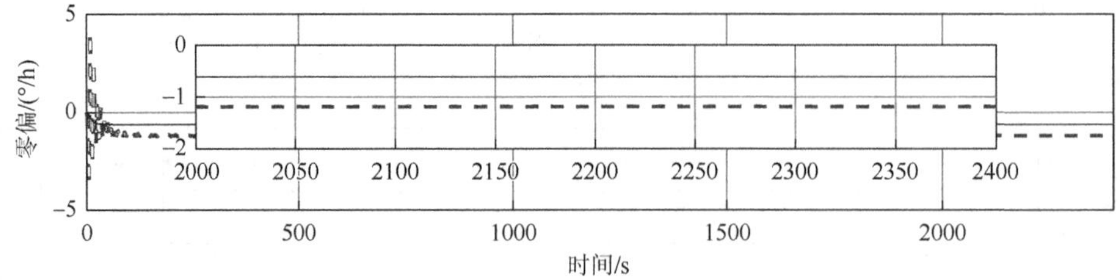

(a) x轴陀螺仪

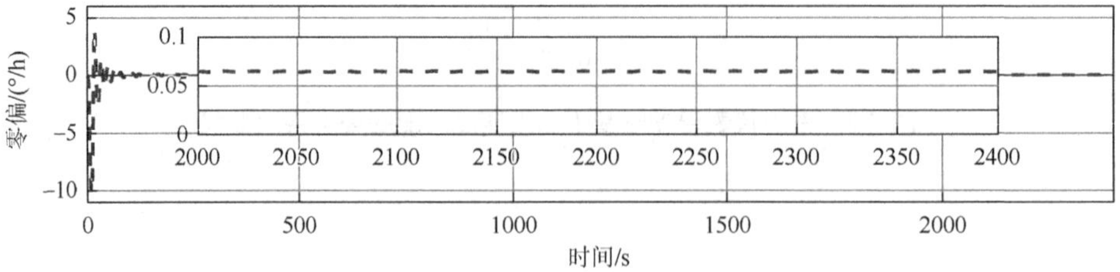

(b) y轴陀螺仪

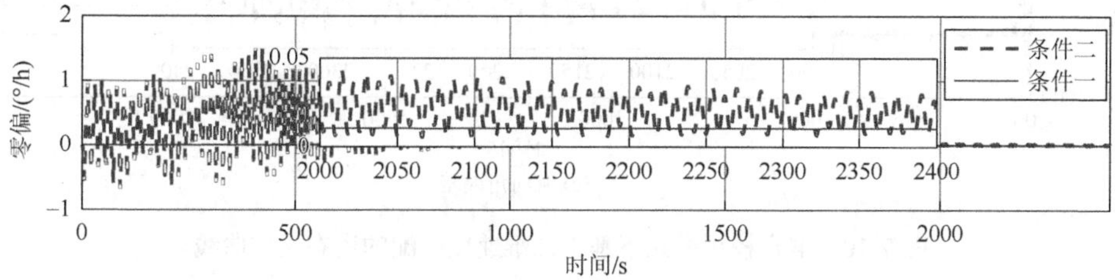

(c) z轴陀螺仪

图 7-9　考虑仪表误差时基于二维速度匹配的陀螺仪零偏估计曲线

两种条件下的航向失准角估计结果误差均较大，其原因主要在于东向陀螺仪零偏的估计误差较大，航向对准误差与东向陀螺仪零偏估计值之间满足式（3-16）。这表明，在零速修正方式下，很难同时兼顾失准角与仪表误差的估计。此外，除在条件一下，天向陀螺仪零偏可估计外，其余条件下的陀螺仪零偏估计效果均较差。

基于此，在零速修正模式下，采取混合校正模式，不利用陀螺仪误差的估计值进行反馈校正。其中姿态对准结果如图 7-10 所示，其他误差的估计与图 7-8、图 7-9 较为类似，此处从略。图中对准曲线表明，在混合校正模式下，水平对准误差可逼近零值；而方位对准精度可逼近极限值。

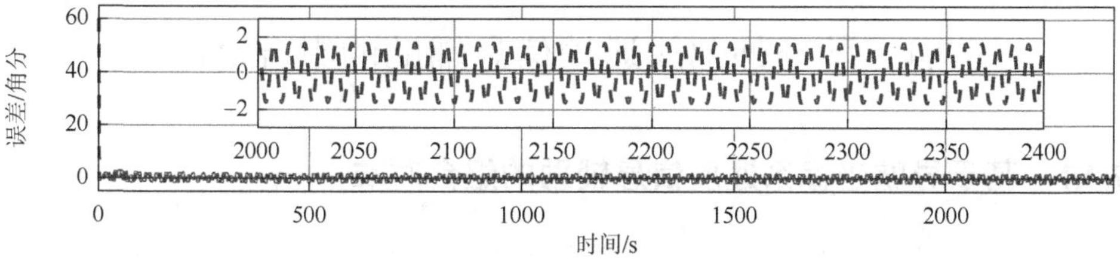

(a) 纵摇角误差

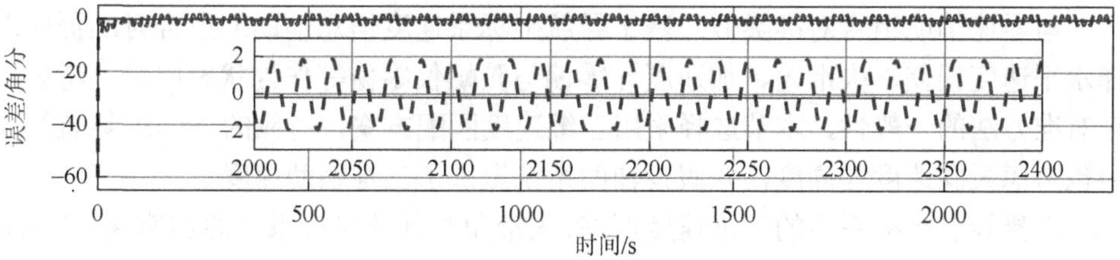

(b) 横摇角误差

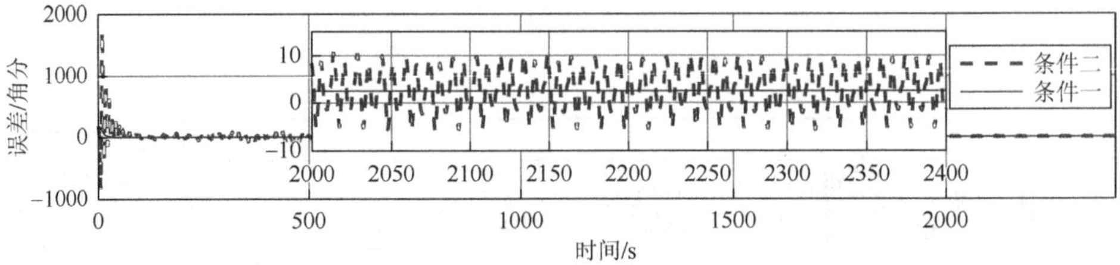

(c) 航向角误差

图 7-10　混合校正模式下基于二维速度匹配的姿态误差曲线

### 7.3.3　零速约束条件下的比力匹配与速度约束方案比较

前面分析分别对零速约束条件下的比力匹配与速度匹配方案进行了比较分析，两种方案获取的对准结果较为相似。具体可分析如下：对准机理相同，两者均以 Kalman 滤波器为数学工具，以误差量测值（比力和速度）为参考，以误差的演化规律为依据，从误差量测值向状态量进行反演。

两种方案获取的对准情况可总结如下：若不考虑对仪表误差的估计，则在静止与晃动两种条件下，失准角均可收敛，并稳定在对准极限精度附近；若考虑仪表误差，则运载体晃动可带来加速度计零偏可观，从而水平对准精度得到提高，但方位失准角无法收敛到极限值或零值。进一步分析详见第 8 章。

## 7.4　基于外部线运动信息辅助的组合对准

### 7.4.1　基于导航坐标系速度信息辅助的组合对准

1. 状态方程

与零速辅助组合对准类似，基于导航坐标系速度信息辅助的组合对准仍应选择水平速度误差、失准角、加速度计零偏与陀螺仪零偏等作为状态向量。考虑组合对准方法的一般性，本节选择采用三维速度匹配方案，对应的 SINS 导航解算中也考虑天向速度与高度，并假设辅助系统提供了三维辅助速度。

选择导航坐标系中的三维速度误差、失准角与载体坐标系中的加速度计零偏、陀螺仪零偏作为状态向量，具体如下：

$$\boldsymbol{X}=[\delta V_E\quad \delta V_N\quad \delta V_U\quad \phi_E\quad \phi_N\quad \phi_U\quad \nabla_x\quad \nabla_y\quad \nabla_z\quad \varepsilon_x\quad \varepsilon_y\quad \varepsilon_z]^{\mathrm{T}} \tag{7-23}$$

根据式（2-24）、式（2-26）和式（2-27），有对应的状态转移矩阵为

$$\boldsymbol{F}=\begin{bmatrix}\boldsymbol{F}_{11} & \boldsymbol{F}_{12} & \boldsymbol{F}_{13} & \boldsymbol{0}_{3\times3}\\ \boldsymbol{F}_{21} & \boldsymbol{F}_{22} & \boldsymbol{0}_{3\times3} & \boldsymbol{F}_{24}\\ \boldsymbol{0}_{3\times3} & \boldsymbol{0}_{3\times3} & \boldsymbol{0}_{3\times3} & \boldsymbol{0}_{3\times3}\\ \boldsymbol{0}_{3\times3} & \boldsymbol{0}_{3\times3} & \boldsymbol{0}_{3\times3} & \boldsymbol{0}_{3\times3}\end{bmatrix} \tag{7-24}$$

式中

$$\boldsymbol{F}_{11}=\begin{bmatrix}\dfrac{V_N\tan L-V_U}{R} & 2\omega_{ie}\sin L+\dfrac{V_E}{R}\tan L & -2\left(\omega_{ie}\cos L+\dfrac{V_E}{R}\right)\\ -2\left(\omega_{ie}\sin L+\dfrac{V_E}{R}\tan L\right) & -\dfrac{V_U}{R} & -\dfrac{V_N}{R}\\ 2\left(\omega_{ie}\cos L+\dfrac{V_E}{R}\right) & \dfrac{2V_N}{R} & 0\end{bmatrix}$$

$$\boldsymbol{F}_{12}=\begin{bmatrix}0 & -f_U & f_N\\ f_U & 0 & -f_E\\ -f_N & f_E & 0\end{bmatrix},\ \boldsymbol{F}_{13}=\begin{bmatrix}C_{11} & C_{12} & C_{13}\\ C_{21} & C_{22} & C_{23}\\ C_{31} & C_{32} & C_{33}\end{bmatrix},\ \boldsymbol{F}_{21}=\begin{bmatrix}0 & -\dfrac{1}{R} & 0\\ \dfrac{1}{R} & 0 & 0\\ \dfrac{\tan L}{R} & 0 & 0\end{bmatrix}$$

$$\boldsymbol{F}_{22}=\begin{bmatrix}0 & \omega_{ie}\sin L+\dfrac{V_E\tan L}{R} & -\left(\omega_{ie}\cos L+\dfrac{V_E}{R}\right)\\ -\left(\omega_{ie}\sin L+\dfrac{V_E\tan L}{R}\right) & 0 & -\dfrac{V_N}{R}\\ \omega_{ie}\cos L+\dfrac{V_E}{R} & \dfrac{V_N}{R} & 0\end{bmatrix}$$

$$\boldsymbol{F}_{24}=-\begin{bmatrix}C_{11} & C_{12} & C_{13}\\ C_{21} & C_{22} & C_{23}\\ C_{31} & C_{32} & C_{33}\end{bmatrix}$$

2. 量测方程

取 SINS 速度与辅助系统速度之差作为量测向量：

$$\boldsymbol{Z}=\begin{bmatrix}V_E\\ V_N\\ V_U\end{bmatrix}-\begin{bmatrix}V_{AE}\\ V_{AN}\\ V_{AU}\end{bmatrix} \tag{7-25}$$

式中，$\boldsymbol{Z}=[V_{AE} \quad V_{AN} \quad V_{AU}]^{\mathrm{T}}$ 为辅助系统提供的速度信息。

对应的量测矩阵为

$$\boldsymbol{H}=\begin{bmatrix}1&0&0&0&0&0&0&0&0&0&0&0\\0&1&0&0&0&0&0&0&0&0&0&0\\0&0&1&0&0&0&0&0&0&0&0&0\end{bmatrix} \tag{7-26}$$

若选择速度误差与失准角作为状态向量，有

$$\boldsymbol{X}=[\delta V_E \quad \delta V_N \quad \delta V_U \quad \phi_E \quad \phi_N \quad \phi_U]^{\mathrm{T}} \tag{7-27}$$

对应的状态转移函数为

$$\boldsymbol{F}=\begin{bmatrix}\boldsymbol{F}_{11}&\boldsymbol{F}_{12}\\\boldsymbol{F}_{21}&\boldsymbol{F}_{22}\end{bmatrix} \tag{7-28}$$

类似地，量测矩阵也需做相应修改。此外需要注意的是，不同于零速约束下的速度组合对准，在外部辅助组合对准过程中，融合周期（滤波周期）取决于量测信息的更新周期；而在零速修正过程中，滤波频率取决于 IMU 更新频率。

3. 仿真验证

本节在导航坐标系速度辅助方式下，仅对闭环校正方式下的失准角与速度误差进行仿真。

仿真中的仪表参数设置同 4.2.2 节；并定义基座条件一为运载体匀速直线运动但无摇摆运动，条件二为运载体匀速直线运动且摇摆运动。仿真结果如图 7-11 所

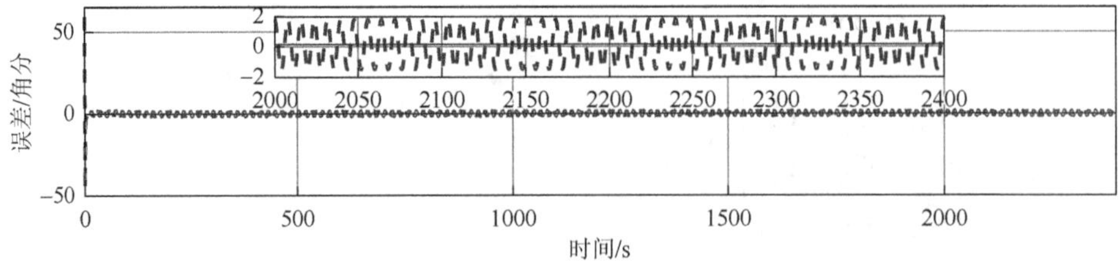

(a) 纵摇角误差

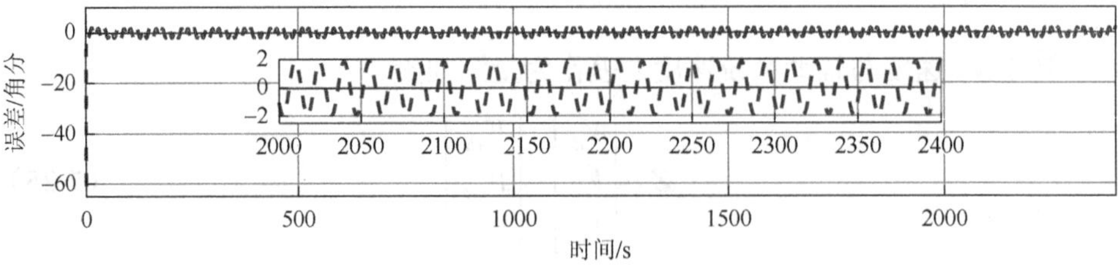

(b) 横摇角误差

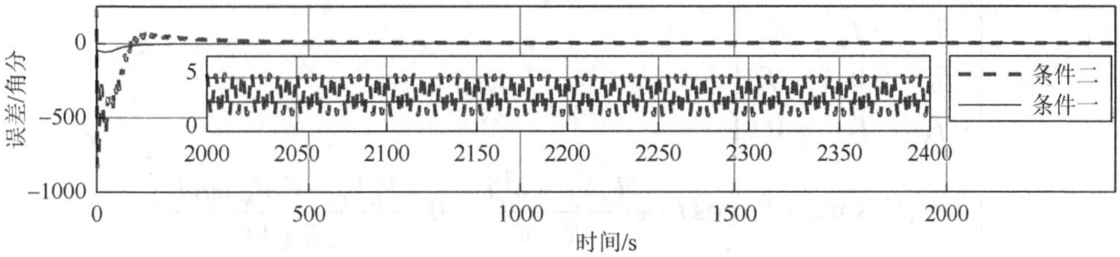


(c) 航向角误差

图 7-11　基于三维速度匹配的姿态误差曲线

示，图中实线与虚线分别对应条件一和条件二。图中对准误差曲线表明，在该条件下，各失准角均可完成收敛，且对准精度逼近极限值。

### 7.4.2　基于位置信息辅助的组合对准

1. 状态方程

根据 7.2.2 节分析，选择速度误差、失准角、位置误差、加速度计零偏与陀螺仪零偏作为状态量：

$$\boldsymbol{X}=[\delta V_E \quad \delta V_N \quad \delta V_U \quad \phi_E \quad \phi_N \quad \phi_U \quad \delta L \quad \delta\lambda \quad \delta h \quad \nabla_x \quad \nabla_y \quad \nabla_z \quad \varepsilon_x \quad \varepsilon_y \quad \varepsilon_z]^{\mathrm{T}} \tag{7-29}$$

根据 SINS 误差传播方程式（2-28）～式（2-30），有状态转移矩阵为

$$\boldsymbol{F}=\begin{bmatrix} \boldsymbol{F}_{11} & \boldsymbol{F}_{12} & \boldsymbol{F}_{13} & \boldsymbol{F}_{14} & \boldsymbol{0}_{3\times3} \\ \boldsymbol{F}_{21} & \boldsymbol{F}_{22} & \boldsymbol{F}_{23} & \boldsymbol{0}_{3\times3} & \boldsymbol{F}_{25} \\ \boldsymbol{F}_{31} & \boldsymbol{0}_{3\times3} & \boldsymbol{F}_{33} & \boldsymbol{0}_{3\times3} & \boldsymbol{0}_{3\times3} \\ \boldsymbol{0}_{3\times3} & \boldsymbol{0}_{3\times3} & \boldsymbol{0}_{3\times3} & \boldsymbol{0}_{3\times3} & \boldsymbol{0}_{3\times3} \\ \boldsymbol{0}_{3\times3} & \boldsymbol{0}_{3\times3} & \boldsymbol{0}_{3\times3} & \boldsymbol{0}_{3\times3} & \boldsymbol{0}_{3\times3} \end{bmatrix} \tag{7-30}$$

式中

$$\boldsymbol{F}_{11}=\begin{bmatrix} \dfrac{V_N\tan L-V_U}{R+h} & 2\omega_{ie}\sin L+\dfrac{V_E}{R+h}\tan L & -2\left(\omega_{ie}\sin L+\dfrac{V_E}{R+h}\right) \\ -2\left(\omega_{ie}\sin L+\dfrac{V_E}{R+h}\tan L\right) & -\dfrac{V_U}{R+h} & -\dfrac{V_N}{R+h} \\ 2\left(\omega_{ie}\sin L+\dfrac{V_E}{R+h}\right) & 2\dfrac{V_N}{R+h} & 0 \end{bmatrix}$$

$$\boldsymbol{F}_{12}=\begin{bmatrix}0 & -f_U & f_N\\ f_U & 0 & -f_E\\ -f_N & f_E & 0\end{bmatrix}$$

$$\boldsymbol{F}_{13}=\begin{bmatrix}2\omega_{ie}(V_U\sin L+V_N\cos L)+\dfrac{V_EV_N\sec^2 L}{R+h} & 0 & \dfrac{V_UV_E-V_EV_N\tan L}{(R+h)^2}\\ -2V_E\omega_{ie}\cos L-\dfrac{V_E^2\sec^2 L}{R+h} & 0 & \dfrac{V_NV_U+V_E^2\tan L}{(R+h)^2}\\ -2V_E\omega_{ie}\sin L & 0 & -\dfrac{V_N^2+V_E^2}{(R+h)^2}\end{bmatrix}$$

$$\boldsymbol{F}_{14}=\begin{bmatrix}C_{11} & C_{12} & C_{13}\\ C_{21} & C_{22} & C_{23}\\ C_{31} & C_{32} & C_{33}\end{bmatrix},\quad \boldsymbol{F}_{21}=\begin{bmatrix}0 & -\dfrac{1}{R+h} & 0\\ \dfrac{1}{R+h} & 0 & 0\\ \dfrac{\tan L}{R+h} & 0 & 0\end{bmatrix}$$

$$\boldsymbol{F}_{22}=\begin{bmatrix}0 & \omega_{ie}\sin L+\dfrac{V_E\tan L}{R+h} & -\left(\omega_{ie}\cos L+\dfrac{V_E}{R+h}\right)\\ -\left(\omega_{ie}\sin L+\dfrac{V_E\tan L}{R+h}\right) & 0 & -\dfrac{V_N}{R+h}\\ \omega_{ie}\cos L+\dfrac{V_E}{R+h} & \dfrac{V_N}{R+h} & 0\end{bmatrix}$$

$$\boldsymbol{F}_{23}=\begin{bmatrix}0 & 0 & \dfrac{V_N}{(R+h)^2}\\ -\omega_{ie}\sin L & 0 & -\dfrac{V_E}{(R+h)^2}\\ \omega_{ie}\cos L+\dfrac{V_E\sec^2 L}{R+h} & 0 & -\dfrac{V_E\tan L}{(R+h)^2}\end{bmatrix},\quad \boldsymbol{F}_{25}=-\begin{bmatrix}C_{11} & C_{12} & C_{13}\\ C_{21} & C_{22} & C_{23}\\ C_{31} & C_{32} & C_{33}\end{bmatrix}$$

$$\boldsymbol{F}_{31}=\begin{bmatrix}0 & \dfrac{1}{R+h} & 0\\ \dfrac{\sec L}{R+h} & 0 & 0\\ 0 & 0 & 1\end{bmatrix},\quad \boldsymbol{F}_{33}=\begin{bmatrix}0 & 0 & -\dfrac{V_N}{(R+h)^2}\\ \dfrac{V_E\sec L\tan L}{R+h} & 0 & -\dfrac{V_E\sec L}{(R+h)^2}\\ 0 & 0 & 0\end{bmatrix}$$

### 2. 量测方程

利用 SINS 位置与辅助位置构建量测向量：

$$\boldsymbol{Z}=\begin{bmatrix} L \\ \lambda \\ h \end{bmatrix}-\begin{bmatrix} L_A \\ \lambda_A \\ h_A \end{bmatrix} \tag{7-31}$$

式中，$\boldsymbol{Z}=[L_A \quad \lambda_A \quad h_A]^{\mathrm{T}}$ 为辅助系统提供的位置辅助信息。

对应的量测矩阵为

$$\boldsymbol{H}=\begin{bmatrix} 0 & 0 & 0 & 0 & 0 & 0 & 1 & 0 & 0 & 0 & 0 & 0 & 0 & 0 & 0 \\ 0 & 0 & 0 & 0 & 0 & 0 & 0 & 1 & 0 & 0 & 0 & 0 & 0 & 0 & 0 \\ 0 & 0 & 0 & 0 & 0 & 0 & 0 & 0 & 1 & 0 & 0 & 0 & 0 & 0 & 0 \end{bmatrix} \tag{7-32}$$

### 3. 仿真验证

本节在位置辅助方式下，仅对闭环校正方式下的失准角、速度误差与位置误差进行仿真，其余仿真结果与 7.3.2 节较为类似，此处从略。

仿真中的仪表参数设置与基座运动情况同 7.4.1 节。仿真结果如图 7-12 所示，图中实线与虚线分别对应条件一和条件二。图中对准误差曲线表明，在该条件下，各失准角均可完成收敛，且对准精度逼近极限值。但与图 7-11 中的对准曲线相比，基于位置匹配的航向失准角收敛速度较慢，其原因在于航向失准角误差到位置误差的累积过程较长。

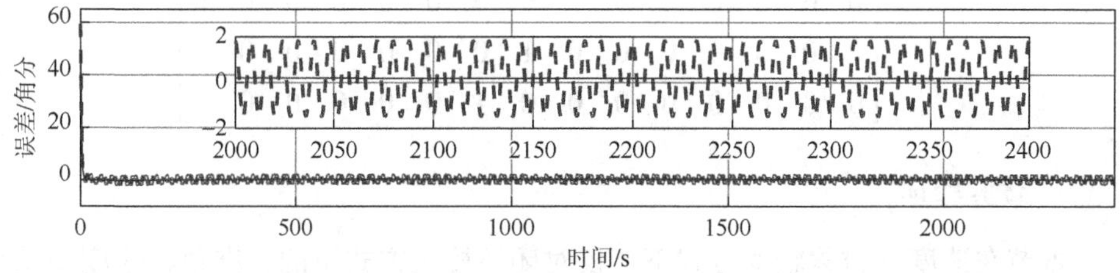


(a) 纵摇角误差

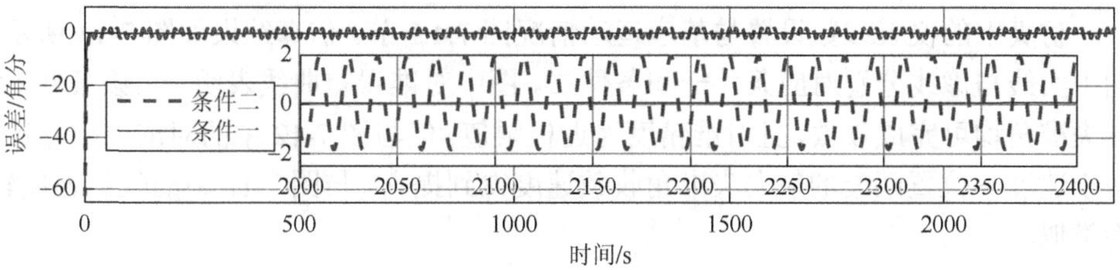


(b) 横摇角误差

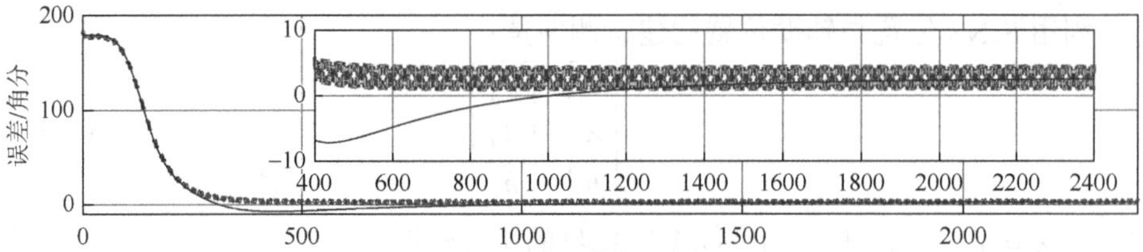

(c) 航向角误差

图 7-12　仅考虑失准角时基于位置匹配的姿态误差曲线

### 7.4.3　基于导航坐标系速度＋位置信息辅助的组合对准

1. 状态方程与量测方程

基于导航坐标系速度＋位置辅助的状态向量与状态方程分别与式（7-29）、式（7-30）相同。取 SINS 速度、位置与辅助速度、位置构建量测向量：

$$\boldsymbol{Z}=[V_E-V_{AE}\quad V_N-V_{AN}\quad V_U-V_{AU}\quad L-L_A\quad \lambda-\lambda_A\quad h-h_A]^{\mathrm{T}} \tag{7-33}$$

对应的量测矩阵为

$$\boldsymbol{H}=\begin{bmatrix}1&0&0&0&0&0&0&0&0&0&0&0&0&0&0\\0&1&0&0&0&0&0&0&0&0&0&0&0&0&0\\0&0&1&0&0&0&0&0&0&0&0&0&0&0&0\\0&0&0&0&0&0&1&0&0&0&0&0&0&0&0\\0&0&0&0&0&0&0&1&0&0&0&0&0&0&0\\0&0&0&0&0&0&0&0&1&0&0&0&0&0&0\end{bmatrix} \tag{7-34}$$

2. 仿真验证

本节在速度＋位置辅助方式下，仅对闭环校正方式下的失准角、速度误差与位置误差进行仿真，其余仿真结果与 7.3.2 节较为类似，此处从略。

仿真中的仪表参数设置与基座运动情况同 7.4.1 节。仿真结果如图 7-13 所示，图中实线与虚线分别对应条件一和条件二。图中对准误差曲线表明，在该条件下，各失准角均可完成收敛，且对准精度逼近极限值。但与图 7-12 中的对准曲线相比，基于速度＋位置匹配的航向失准角收敛速度得到提高，与图 7-11 中的收敛速度较为类似。

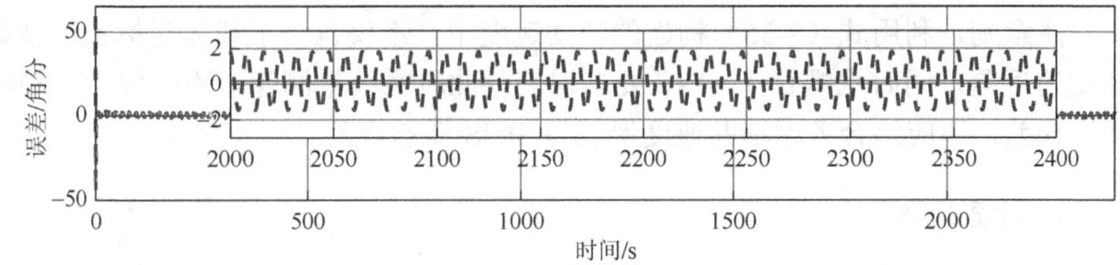

(a) 纵摇角误差

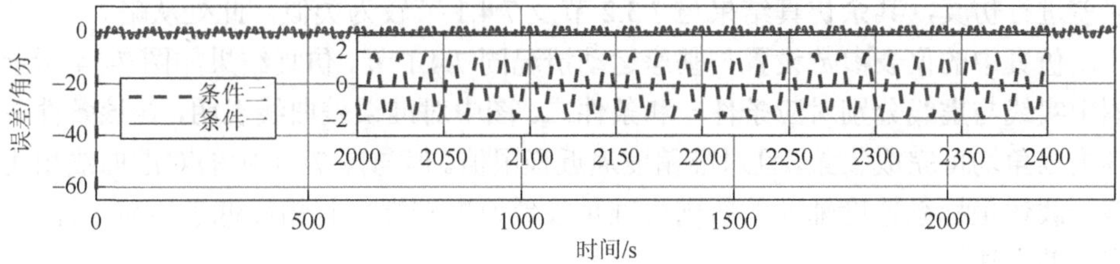

(b) 横摇角误差

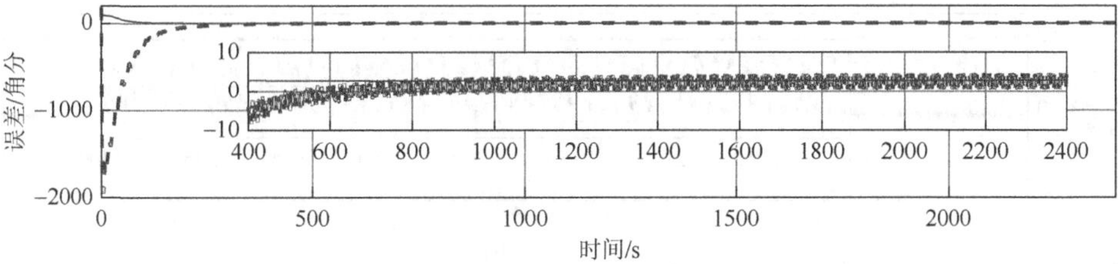

(c) 航向角误差

图 7-13　仅考虑失准角时基于速度 + 位置匹配的姿态误差曲线

## 7.4.4　基于载体坐标系速度信息辅助的组合对准

### 1. 状态方程与量测方程

基于载体坐标系速度辅助的组合对准本质上也是一种速度匹配对准。若在导航坐标系中比较 SINS 解算速度与参考速度，则其状态向量、误差传播方程均与 7.4.1 节相同。但因需要在导航坐标系中进行速度的比较，来自载体坐标系的辅助速度需要首先投影到导航坐标系中。由于无外部辅助姿态信息，对载体坐标系中的速度投影只能采用 SINS 姿态参数。具体地，导航坐标系中的参考速度可构建如下：

$$\begin{bmatrix} V_{AE} \\ V_{AN} \\ V_{AU} \end{bmatrix} = \boldsymbol{C}_b^{\hat{n}} \begin{bmatrix} V_{Ax} \\ V_{Ay} \\ V_{Az} \end{bmatrix} \tag{7-35}$$

注意到，利用式（7-35）构建的辅助速度中，不仅包含了载体坐标系中辅助速度的误差，同时也耦合了 SINS 姿态误差。此时系统量测噪声不能仅考虑辅助速度误差，而应综合考虑辅助速度误差与 SINS 姿态误差。

2. 仿真验证

本节在对导航坐标系速度辅助方式下，仅对闭环校正方式下的失准角与速度误差进行仿真，其余仿真结果与 7.3.2 节及 7.4.1 节较为类似，此处从略。

仿真中的仪表参数设置与基座运动情况同 7.4.1 节。仿真结果如图 7-14 所示，图中实线与虚线分别对应条件一和条件二。图中对准误差曲线表明，在该条件下，各失准角均可完成收敛，且对准精度逼近极限值。但与图 7-11 中的对准曲线相比，基于载体坐标系速度辅助的航向失准角收敛速度较慢，且精度低于导航坐标系速度辅助方法。

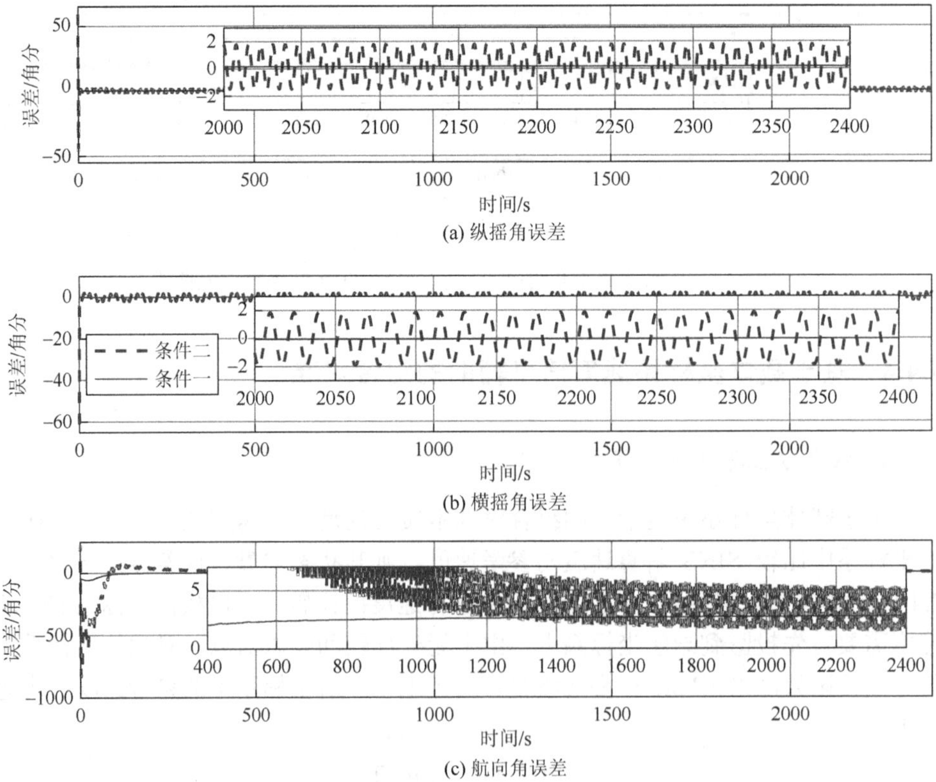


(a) 纵摇角误差

(b) 横摇角误差

(c) 航向角误差

图 7-14　基于载体坐标系速度匹配的姿态误差曲线

# 7.5　组合对准与罗经法对准的比较分析

## 7.5.1　相似性分析

### 1. 误差演化过程

在上述组合对准（以速度匹配为例）与罗经法对准均以速度误差作为量测值，并根据误差量测值来获取相应的调整指令，逐步校正平台。下面以航向对准为例进行分析。

在图 7-15 所示的罗经法对准方位回路中，天向陀螺仪误差（图中①）经过积分后累积为航向误差，该误差与初始航向误差（图中②）一起耦合罗经项表现为平台东向轴转动，该转动被东向陀螺仪测量（图中③），该测量值与东向陀螺仪误差（图中④）一起积分后累积为东向失准角（图中⑤），进一步耦合重力加速度后被北向加速度计测量（图中⑥），加速度计测量值与北向加速度零偏（图中⑦）一起进行积分并表现为北向速度误差（图中⑧）。

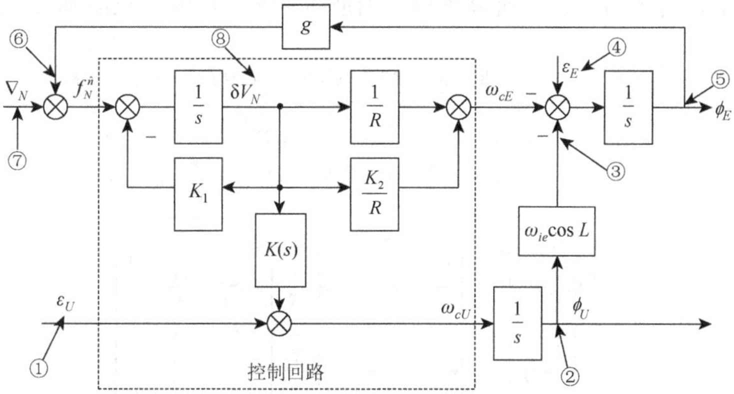


图 7-15　罗经法对准中方位回路中误差累积过程分析

在图 7-16 所示的组合对准中，各轴陀螺仪经过耦合投影后表现为陀螺仪等效天向轴零偏（图中①）（方位失准角变化率），该零偏积分后表现为方位失准角（图中②），该失准角耦合罗经项表现为平台绕东向轴旋转并为东向陀螺仪测量（图中③），该测量值与陀螺仪等效东向零偏（图中④）积分后表现为东向失准角（图中⑤），进一步耦合重力加速度后被北向加速度计测量（图中⑥），加速度计测量值与加速度等效北向零偏（图中⑦）一起进行积分并表现为北向速度误差（图中⑧）。综上可以认为，罗经法对准与组合对准两种方法的误差演化过程基本一致。

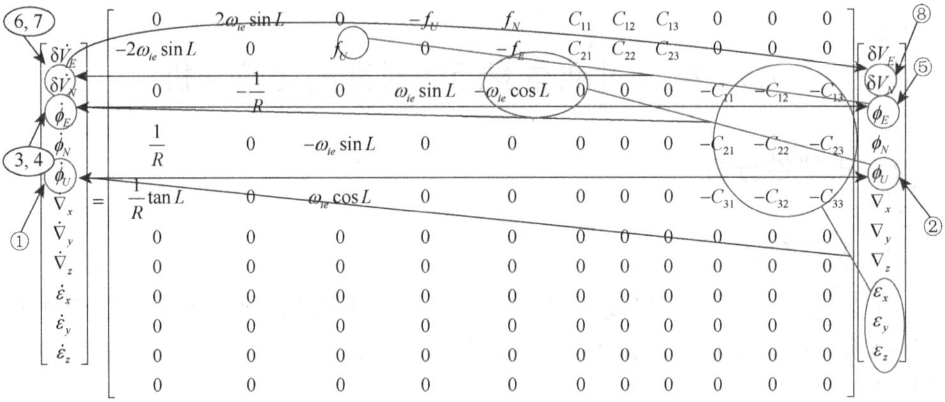


图 7-16　罗经法对准与组合对准方位回路中误差累积过程分析

## 2. 平台调整方法

罗经法通过罗经回路计算出控制指令后驱动平台旋转来逐步消除失准角。对于 SINS 而言，平台指令作为控制信号参与导航解算，通过改变姿态矩阵来间接消除失准角，具体如图 7-17 所示。后一步平台校正指令的计算建立在平台已经校正的基础上，同样后一次导航解算也在当前时刻平台已经校正的基础上进行。

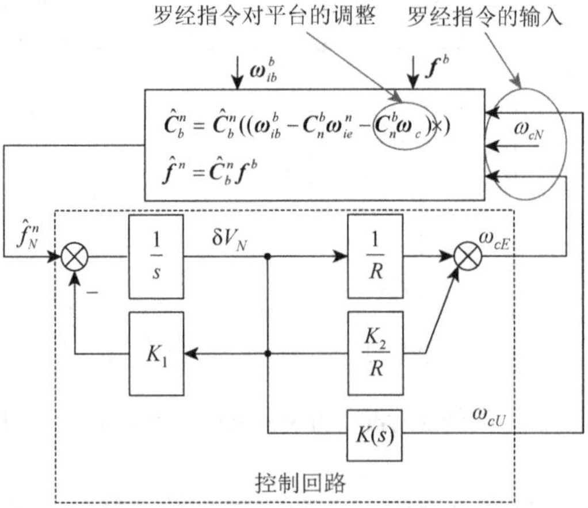


图 7-17　SINS 罗经法方位回路

组合对准通过 Kalman 滤波反演各误差估计值，以失准角校正为例。失准角通过校正姿态矩阵来间接实现平台的调整，后续 SINS 导航解算与 Kalman 滤波均建立在当前时刻平台已经调整的基础上，如式（7-1）所示。

### 7.5.2 相异性分析

1. 控制指令获取方式不同

组合对准与罗经法对准采用的工具不同，前者采用现代控制理论方法，而后者基于经典控制理论。由于采用了状态空间法，组合对准可以将仪表误差纳入状态向量进行估计。

2. 对准过程不同

组合对准与罗经法对准中方位失准角均利用对北向速度误差的量测来反演。由于东向失准角与方位失准角均最终表现为北向速度误差，两者之间存在耦合。

罗经法通过分步走、抓主要矛盾的方法来解决该问题：首先进行水平对准，并通过积分环节来屏蔽方位失准角的影响；在完成水平对准后，忽略残余水平失准角的影响，认为北向速度误差主要由方位失准角引起，并以此为依据进一步估计方位失准角。

不同于罗经法的分步走策略，组合对准同时处理方位失准角与水平失准角，通过不同失准角的演化规律来区别各自的影响，从而完成失准角的估计。

## 7.6 本章小结

本章介绍了组合对准的机理与融合工具，具体讨论了零速约束组合对准与外部线运动信息辅助对准。分析表明，若在状态向量中不考虑仪表误差，则上述方案均可完成失准角的估计，且精度可逼近仪表误差所决定的极限精度。若在状态向量中考虑仪表误差，则仅在晃动基座条件下可对加速计零偏进行估计，并提高水平对准精度，而对陀螺仪零偏无法直接估计，并导致方位对准精度下降；而在静基座条件下，仪表误差无法估计，在仪表误差错误估计时，对应的对准精度下降。

本章比较了罗经法对准与组合对准，其相同点在于，两类方法均是在导航坐标系下比较 SINS 导航参数与参考导航参数之间的差异来完成对准；两类方法均基于相同的误差传播规律。不同点在于，前者采用经典控制方法，而后者采用现代控制理论方法来完成对准。

# 第 8 章　组合对准中的可观测性分析

## 8.1　引　　言

可观测性分析一直是基于现代控制理论的组合对准及信息融合的关键和核心话题。如前所述，不同于罗经法分阶段进行水平对准与方位对准，在基于 Kalman 滤波的组合对准中，水平对准、方位对准和仪表误差估计同时进行。系统各状态变量的可观测性、可观测度反映各误差状态量的收敛速度与估计精度。设计组合导航系统前，需对系统状态向量的可观测性、可观测度进行分析。

基于线性定常分析理论（PWCS）与奇异值分解（SVD）的可观测度分析方法是两类常用的、较为成熟的可观测度分析工具。前者通过求取可观测性矩阵的秩来获取系统整体的可观测性，但无法提供各状态量的可观测度；后者通过对可观测性矩阵进行奇异值分解来获取对应状态变量的可观测度，但无法提供各状态量之间的横向比较，且不直观[95-110]。因此，本章以线运动匹配为例，试图撇开具体的滤波方法，从解析的角度给出一种状态向量可观测性分析方法。

## 8.2　线运动匹配的组合对准中误差解析条件分析

### 8.2.1　速度匹配基本原理

式（2-23）、式（2-26）和式（2-27）完整描述了 SINS 失准角、速度误差、位置误差以及陀螺仪零偏、加速度计零偏之间的耦合与传播关系。速度匹配方式下，Kalman 滤波器根据状态量（误差）传播关系从速度误差观测值中反演得到各状态量。这可以直观地理解为根据状态方程、量测方程来求解状态向量。

以北向速度误差为例进行分析：当前时刻的北向速度误差中包含了前一时刻的速度初始误差与积分时间段内的积分误差；北向速度积分误差主要来源于加速度计北向等效零偏、东向失准角耦合重力加速度的投影值；东向失准角包含了前一时刻的纵摇误差与积分时间段内的积分误差；东向失准角的积分误差主要来源于陀螺仪东向等效零偏、方位失准角耦合罗经项在东向轴的投影值；方位失准角包含了前一时刻的方位误差与积分时间段内的积分误差；方位失准角的积分误差主要来源于陀螺仪天向等效零偏、东向失准角耦合罗经项在天向轴的投影值。

上述分析表明，北向速度误差中包含了北向速度初始误差、加速度计北向等效零偏、东向失准角初始误差、陀螺仪东向等效零偏、天向失准角初始误差与天向陀螺仪零偏。在一个确定的时刻，一个方程中包含了 6 个未知数，显然方程无解。需要利用多个时刻的量测值来增加约束条件，这也是第 7 章中，各状态量可估且估计精度随时间推移而提高的原因。

下面假设速度匹配过程中 Kalman 滤波器参数设置合理、初始失准角设置合理，仅从误差方程的角度进行可观测度分析。

### 8.2.2 速度匹配中的各状态量解析条件分析

根据式（2-23）与式（2-26），选择速度误差、失准角、加速度计零偏与陀螺仪零偏为状态向量，运动基座条件下的速度误差与失准角传播方程分别为

$$\begin{bmatrix}\delta\dot{V}_E\\ \delta\dot{V}_N\\ \delta\dot{V}_U\end{bmatrix}=\begin{bmatrix}0 & -f_U & f_N\\ f_U & 0 & -f_E\\ -f_N & f_E & 0\end{bmatrix}\begin{bmatrix}\phi_E\\ \phi_N\\ \phi_U\end{bmatrix}+\begin{bmatrix}C_{11}\nabla_x+C_{12}\nabla_y+C_{13}\nabla_z\\ C_{21}\nabla_x+C_{22}\nabla_y+C_{23}\nabla_z\\ C_{31}\nabla_x+C_{32}\nabla_y+C_{33}\nabla_z\end{bmatrix}$$
$$+\begin{bmatrix}(V_N\tan L-V_U)/R & 2\omega_{ie}\sin L+(V_E\tan L)/R & -(2\omega_{ie}\cos L+V_E/R)\\ -2(\omega_{ie}\sin L+(V_E\tan L)/R) & -V_U/R & -V_N/R\\ 2(\omega_{ie}\cos L+V_E/R) & 2V_N/R & 0\end{bmatrix}\cdot\begin{bmatrix}\delta V_E\\ \delta V_N\\ \delta V_U\end{bmatrix}\tag{8-1}$$

$$\begin{bmatrix}\dot{\phi}_E\\ \dot{\phi}_N\\ \dot{\phi}_U\end{bmatrix}=\begin{bmatrix}0 & \omega_{ie}\sin L+(V_E/R)\tan L & -(\omega_{ie}\cos L+V_E/R)\\ -(\omega_{ie}\sin L+(V_E/R)\tan L) & 0 & -V_N/R\\ \omega_{ie}\cos L+V_E/R & V_N/R & 0\end{bmatrix}\begin{bmatrix}\phi_E\\ \phi_N\\ \phi_U\end{bmatrix}$$
$$+\begin{bmatrix}0 & -1/R & 0\\ 1/R & 0 & 0\\ (1/R)\tan L & 0 & 0\end{bmatrix}\begin{bmatrix}\delta V_E\\ \delta V_N\\ \delta V_U\end{bmatrix}+\begin{bmatrix}-C_{11}\varepsilon_x-C_{12}\varepsilon_y-C_{13}\varepsilon_z\\ -C_{21}\varepsilon_x-C_{22}\varepsilon_y-C_{23}\varepsilon_z\\ -C_{31}\varepsilon_x-C_{32}\varepsilon_y-C_{33}\varepsilon_z\end{bmatrix}\tag{8-2}$$

#### 1. 理想静止条件下的解析情况分析

假设运载体载体坐标系与导航坐标系重合，在运载体无角运动、无线运动条件下，式（8-1）可简化为

$$
\begin{bmatrix} \delta\dot{V}_E \\ \delta\dot{V}_N \\ \delta\dot{V}_U \end{bmatrix} = \begin{bmatrix} 0 & -f_U & f_N \\ f_U & 0 & -f_E \\ -f_N & f_E & 0 \end{bmatrix} \begin{bmatrix} \phi_E \\ \phi_N \\ \phi_U \end{bmatrix} + \begin{bmatrix} \nabla_E \\ \nabla_N \\ \nabla_U \end{bmatrix} = \begin{bmatrix} -g\phi_N + \nabla_E \\ g\phi_E + \nabla_N \\ \nabla_U \end{bmatrix}
$$

$$
= \begin{bmatrix} -g\phi_N + C_{11}\nabla_x + C_{12}\nabla_y + C_{13}\nabla_z \\ g\phi_E + C_{21}\nabla_x + C_{22}\nabla_y + C_{23}\nabla_z \\ C_{31}\nabla_x + C_{32}\nabla_y + C_{33}\nabla_z \end{bmatrix} \tag{8-3}
$$

类似地，式（8-2）可简化为

$$
\begin{bmatrix} \dot{\phi}_E \\ \dot{\phi}_N \\ \dot{\phi}_U \end{bmatrix} = \begin{bmatrix} (\omega_{ie}\sin L)\phi_N - (\omega_{ie}\cos L)\phi_U - C_{11}\varepsilon_x - C_{12}\varepsilon_y - C_{13}\varepsilon_z \\ -(\omega_{ie}\sin L)\phi_E - C_{21}\varepsilon_x - C_{22}\varepsilon_y - C_{23}\varepsilon_z \\ (\omega_{ie}\cos L)\phi_E - C_{31}\varepsilon_x - C_{32}\varepsilon_y - C_{33}\varepsilon_z \end{bmatrix} \tag{8-4}
$$

当采用三维速度匹配时，$[\delta V_E \quad \delta V_N \quad \delta V_U]^{\mathrm{T}}$ 已知，根据前后两个时刻的速度误差量测值可以求解$[\delta\dot{V}_E \quad \delta\dot{V}_N \quad \delta\dot{V}_U]^{\mathrm{T}}$。这表明式（8-3）中存在五个未知数（分别为两个水平失准角和三个加速度计零偏），只存在三个方程，此时方程不可解。因为运载体无晃动，各方程的系数 $g$ 与 $C_{11\sim33}$ 均为确定的常值，五个未知数的演化规律均保持不变，且时间的推移不会带来新的约束条件，方程一直无解。注意：如同重力加速度为 $f_U$ 的理论值一样，式中的 $C_{ij}$ 为姿态矩阵 $\boldsymbol{C}_b^n$ 的真实值。随时间迁移，$C_{ij}$ 的解算误差貌似会带来新的约束条件使得方程可解析，但这仅是一种误差，并不表示未知数演化规律的变化。

若忽略式（8-3）中加速度东向等效零偏 $\nabla_E = C_{11}\nabla_x + C_{12}\nabla_y + C_{13}\nabla_z$ 与北向等效零偏 $\nabla_N = C_{21}\nabla_x + C_{22}\nabla_y + C_{23}\nabla_z$，则可根据式子展开后的第一行和第二行求解失准角 $\phi_E$ 与 $\phi_N$，但解析结果中包含了加速度计等效零偏信息；此外根据式（8-3），加速度计天向轴零偏 $\nabla_U = C_{31}\nabla_x + C_{32}\nabla_y + C_{33}\nabla_z$ 可以被估计。但无法仅从天向轴等效零偏中反演得到各轴加速度计零偏；当运载体处于近似零位，即载体坐标系与理想导航坐标系近似重合时，加速度计天向轴零偏与 $z$ 轴零偏近似重合，可以认为 $z$ 轴加速度计零偏被近似估计。

上述求解过程中，由于速度误差可直接被观测，其可观测程度最高。而两个失准角通过耦合重力表现为速度误差微分，积分后表现为速度误差，因而可观测度次之。速度匹配时，可以将速度误差视为一类可观测误差状态量，可观测度最高；而水平失准角视为二类可观测误差状态量，可观测度次之。

改写式（8-4）如下：

$$
\begin{bmatrix} \dot{\phi}_E - (\omega_{ie}\sin L)\phi_N \\ \dot{\phi}_N + (\omega_{ie}\sin L)\phi_E \\ -(\omega_{ie}\cos L)\phi_E \end{bmatrix} = \begin{bmatrix} -(\omega_{ie}\cos L)\phi_U - C_{11}\varepsilon_x - C_{12}\varepsilon_y - C_{13}\varepsilon_z \\ -C_{21}\varepsilon_x - C_{22}\varepsilon_y - C_{23}\varepsilon_z \\ -\dot{\phi}_U - C_{31}\varepsilon_x - C_{32}\varepsilon_y - C_{33}\varepsilon_z \end{bmatrix} \tag{8-5}
$$

由于失准角 $\phi_E$ 与 $\phi_N$ 已近似求解，因而 $\dot{\phi}_E$ 与 $\dot{\phi}_N$ 也可求解。此时，式（8-5）中存在四个未知数（分别为天向失准角和三个陀螺仪零偏）。因为各未知数的系数 $\omega_{ie}\cos L$ 与 $C_{11\sim33}$ 均为确定的常值，各误差演化规律均保持不变，时间的推移不会带来新的约束条件，方程一直无解。但式（8-5）展开后的第二行表明陀螺仪等效北向零偏可直接解析。

忽略陀螺仪东向等效零偏 $\varepsilon_E = C_{11}\varepsilon_x + C_{12}\varepsilon_y + C_{13}\varepsilon_z$，此时 $\varepsilon_N = C_{21}\varepsilon_x + C_{22}\varepsilon_y + C_{23}\varepsilon_z$ 与 $\varepsilon_U = C_{31}\varepsilon_x + C_{32}\varepsilon_y + C_{33}\varepsilon_z$ 可解析，进一步可以求解 $\phi_U$。上述解析过程中，因为忽略了水平加速度计零偏与东向陀螺仪零偏，因而水平对准精度受制于加速度计水平等效零偏，方位对准精度受制于陀螺仪东向等效零偏。上述针对式（8-4）的分析过程中也可假设陀螺仪零偏 $\varepsilon_U$ 不可解析。此外，式（8-5）对 $\varepsilon_N$ 的估计与式（8-3）对 $\nabla_U$ 的估计较为类似。

相较于速度误差与水平失准角误差，方位失准角需要两次耦合与积分后方可反映为速度误差，因而可观测度最低，可定义为三类可观测误差状态量。

2. 晃动基座条件下的解析情况分析

假设运载体无线运动，在晃动基座条件下，式（8-1）整理后仍与式（8-3）相同；失准角误差方程（8-2）整理后仍与式（8-4）相同。在某一个确定的时刻，在式（8-3）中仍存在五个未知数（两个水平失准角与三个加速计零偏），而只有三个方程，此时方程无解。但注意到随着时间的推移，运载体的晃动带来了式（8-3）中加速计零偏各系数的改变，且各系数均可通过导航姿态解算值确定（此处忽略测量误差与解算误差）。因而可以认为随着时间的推移，约束条件的增加，水平失准角 $[\phi_E \ \ \phi_N]^{\mathrm{T}}$ 与仪表误差 $[\nabla_E \ \ \nabla_N \ \ \nabla_U]^{\mathrm{T}}$ 均可以解析。约束源于姿态的变化，但参与解算的是姿态矩阵的解算值，解算值误差将会引起上述状态变量的解析误差。

上述求解过程中，水平失准角与加速度计零偏均需要进行一次积分后表现为速度误差，属于二类误差状态量；但两者的耦合系数不同，水平失准角耦合系数为重力加速度，而加速度计零偏耦合系数为姿态矩阵元素，前者耦合系数量值大于后者，因而水平失准角与加速度计零偏虽同属二类误差状态量，水平失准角的可观测度优于加速度计零偏。

因为失准角 $\phi_E$ 与 $\phi_N$ 已近似求解，所以 $\dot{\phi}_E$ 与 $\dot{\phi}_N$ 也可求解。运载体晃动给式（8-5）带来了新的约束条件，四个未知数均可解析。参考对速度误差方程的分析，可以认为陀螺仪等效北向零偏经过耦合与两次积分表现为东向速度误差，可归为三类可观测误差状态量，且估计过程中陀螺仪等效北向零偏不需要利用摇摆进行约束，估计效果较佳；方位失准角与东向陀螺仪零偏均需要进行耦合与两次积分方可表现为北向速度误差，也归为三类可观测误差状态量。陀螺仪等效天向零偏需要在积分后表现为方位失准角，进行三次积分方可反映为北向速度误差，因而归为四类可观测误差状态量。

上述分析表明，在摇摆激励下，方位失准角与陀螺仪零偏均可估计。但实际应用中，估计效果均欠佳，其可能原因在于：①各计算量解析精度不足，如姿态解算误差等；②各轴从等效仪表误差估计精度不同，在向载体坐标系投影后存在短板效应，降低仪表误差的整体估计效果。具体将在 8.2.3 节进行讨论。

### 3. 晃动基座＋线运动条件下的解析情况分析

载体晃动与线运动条件下的系统误差方程同式（8-1）与式（8-2）。速度匹配方式下，式（8-1）可改写如下：

$$\begin{bmatrix}\delta\dot{V}_E\\ \delta\dot{V}_N\\ \delta\dot{V}_U\end{bmatrix}-\begin{bmatrix}(V_N\tan L-V_U)/R & 2\omega_{ie}\sin L+(V_E\tan L)/R & -(2\omega_{ie}\cos L+V_E/R)\\ -2(\omega_{ie}\sin L+(V_E\tan L)/R) & -V_U/R & -V_N/R\\ 2(\omega_{ie}\cos L+V_E/R) & 2V_N/R & 0\end{bmatrix}$$

$$\cdot\begin{bmatrix}\delta V_E\\ \delta V_N\\ \delta V_U\end{bmatrix}=\begin{bmatrix}0 & -f_U & f_N\\ f_U & 0 & -f_E\\ -f_N & f_E & 0\end{bmatrix}\begin{bmatrix}\phi_E\\ \phi_N\\ \phi_U\end{bmatrix}+\begin{bmatrix}C_{11}\nabla_x+C_{12}\nabla_y+C_{13}\nabla_z\\ C_{21}\nabla_x+C_{22}\nabla_y+C_{23}\nabla_z\\ C_{31}\nabla_x+C_{32}\nabla_y+C_{33}\nabla_z\end{bmatrix}$$

（8-6）

与运载体晃动、无线运动条件类似，在式（8-6）中，六个未知数、三个方程，在某一个时刻方程不可解。但随着时间的推移，以及约束条件的增强，方程可解。类似地，可对式（8-2）进行分析。

与载体晃动约束类似，运载体的加/减速运动也可改变$[\phi_E\ \ \phi_N\ \ \phi_U]^{\mathrm{T}}$项的耦合系数$[f_E\ \ f_N\ \ f_U]^{\mathrm{T}}$，从而增加约束条件，或增加某类误差在误差观测中的累积量。以式（8-6）为例，运载体水平方向加速/减速，带来了$f_E$与$f_N$的量值增加，使得$\phi_U$在水平速度误差中的成分比例增加，进而改变其可解析条件。根据上述解析过程，也可以单独对某一轴的加速/减速进行分析，以获取运动激励与各状态量之间的解析关系。

### 4. 组合对准中激励问题的总结

速度匹配方式下，Kalman 滤波器根据状态量（误差）传播关系从速度误差量测值中反演得到各状态量。当某几个状态量或状态量组合量（如$\phi_N g$与$\nabla_E$）的误差传播规律相同时，Kalman 滤波器无法将上述状态量进行分离。

但若存在运动激励，如摇摆激励可以使$\nabla_x$、$\nabla_y$与$\nabla_z$在速度误差微分量中以不同的规律来演化，同时也与$\phi_N g$、$\phi_E g$呈现不同的传播规律，这使得 Kalman 滤波器可以分离出式（8-3）中的$\phi_E$、$\phi_N$、$\nabla_x$、$\nabla_y$与$\nabla_z$。此外，运动可以改变某状态量的传播累积速度，增加其在误差量测中的比例，从而加快其估计速度。

根据上述分析可以认为，运动激励的主要作用改变误差传播规律，从而实现误差分离或改变误差估计速度。

### 8.2.3　基于速度匹配的组合对准问题再分析

1. 影响速度匹配对准精度的原因分析

8.2.2 节分析表明，三维速度匹配与运载体晃动激励条件下，速度误差、失准角、加速度计零偏与陀螺仪零偏均可解析（观测），但第 7 章中的仿真结论似乎表明在上述条件下系统不完全可观，需要针对速度匹配与运载体晃动激励条件下的组合对准进行进一步分析。

在基于速度匹配的组合对准中，影响对准精度的因素有：模型精度、失准角大小、Kalman 滤波器参数。其中，模型的精确性依赖于失准角大小，在线性假设条件下，线性模型是否成立取决于失准角大小。Kalman 滤波器中的初始协方差矩阵、过程噪声矩阵与量测噪声分别依赖于初始失准角、模型误差以及量测噪声。在仿真条件下，上述参数均可精确设置。因而可以认为在第 7 章中系统各状态量不完全可观的因素与模型、失准角以及滤波器参数无关或关系甚小。

注意到，在 8.2.2 节中系统完全可观的关键在于晃动激励，晃动带来的运动约束使得式（8-6）可解，但解析精度与方程中的耦合系数存在直接联系。若耦合系数误差较大，则可能会导致各状态量的解析精度不足，从而表现为系统各状态量不可观。上述耦合系数主要涉及速度解算值、加速度计测量值以及姿态解算值。速度匹配模式下，速度误差为一类状态量，估计精度最高；加速度计测量值误差主要包括零偏和噪声，对于导航级惯性仪表而言，其误差相对于重力加速度模值为小量；而解算误差主要由仪表误差、失准角以及不可交换性误差引起，其中仪表误差相对于运载体晃动加速度而言可视为小量，失准角在经过初始对准后可视为小量。惯性仪表的采样与连续角运动之间存在不可交换性误差。在算法确定的条件下，算法误差随着运载体摇摆强度的增加而增加。不可交换性误差是带来第 7 章中系统各状态量不完全可观的可能因素。

2. 仿真验证

为验证上述分析，进行如下仿真。仿真中的仪表参数设置与基座运动情况同 4.2.2 节与 7.4.1 节。为保留摇摆的激励、同时减小摇摆引起姿态解算误差，将 4.2.2 节中的摇摆周期增加到 100 倍，即纵摇、横摇与航向的摇摆周期分别增加到 800s、1500s 与 500s。定义摇摆周期增加前的仿真设置为条件一，增加后设置为条件二。仿真时长 5h，假设均已经较好地完成了粗对准，初始失准角分别为 0.1°、–0.1° 和 0.5°。仿真结果如图 8-1～图 8-3 所示。

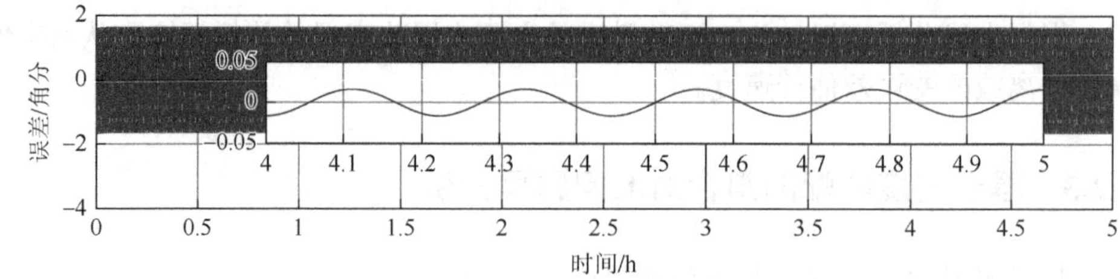


(a) 纵摇角误差

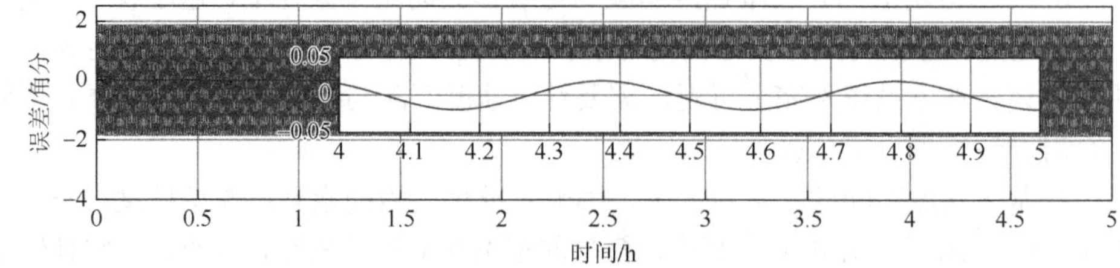


(b) 横摇角误差

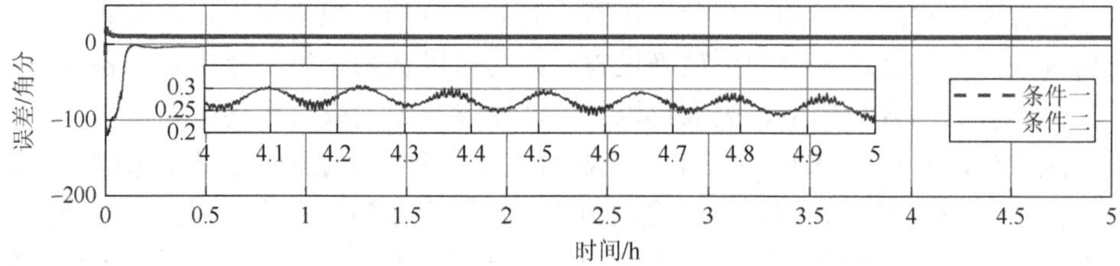


(c) 航向角误差

图 8-1　不同晃动条件下基于速度匹配的失准角估计曲线

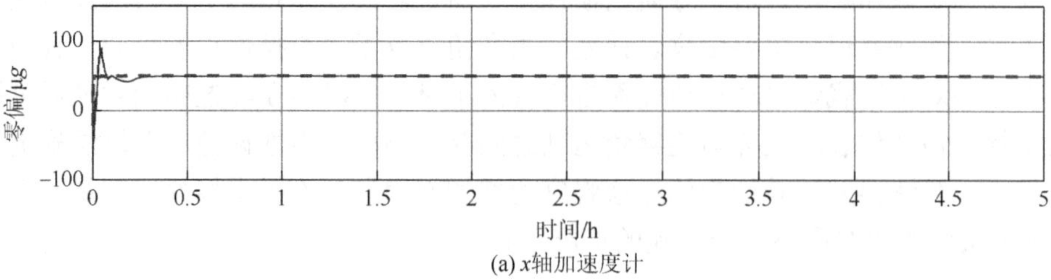


(a) $x$轴加速度计

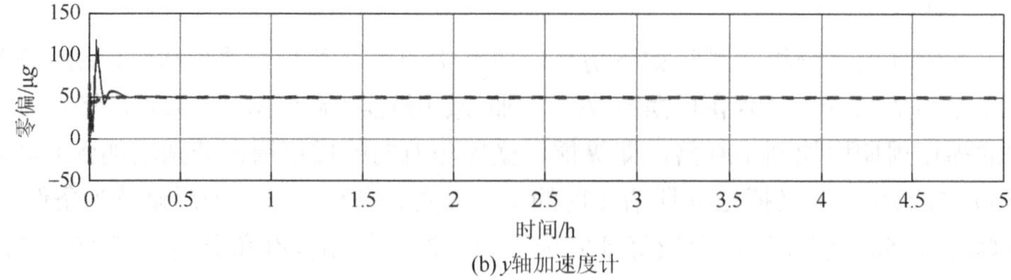


(b) $y$轴加速度计

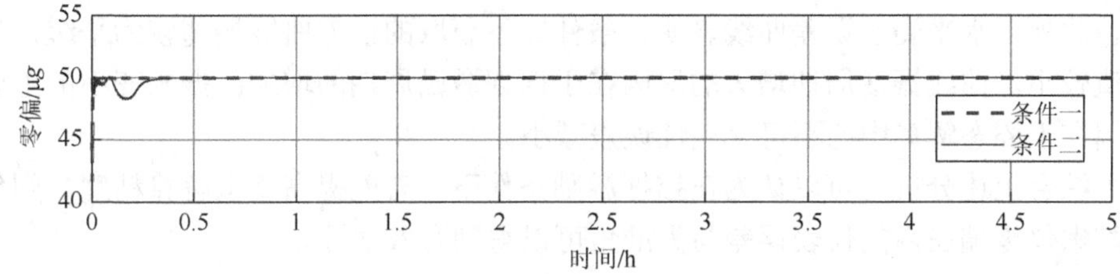


(c) $z$轴加速度计

图 8-2　不同晃动条件下基于速度匹配的加速度计零偏估计曲线

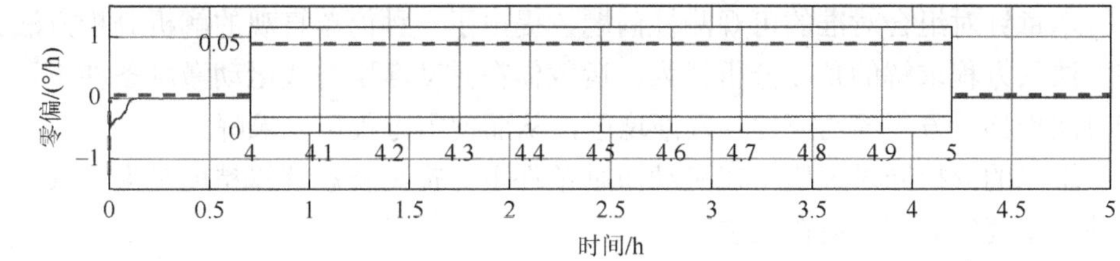


(a) $x$轴陀螺仪

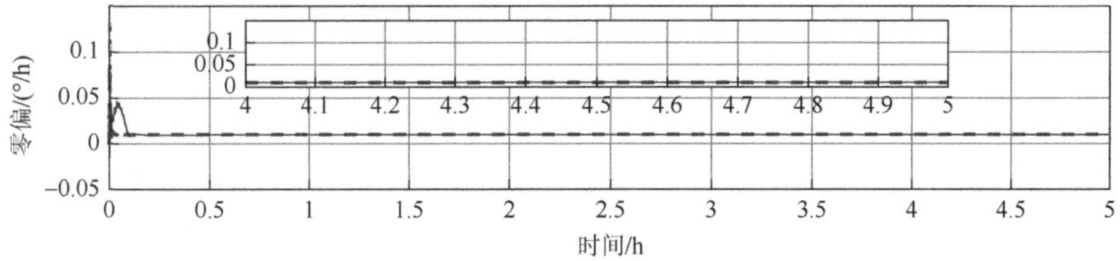


(b) $y$轴陀螺仪

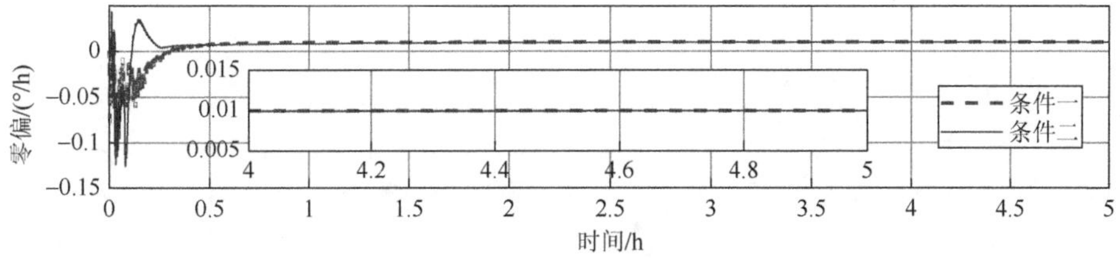


(c) $z$轴陀螺仪

图 8-3　不同晃动条件下基于速度匹配的陀螺仪零偏估计曲线

图中曲线表明，在本节设置的仿真条件下，基于速度匹配的对准可以实现姿态、加速度计零偏与陀螺仪零偏的估计。其中，水平失准角与加速度计零偏的估计较为准确；航向失准角可收敛至一个较小值，该误差对应的陀螺仪零偏在 0.001°量级；换言之，陀螺仪等效东向零偏的剩余误差约为设定误差的 1/10。

但与条件一相比，条件二获取的航向误差曲线、仪表误差估计曲线的收敛速度较慢。这表明，摇摆激励一定程度上有助于加速度收敛。

此外，水平姿态误差曲线表明，条件二下获取的误差曲线振荡较为平缓，且幅值较小。曲线振荡周期增大的原因在于摇摆激励周期的增加；振幅变小的主要原因在于姿态解算中的不可交换性误差减小。

综合上述分析，可以认为在摇摆激励条件下，若能提高姿态解算精度，则包括陀螺仪零偏在内的仪表误差与失准角可以得到有效估计。

## 8.3 本章小结

本章针对组合对准的可观测性问题，提出了一种简单直观的解析分析方法。该方法从方程求解的角度分析认为，运载体在晃动激励与线运动激励条件下，随着时间推移，方程的约束性会逐渐增强，从而使得方程可以求解。

本章的分析同时表明，在晃动激励条件下，提高姿态解算精度是提高仪表误差估计精度的必需和潜在选项。

# 第 9 章　基于现代控制理论的传递对准

## 9.1　引　言

传递对准主要指利用安装在同一运载体平台上的、已经完成对准的高精度 INS 信息来完成待对准的低精度 INS 对准的过程。例如，在舰载或机载环境下，战术武器用中低精度 SINS 可利用高精度 INS 来完成初始对准。在传递对准中，已对准好的高精度 INS 通常称为主惯性导航系统（master INS，MINS），而待对准的 INS 称为子惯性导航系统（slave INS）。MINS 一般采用高精度的惯性器件，对准完成后可以认为其误差为零。MINS 可分别采用 GINS 或（和）SINS 形式，对应的 MINS 可表达为 MGINS 或 MSINS。考虑到 MSINS 输出信息可涵盖 MGINS 信息，本章以 MSINS 为研究对象，主惯性导航系统缩写为 MINS，而子惯性导航系统均指 SINS。

## 9.2　传递对准的基本原理

### 9.2.1　传递对准中的时空一致性问题

若不考虑 MINS 与 SINS 在运载体上安装位置的差异，则 MINS 与 SINS 测量的是同一组物理信息，即运载体相对于惯性系的角速度与比力，以及运载体相对于导航坐标系的速度、位置与姿态信息。若进一步不考虑 MINS 与 SINS 获取时间的差异，则可以认为 MINS 与 SINS 仪表测量值差异主要由 SINS 仪表误差引起；与此同时，MINS 导航参数可以直接赋值给 SINS 来完成初始对准，即所谓的初始装订。

然而 MINS 与 SINS 之间无法做到空间与时间的完全一致，也就无法通过直接比较 MINS 与 SINS 测量信息和初始装订方式来完成初始对准。一般地，舰船或飞机可提供时间统一基准信号，以使 MINS 与 SINS 工作在统一节拍下，因而时间一致性问题可近似忽略。

由于 MINS 与 SINS 各自使命要求不同，两者之间存在安装位置的不同，如图 9-1 所示。舰船应用中，MINS 通常安装在舰船摇摆中心，以提供舰船整体线运动与角运动信息；而 SINS 通常安装在战术武器基座或战术武器内部。若将舰船视作刚体，则 MINS 与 SINS 间安装关系固定不变。然而风浪激励下的舰船无法视为刚体，MINS 与 SINS 安装面之间存在挠曲变形；载荷分布以及应力变化等均会带来静态形变；舰船摇摆也将带来 MINS 与 SINS 对线运动信息的测量差异，即所谓的杆臂效应等。因而利用 MINS 测量或（和）导航信息进行 SINS 初始对准需要首先解决空间一致性问题。

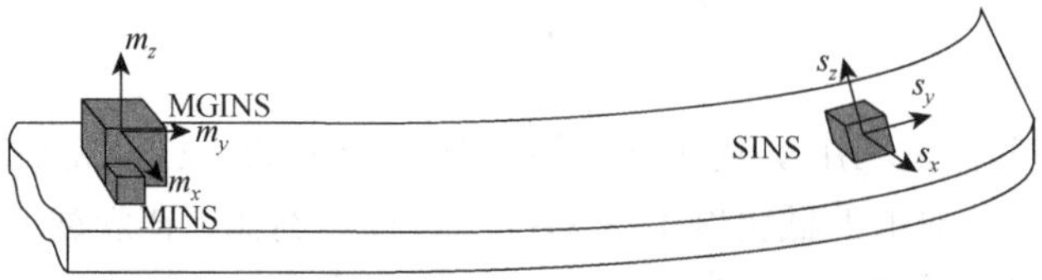


图 9-1　主/子惯性导航系统安装位置关系示意图

### 9.2.2　传递对准的匹配模式与机理

9.2.1 节分析指出，当 MINS 与 SINS 之间不存在安装位置差异时，两者之间测量信息与导航参数信息的差异均由 SINS 所引起。但 MINS 与 SINS 之间存在空间位置差异，因而两者之间测量信息与导航参数信息的差异中包含了因空间不一致带来的误差信息。SINS 利用 MINS 完成初始对准需要将空间不一致带来的误差信息从两者的信息差值中分离出去，方可完成初始对准。参考 8.2 节的分析，要分离误差则需要对各误差传播规律进行建模，当且仅当各误差的传播规律不同时，方可进行解析分离。

从 MINS 与 SINS 可比较信息源的角度看，两者可以进行测量值比较，如角速度与加速度测量值的比较；可进行导航参数比较，如姿态、速度与位置比较；也可同时进行测量值参数与导航参数比较。上述比较方式分别对应于测量参数匹配、计算参数匹配以及组合参数匹配。

当采用测量参数匹配中的陀螺仪测量值匹配时，MINS 与 SINS 陀螺仪测量值差异中包含了因挠曲变形带来的角速度差异，也包括了因形变带来的角速度投影差异，以及 SINS 中的陀螺仪误差等。当采用测量参数匹配中的加速度计测量值匹配时，加速度计测量差异中包含了因安装位置差异耦合舰船角运动引起的杆臂加速度信息，因形变带来的比力投影差异，以及 SINS 中的加速度计误差等。

当采用计算参数匹配中的姿态匹配时，MINS 与 SINS 姿态差异中除包括 SINS 姿态误差与仪表误差引起的姿态误差外，还包括两者之间的静态形变与挠曲变形。当采用计算参数匹配中的速度匹配时，MINS 与 SINS 速度差异中除包括 SINS 速度误差、姿态误差与仪表误差引起的速度误差外，还包括两者之间因安装位置不同引起的速度差异。类似地，可对位置匹配以及组合匹配进行分析。

上述分析表明，在传递对准中，因量测信息中不仅包括 SINS 自身误差，还包括空间不一致带来的误差，因而建模问题更为复杂；但与速度辅助下的组合对准相比，传递对准中的量测信息更为丰富、组合形式更多，包含的信息量更多，因而可以估计的状态量更多。

# 9.3　主/子惯性导航系统之间信息空间一致性问题建模

如 1.1.1 节所述，SINS 利用数学平台来模拟导航坐标系，当地水平地理坐标系是一个位置相关坐标系。一般的舰船尺寸相对有限，如“尼米兹号”航空母舰长宽分别为 333m 与 78m，主/子惯性导航系统之间位置在长、宽方向不超过 167m 与 39m。显然上述位置差异带来的导航坐标系差异有限，可以忽略。但如 9.2.1 节所述，MINS 与 SINS 两者的载体坐标系有着显著不同。

下面将具体分析因 MINS 与 SINS 两者安装位置差异、静态挠曲变形、动态挠曲变形和杆臂等空间不一致性问题引起的两个载体坐标系中仪表测量值差异与导航坐标系中导航解算值差异。为便于分析，定义 MINS 安装位置处载体坐标系为 $m$，SINS 安装位置处载体坐标系为 $s$，两者载体坐标系均为右前上，满足右手定则。

## 9.3.1　主/子惯性导航系统之间安装误差问题

舰船应用中，所有的导航设备应安装在同一个载体坐标系中。然而由于安装位置不同，各设备之间很难做到完全统一，MINS 与 SINS 之间存在安装误差。以 SINS 为参考，设 SINS 相对于 MINS 的安装基座存在安装误差角度 $\boldsymbol{\mu}=[\mu_x \ \ \mu_y \ \ \mu_z]^{\mathrm{T}}$，从而有 SINS 相对于 MINS 安装位置矩阵为

$$\boldsymbol{C}_s^m=\boldsymbol{I}+\boldsymbol{\mu}\times=\begin{bmatrix}1 & -\mu_z & \mu_y\\ \mu_z & 1 & -\mu_x\\ -\mu_y & \mu_x & 1\end{bmatrix} \tag{9-1}$$

因 MINS 与 SINS 之间安装误差角为常值，从而有

$$\dot{\boldsymbol{C}}_s^m=\boldsymbol{C}_s^m(\boldsymbol{\omega}_{ms}^s\times)=0\Rightarrow\boldsymbol{\omega}_{ms}^s=0 \tag{9-2}$$

上述安装误差矩阵将会带来 MINS 与 SINS 之间仪表测量值与导航解算值的差异，具体分析如下。假设 MINS 与 SINS 仪表输出值分别为 $\boldsymbol{\omega}_{im}^m$、$\boldsymbol{f}_{im}^m$ 与 $\boldsymbol{\omega}_{is}^s$、$\boldsymbol{f}_{is}^s$；MINS 与 SINS 导航解算值分别为 $\boldsymbol{C}_m^n$、$\boldsymbol{V}_m^n$、$\boldsymbol{P}_m^n$ 与 $\boldsymbol{C}_s^n$、$\boldsymbol{V}_s^n$、$\boldsymbol{P}_s^n$。

MINS 与 SINS 之间的姿态关系可表达为

$$\boldsymbol{C}_s^n=\boldsymbol{C}_m^n\boldsymbol{C}_s^m=\boldsymbol{C}_m^n(\boldsymbol{I}+\boldsymbol{\mu}\times) \tag{9-3}$$

MINS 与 SINS 陀螺仪测量值间关系可表达为

$$\boldsymbol{\omega}_{is}^{s} = \boldsymbol{C}_{m}^{s}\boldsymbol{\omega}_{im}^{m} + \boldsymbol{\omega}_{ms}^{s} = (\boldsymbol{I} - \boldsymbol{\mu}\times)\boldsymbol{\omega}_{im}^{m} = \boldsymbol{\omega}_{im}^{m} - \boldsymbol{\mu}\times\boldsymbol{\omega}_{im}^{m} \tag{9-4}$$

式（9-2）与式（9-4）表明，安装误差不会带来 MINS 与 SINS 陀螺仪测量值差异，即 $\boldsymbol{\omega}_{ms}^{s} = 0$；但会带来其投影差异，即 $\boldsymbol{\omega}_{is}^{s} \neq \boldsymbol{\omega}_{im}^{m}$。

不考虑杆臂等问题，MINS 与 SINS 速度为运载体速度在导航坐标系中的投影，本章忽略舰船尺寸带来的导航坐标系差异，且安装误差角只会改变 MINS 与 SINS 载体坐标系之间的关系，不改变两者导航坐标系之间的关系，因而可以认为安装位置误差不带来速度和位置的改变。

加速度计测量值间关系可表达为

$$\boldsymbol{f}_{is}^{s} = \boldsymbol{C}_{m}^{s}(\boldsymbol{f}_{im}^{m} + \boldsymbol{f}_{ms}^{m}) = \boldsymbol{f}_{im}^{m} - \boldsymbol{\mu}\times\boldsymbol{f}_{im}^{m} \tag{9-5}$$

式中，$\boldsymbol{f}_{ms}^{m}$ 为载体坐标系 $s$ 相对载体坐标系 $m$ 的线加速度在 $m$ 系中的投影。此处只考虑安装误差，视 $\boldsymbol{f}_{ms}^{m}$ 为零，进一步的分析可参见 9.3.4 节。

式（9-3）中的数学关系表明，MINS 与 SINS 间姿态差异中包含了安装误差角信息。式（9-4）与式（9-5）中的数学关系表明，MINS 与 SINS 间陀螺仪测量、加速度计测量包含了安装误差角信息。

### 9.3.2　主/子惯性导航系统之间准静态挠曲变形

MINS 与 SINS 之间的静态/准静态挠曲变形主要指由光照、温差、载体变化等带来的长期稳定形变。例如，日照 24h 内，甲板在纵摇方向可产生 2°左右的形变。相较于传递对准的时间（数秒～数分钟），静态挠曲形变的周期较长，因而在初始对准时间内，准静态挠曲形变可视为一个确定值，与安装误差具有相同的性质。本章忽略这种准静态挠曲变形，将其统一归类为安装误差进行处理。

### 9.3.3　主/子惯性导航系统之间高频挠曲变形

MINS 与 SINS 之间的甲板除存在安装误差、准静态挠曲变形外，还存在高频挠曲变形。高频挠曲变形主要指由风浪激励、发动机振动、飞机频繁起降等带来的甲板变形。与准静态挠曲变形相比，此类变形周期较短，因而称为高频挠曲变形。因忽略了准静态挠曲变形，本章将上述变形称为挠曲变形。挠曲变形与外部激励、船舶自身结构响应等密切相关。舰载环境下外部激励具有力学特征复杂、随机等特点，很难建模；而船舶自身力学特性也很难建模。因而一般无法通过力学方式对挠曲变形进行建模。

工程上一般通过 Markov 过程来模拟随机过程，并具体使用二阶 Markov 过程来模拟甲板挠曲变形，具体如下：

$$\ddot{\boldsymbol{\theta}}_{fi} + 2\boldsymbol{\beta}_i \dot{\boldsymbol{\theta}}_{fi} + \boldsymbol{\beta}_i^2 \boldsymbol{\theta}_{fi} = \boldsymbol{\eta}_i \tag{9-6}$$

式中，$\boldsymbol{\theta}_f = [\theta_{fx}\ \ \theta_{fy}\ \ \theta_{fz}]^{\mathrm{T}}$ 为子惯性导航系统相对于主惯性导航系统的挠曲变形量，其均方差为 $\boldsymbol{\sigma} = [\sigma_x\ \ \sigma_y\ \ \sigma_z]^{\mathrm{T}}$；$\boldsymbol{\eta} = [\eta_x\ \ \eta_y\ \ \eta_z]^{\mathrm{T}}$ 为白噪声，即 $\boldsymbol{\eta} \sim N(0, \boldsymbol{Q}_\eta)$，而 $\boldsymbol{Q}_\eta = [Q_{\eta_x}\ \ Q_{\eta_y}\ \ Q_{\eta_z}]^{\mathrm{T}}$；$\boldsymbol{\beta} = [\beta_x\ \ \beta_y\ \ \beta_z]^{\mathrm{T}}$ 为时间相关常数；$\beta_{x\sim z} = 2.146 / \tau_{x\sim z}$，$\tau_i$ 为时间常数；$\boldsymbol{Q}_\eta$、$\boldsymbol{\sigma}$ 与 $\boldsymbol{\beta}$ 之间满足关系 $Q_{\eta_i} = 4\beta_i^2\sigma_i^2$；$\dot{\boldsymbol{\theta}}_f = \boldsymbol{\omega}_f$ 为挠曲变形角速度。

使用式（9-6）描述挠曲变形的难点和关键在于时间常数与噪声强度的选择。同一舰船在不同海况、不同载荷、不同载荷分布下，上述关键参数不同。因而很难找到一类固定参数来描述变化的挠曲变形。目前工程上尚无成熟的挠曲变形参数选择方法，准确描述上述参数需要对舰船激励、响应等进行长期的跟踪测量，利用实测数据来进行模式识别以获取近似参数，这给传递对准中的挠曲变形补偿带来了困难。

式（9-6）表示成矩阵形式为

$$\begin{bmatrix} \dot{\theta}_x \\ \dot{\theta}_y \\ \dot{\theta}_z \\ \ddot{\theta}_x \\ \ddot{\theta}_y \\ \ddot{\theta}_z \end{bmatrix} = \begin{bmatrix} 0 & 0 & 0 & 1 & 0 & 0 \\ 0 & 0 & 0 & 0 & 1 & 0 \\ 0 & 0 & 0 & 0 & 0 & 1 \\ -\beta_x^2 & 0 & 0 & -2\beta_x & 0 & 0 \\ 0 & -\beta_y^2 & 0 & 0 & -2\beta_y & 0 \\ 0 & 0 & -\beta_z^2 & 0 & 0 & -2\beta_z \end{bmatrix} \begin{bmatrix} \theta_x \\ \theta_y \\ \theta_z \\ \dot{\theta}_x \\ \dot{\theta}_y \\ \dot{\theta}_z \end{bmatrix} + \begin{bmatrix} 0 \\ 0 \\ 0 \\ \eta_x \\ \eta_y \\ \eta_z \end{bmatrix} \tag{9-7}$$

根据 SINS 相对于 MINS 的挠曲变形角及变形角速度，有

$$\boldsymbol{C}_s^m = \boldsymbol{I} + \boldsymbol{\theta}_f \times = \begin{bmatrix} 1 & -\theta_{fz} & \theta_{fy} \\ \theta_{fz} & 1 & -\theta_{fx} \\ -\theta_{fy} & \theta_{fx} & 1 \end{bmatrix} \tag{9-8}$$

$$\boldsymbol{\omega}_{ms}^s = \boldsymbol{\omega}_f \tag{9-9}$$

从 MINS 与 SINS 之间的姿态关系可描述为

$$\boldsymbol{C}_s^n = \boldsymbol{C}_m^n \boldsymbol{C}_s^m = \boldsymbol{C}_m^n (\boldsymbol{I} + \boldsymbol{\theta}_f \times) \tag{9-10}$$

$$\boldsymbol{\omega}_{is}^s = (\boldsymbol{I} - \boldsymbol{\theta}_f \times)\boldsymbol{\omega}_{im}^m + \boldsymbol{\omega}_{ms}^s = \boldsymbol{\omega}_{im}^m - \boldsymbol{\theta}_f \times \boldsymbol{\omega}_{im}^m + \boldsymbol{\omega}_f \tag{9-11}$$

$$\boldsymbol{f}_{is}^s = \boldsymbol{C}_m^s (\boldsymbol{f}_{im}^m + \boldsymbol{f}_{ms}^m) = \boldsymbol{f}_{im}^m - \boldsymbol{\theta}_f \times \boldsymbol{f}_{im}^m \tag{9-12}$$

式（9-10）～式（9-12）表明，MINS 与 SINS 之间姿态与加速度计测量中包含挠曲变形角信息；式（9-11）表明，MINS 与 SINS 之间陀螺仪测量中包含挠曲变形角和挠曲变形角速度信息。

### 9.3.4　主/子惯性导航系统之间杆臂效应

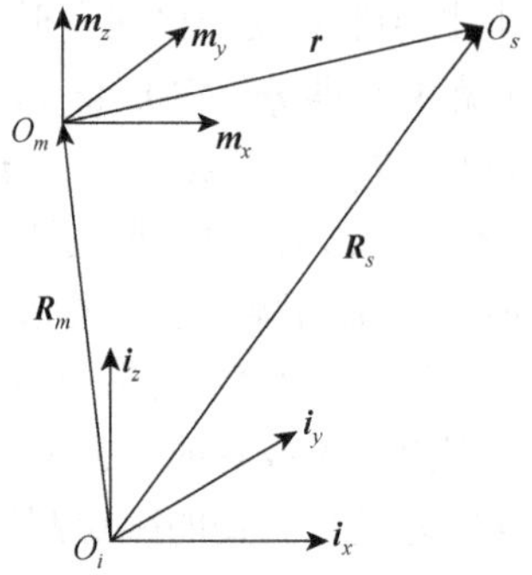


图 9-2　主/子惯性导航系统安装示意图

1. 杆臂加速度

在惯性坐标系 $i$ 中描述图 9-1 中 MINS 与 SINS 安装位置关系，如图 9-2 所示。图中 $\boldsymbol{R}_s$ 与 $\boldsymbol{R}_m$ 分别为 SINS 与 MINS 在惯性坐标系中向量表示；$\boldsymbol{r}$ 为 SINS 相对于 MINS 的杆臂向量，即杆臂向量在 $m$ 系中的表示。

在惯性坐标系 $i$ 中考虑 MINS 与 SINS 之间位置关系，有

$$\boldsymbol{R}_s = \boldsymbol{R}_m + \boldsymbol{r} \tag{9-13}$$

将式（9-13）进行微分，有

$$\left.\frac{\mathrm{d}\boldsymbol{R}_s}{\mathrm{d}t}\right|_i = \left.\frac{\mathrm{d}\boldsymbol{R}_m}{\mathrm{d}t}\right|_i + \left.\frac{\mathrm{d}\boldsymbol{r}}{\mathrm{d}t}\right|_m + \boldsymbol{\omega}_{im}^m \times \boldsymbol{r} \tag{9-14}$$

将式（9-14）两边进行微分，有

$$\left.\frac{\mathrm{d}^2\boldsymbol{R}_s}{\mathrm{d}t^2}\right|_i = \left.\frac{\mathrm{d}^2\boldsymbol{R}_m}{\mathrm{d}t^2}\right|_i + \left.\frac{\mathrm{d}^2\boldsymbol{r}}{\mathrm{d}t^2}\right|_m + 2\boldsymbol{\omega}_{im}^m \times \left.\frac{\mathrm{d}\boldsymbol{r}}{\mathrm{d}t}\right|_m + \boldsymbol{\omega}_{im}^m \times \boldsymbol{\omega}_{im}^m \times \boldsymbol{r} + \dot{\boldsymbol{\omega}}_{im}^m \times \boldsymbol{r} \tag{9-15}$$

综上，主/子惯性导航系统之间因为位置差异引起的加速度测量值差异为

$$\boldsymbol{f}_L = \left.\frac{\mathrm{d}^2\boldsymbol{r}}{\mathrm{d}t^2}\right|_m + 2\boldsymbol{\omega}_{im}^m \times \left.\frac{\mathrm{d}\boldsymbol{r}}{\mathrm{d}t}\right|_m + \boldsymbol{\omega}_{im}^m \times \boldsymbol{\omega}_{im}^m \times \boldsymbol{r} + \dot{\boldsymbol{\omega}}_{im}^m \times \boldsymbol{r} \tag{9-16}$$

式中，$\boldsymbol{f}_L$ 定义为杆臂加速度，杆臂加速度为载体坐标系中的测量信息；等号右侧第一项为杆臂长度变化引起的加速度变量；第二项为杆臂变化与载体角速度耦合引起的牵连加速度；第三项为离心加速度；第四项为向心加速度。注意到上述四项组成元素中，仅 $\boldsymbol{\omega}_{im}^m$ 可通过 MINS 直接测量，而 $\dot{\boldsymbol{\omega}}_{im}^m$ 无法直接测量，若利用 $\boldsymbol{\omega}_{im}^m$ 差分求取，会造成误差放大，精度较低。杆臂向量 $\boldsymbol{r}$ 在假设杆臂长度不变时，可以通过舰船设计图纸获取；当存在杆臂变化时，$\frac{\mathrm{d}^2\boldsymbol{r}}{\mathrm{d}t^2}$ 与 $\frac{\mathrm{d}\boldsymbol{r}}{\mathrm{d}t}$ 均无法直接测量。一般地，对于中小型舰船而言，可忽略杆臂长度的变化，此时杆臂加速度可表达为

$$\boldsymbol{f}_L = \boldsymbol{\omega}_{im}^m \times \boldsymbol{\omega}_{im}^m \times \boldsymbol{r} + \dot{\boldsymbol{\omega}}_{im}^m \times \boldsymbol{r} \tag{9-17}$$

式中，$\dot{\boldsymbol{\omega}}_{im}^m$ 为构建杆臂加速度量的关键因素。在获取杆臂加速度后，主/子惯性导航系统之间加速度存在如下关系：

$$\boldsymbol{f}_s = \boldsymbol{f}_m + \boldsymbol{f}_L \tag{9-18}$$

2. 杆臂速度

将式（9-13）表达在导航坐标系中，有

$$C_i^n R_s = C_i^n R_m + C_m^n r \Rightarrow R_s^n = R_m^n + C_m^n r \tag{9-19}$$

对式（9-19）右侧式子两端进行微分，有

$$V_s^n = V_m^n + C_m^n(\omega_{nm}^m \times) r + C_m^n \frac{\mathrm{d}r}{\mathrm{d}t} \tag{9-20}$$

定义杆臂速度为

$$V_L^n = C_m^n(\omega_{nm}^m \times) r + C_m^n \frac{\mathrm{d}r}{\mathrm{d}t} \tag{9-21}$$

式中，等号右侧第一项为运载体角运动与杆臂引起的牵连速度；第二项为杆臂引起的速度。忽略杆臂长度变化，杆臂速度可表达为

$$V_L^n = C_m^n(\omega_{nm}^m \times) r \tag{9-22}$$

进而，主/子惯性导航系统之间速度关系可表达如下：

$$V_s^n = V_m^n + V_L^n \tag{9-23}$$

比较式（9-17）与式（9-22），可以认为与构建杆臂加速度相比，构建杆臂速度量所需各组成量均为已知值或解算中间量，不需要对角速度进行微分运算。因而可以认为杆臂速度的构建精度优于杆臂加速度的构建精度。

## 9.4　测量参数匹配

测量参数匹配通过比较 MINS 与 SINS 各自载体坐标系中仪表测量值来完成初始对准与仪表误差的估计。参数匹配主要分为加速度计测量参数匹配、陀螺仪测量参数匹配以及两者的组合匹配。

### 9.4.1　加速度计测量参数匹配

1. 仅考虑仪表误差时的加速度计测量参数匹配

不考虑 MINS 与 SINS 间的空间一致性问题，仅考虑加速度计测量误差。因两者安装在同一载体基座上，理论上两者仪表测量值相同。忽略 MINS 加速度计测量误差，仅考虑 SINS 加速度计测量误差，从而有

$$\tilde{f}_{is}^s = f_{is}^s + \nabla^s + w_a^s = f_{im}^m + \nabla^s + w_a^s \tag{9-24}$$

上述条件下，若选择加速度计零偏作为状态向量，即 $X = \nabla^s$，则有

$$\dot{X} = 0 \tag{9-25}$$

取 MINS 与 SINS 之间仪表测量值之差作为量测向量，有

$$\boldsymbol{Z} = \tilde{\boldsymbol{f}}_{is}^{s} - \boldsymbol{f}_{im}^{m} \tag{9-26}$$

从而量测矩阵可表示为

$$\boldsymbol{H} = \begin{bmatrix} 1 & 0 & 0 \\ 0 & 1 & 0 \\ 0 & 0 & 1 \end{bmatrix} \tag{9-27}$$

利用第 5 章解析分析方法进行分析，可以认为，在基于式（9-25）～式（9-27）仪表测量参数直接匹配算法中，各轴加速度计零偏均可解析。此处仿真从略。

2. 仅考虑安装误差时的加速度计测量参数匹配

根据式（9-4）与式（9-5），不考虑仪表测量误差，仅考虑安装误差角时，主/子惯性导航系统之间加速度计测量值之差可表达为

$$\tilde{\boldsymbol{f}}_{is}^{s} - \boldsymbol{f}_{im}^{m} = -\boldsymbol{\mu} \times \boldsymbol{f}_{im}^{m} = \boldsymbol{f}_{im}^{m} \times \boldsymbol{\mu} \tag{9-28}$$

取主/子惯性导航系统之间安装误差角为状态向量，即 $\boldsymbol{X} = \boldsymbol{\mu}$，则有

$$\dot{\boldsymbol{X}} = 0 \tag{9-29}$$

取 MINS 与 SINS 之间仪表测量值之差作为量测向量，如式（9-26）所示，有量测矩阵为

$$\boldsymbol{H} = \begin{bmatrix} 0 & -f_{imz}^{m} & f_{imy}^{m} \\ f_{imz}^{m} & 0 & -f_{imx}^{m} \\ -f_{imy}^{m} & f_{imx}^{m} & 0 \end{bmatrix} \tag{9-30}$$

参照 8.2 节的解析思路，上述方程中，存在三个未知数与三个方程，因而方程可解，即无论在基座静止还是晃动条件下，上述方程均可解析。此处仿真从略。

3. 同时考虑安装误差与仪表零偏时的加速度计测量参数匹配

综合上述两种情况（仅考虑仪表误差与安装误差），主/子惯性导航系统之间加速度计测量值之差可表达为

$$\tilde{\boldsymbol{f}}_{is}^{s} - \boldsymbol{f}_{im}^{m} = \boldsymbol{f}_{im}^{m} \times \boldsymbol{\mu} + \nabla^{s} + \boldsymbol{w}_{a}^{s} \tag{9-31}$$

令状态向量为 $\boldsymbol{X} = [\boldsymbol{\mu}^{\mathrm{T}} \quad \nabla^{s\mathrm{T}}]^{\mathrm{T}}$，则有

$$\dot{\boldsymbol{X}} = 0 \tag{9-32}$$

取 MINS 与 SINS 之间加速度计测量值之差为量测值，则有量测矩阵为

$$\boldsymbol{H} = \begin{bmatrix} 0 & -f_{imz}^{m} & f_{imy}^{m} & 1 & 0 & 0 \\ f_{imz}^{m} & 0 & -f_{imx}^{m} & 0 & 1 & 0 \\ -f_{imy}^{m} & f_{imx}^{m} & 0 & 0 & 0 & 1 \end{bmatrix} \tag{9-33}$$

当载体处于静止状态（无晃动、无线加速时），式（9-33）中各元素均为常值，参照第 5 章中解析分析方法，安装误差角与仪表零偏不可分离，系统不完全可观。当载体处于三轴摇摆状态时，式（9-33）中 $f_{im}^{m}$ 中各元素成为变量，此时安装误差角和仪表零偏可分离，系统可观。

此外，可在式（9-33）与 8.2 节解析方法的基础上，进一步针对各轴的摇摆以及加减速运动与安装误差角、仪表零偏的可估计关系进行分析。

此处对安装误差角以及加速度计零偏的估计过程进行仿真验证。假设运载体处于零速摇摆状态，SINS 仪表参数设置同 4.2.2 节，不考虑 MINS 仪表误差。设 SINS 相对于 MINS 存在安装误差角为：绕 $x$ 轴 0.1°、绕 $y$ 轴−0.1°与绕 $z$ 轴 0.15°。

仿真时长 100s，仿真结果如图 9-3 与图 9-4 所示。图中曲线表明，在加速度计测量值参数匹配方式下，各安装误差角估计值迅速收敛到真值附近，各加速度计零偏估计值也迅速收敛到设定值附近。也就是说，加速度计测量参数匹配方式可完成安装误差角与加速度计零偏的估计。

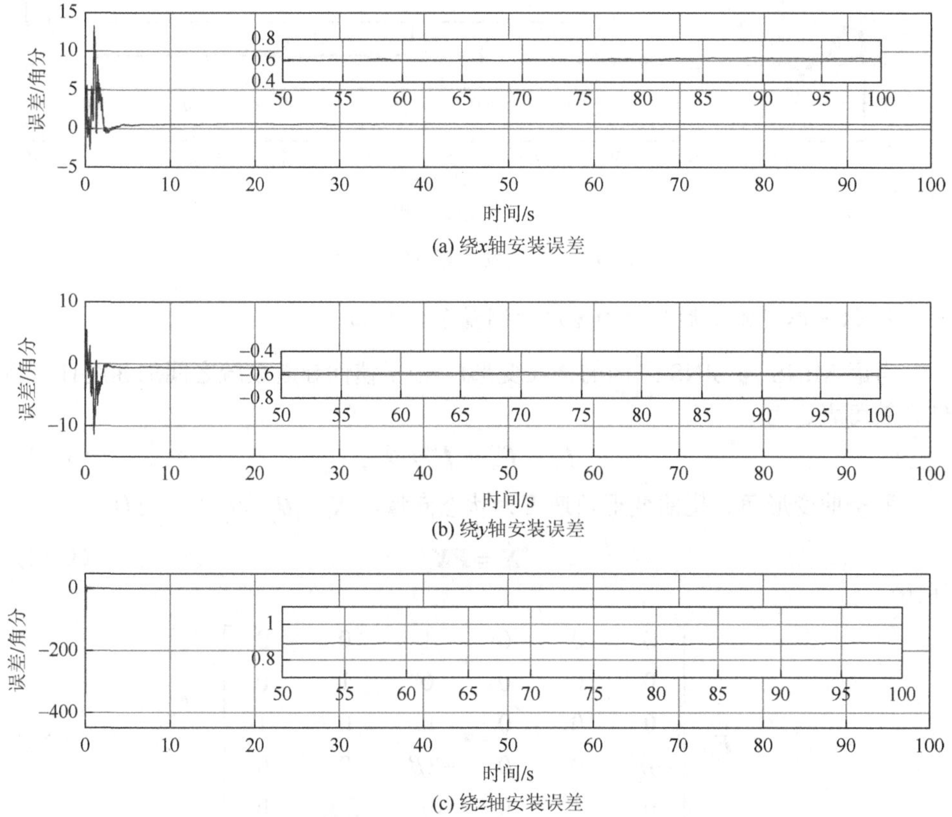


(a) 绕$x$轴安装误差

(b) 绕$y$轴安装误差

(c) 绕$z$轴安装误差

图 9-3　安装误差角估计曲线

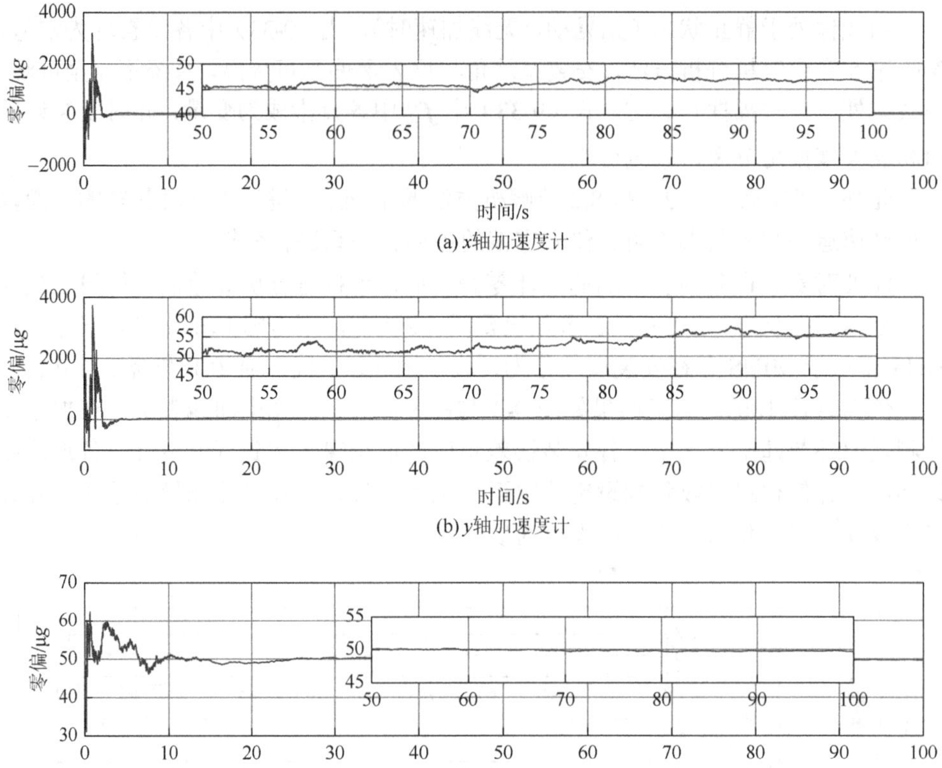

(a) x轴加速度计


(b) y轴加速度计


(c) z轴加速度计

图 9-4　加速度计零偏估计曲线

4. 仅考虑挠曲变形时的加速度计测量参数匹配

考虑 MINS 与 SINS 之间的挠曲变形，主/子惯性导航系统之间加速度计测量值之差可表达为

$$\tilde{\boldsymbol{f}}_{is}^{s} - \boldsymbol{f}_{im}^{m} = \boldsymbol{f}_{im}^{m} \times \boldsymbol{\theta}_{f} \tag{9-34}$$

取挠曲变形角、挠曲变形角速度为状态向量，$\boldsymbol{X} = [\boldsymbol{\theta}_f^{\mathrm{T}} \quad \boldsymbol{\omega}_f^{\mathrm{T}}]^{\mathrm{T}}$，则有

$$\dot{\boldsymbol{X}} = \boldsymbol{F}\boldsymbol{X} \tag{9-35}$$

式中

$$\boldsymbol{F} = \begin{bmatrix} 0 & 0 & 0 & 1 & 0 & 0 \\ 0 & 0 & 0 & 0 & 1 & 0 \\ 0 & 0 & 0 & 0 & 0 & 1 \\ -\beta_x^2 & 0 & 0 & -2\beta_x & 0 & 0 \\ 0 & -\beta_y^2 & 0 & 0 & -2\beta_y & 0 \\ 0 & 0 & -\beta_z^2 & 0 & 0 & -2\beta_z \end{bmatrix} \tag{9-36}$$

式中，各参数参见 9.3.3 节。

取 MINS 与 SINS 之间加速度计测量值之差为量测值，则有量测矩阵为

$$
\boldsymbol{H}=\begin{bmatrix} 0 & -f_{imz}^{m} & f_{imy}^{m} & 0 & 0 & 0 \\ f_{imz}^{m} & 0 & -f_{imx}^{m} & 0 & 0 & 0 \\ -f_{imy}^{m} & f_{imx}^{m} & 0 & 0 & 0 & 0 \end{bmatrix} \tag{9-37}
$$

参照 8.2 节解析方法可以认为，在基于式（9-35）～式（9-37）的仪表测量参数直接匹配算法中，主/子惯性导航系统之间挠曲变形角可解析。

此处对挠曲变形的估计过程进行仿真验证。假设运载体处于零速摇摆状态，SINS 仪表参数设置同 4.2.2 节，不考虑 MINS 仪表误差；设 SINS 相对于 MINS 存在挠曲变形，分别为绕 $x$ 轴挠曲变形强度 6 角分、绕 $y$ 轴 10 角分、绕 $z$ 轴 7 角分；相关时间常数分别为绕 $x$ 轴 20s、绕 $y$ 轴 15s、绕 $z$ 轴 25s。注：上述挠曲变形设置参数不同于工程实际参数，仅用于本章的仿真验证。

仿真时长 600s，仿真结果如图 9-5 和图 9-6 所示，图中实线与虚线分别代表参考值与估计值。图中曲线表明，在加速度计测量值参数匹配方式下，挠曲变形与挠曲变形角速度均可收敛到真值，但估计值中存在一定的噪声。

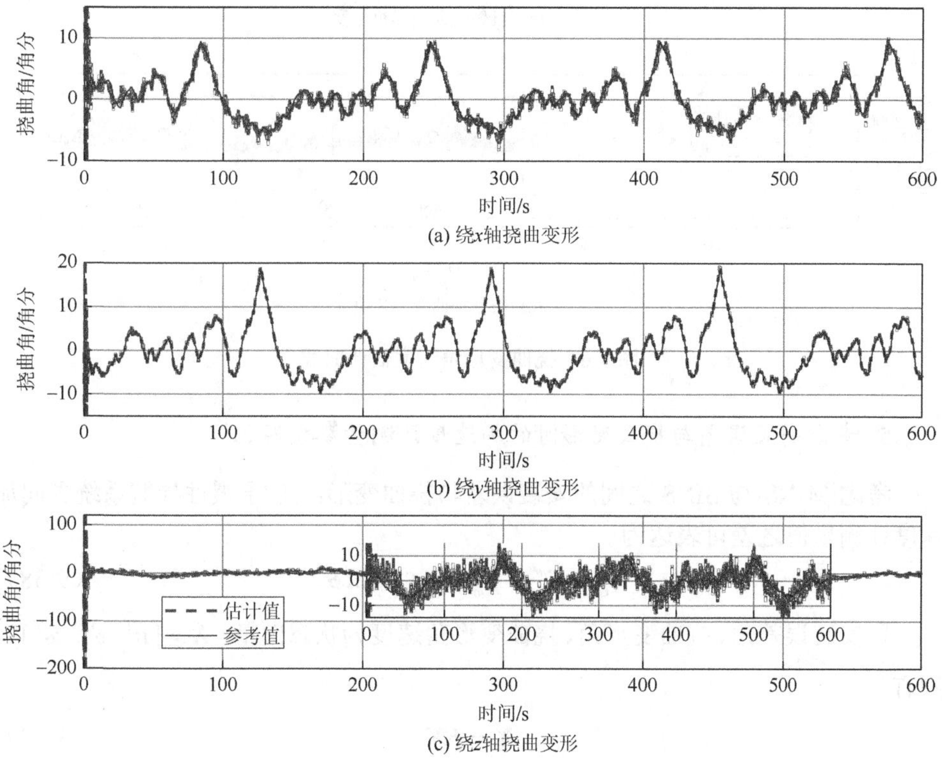


(a) 绕$x$轴挠曲变形

(b) 绕$y$轴挠曲变形

(c) 绕$z$轴挠曲变形

图 9-5　挠曲变形角估计曲线

进一步从图 9-6 中可以发现，对 $x$ 轴与 $y$ 轴挠曲变形角速度的估计效果优于对 $z$ 轴的估计，主要体现在估计噪声较小。该问题可利用 8.2 节解析分析方法从挠曲变形、晃动激励角度进行进一步分析。

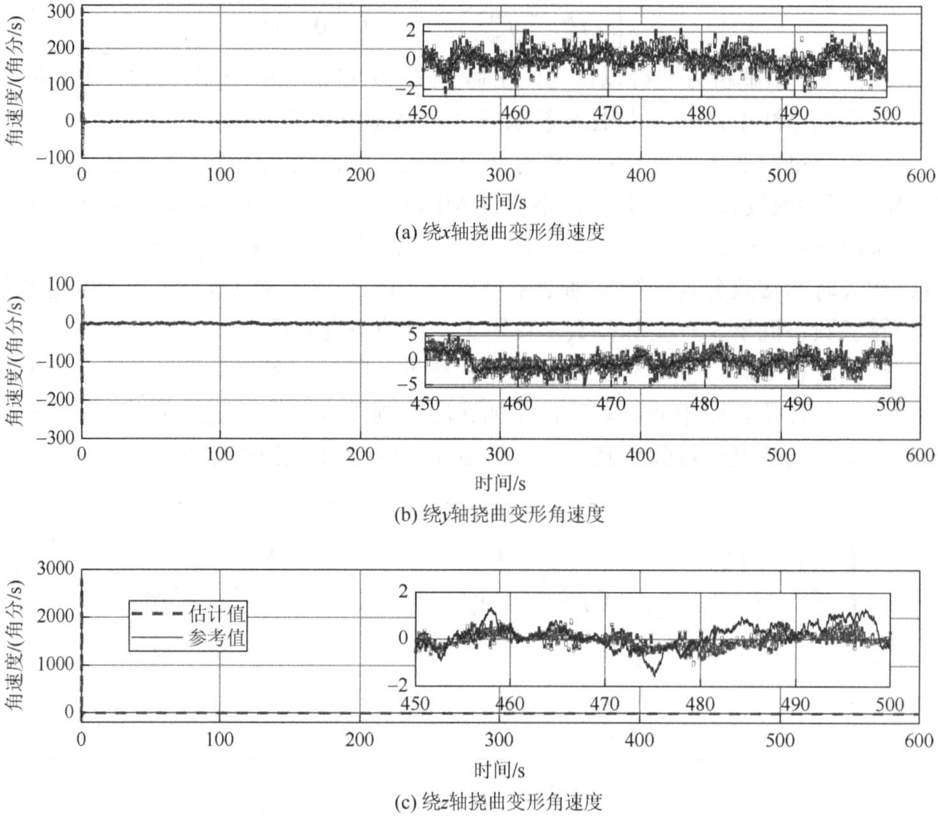


(a) 绕$x$轴挠曲变形角速度

(b) 绕$y$轴挠曲变形角速度

(c) 绕$z$轴挠曲变形角速度

图 9-6　挠曲变形角速度估计曲线

5. *考虑安装误差与挠曲变形时的加速度计测量参数匹配*

考虑 MINS 与 SINS 之间的安装误差与挠曲变形，主/子惯性导航系统之间加速度计测量值之差可表达为

$$\tilde{\boldsymbol{f}}_{is}^{s} - \boldsymbol{f}_{im}^{m} = \boldsymbol{f}_{im}^{m} \times \boldsymbol{\mu} + \boldsymbol{f}_{im}^{m} \times \boldsymbol{\theta}_{f} \tag{9-38}$$

取安装误差角、挠曲变形角、挠曲变形角速度为状态向量，$\boldsymbol{X} = [\boldsymbol{\mu}^{\mathrm{T}} \quad \boldsymbol{\theta}_f^{\mathrm{T}} \quad \boldsymbol{\omega}_f^{\mathrm{T}}]^{\mathrm{T}}$，则有

$$\dot{\boldsymbol{X}} = \boldsymbol{F}\boldsymbol{X} \tag{9-39}$$

式中

$$\boldsymbol{F}=\begin{bmatrix}\boldsymbol{0}_{3\times3} & \boldsymbol{0}_{3\times3} & \boldsymbol{0}_{3\times3}\\ \boldsymbol{0}_{3\times3} & \boldsymbol{0}_{3\times3} & \boldsymbol{I}_{3\times3}\\ \boldsymbol{0}_{3\times3} & \boldsymbol{B}_1 & \boldsymbol{B}_2\end{bmatrix},\quad \boldsymbol{B}_1=\begin{bmatrix}-\beta_x^2 & 0 & 0\\ 0 & -\beta_y^2 & 0\\ 0 & 0 & -\beta_z^2\end{bmatrix},\quad \boldsymbol{B}_2=\begin{bmatrix}-2\beta_x & 0 & 0\\ 0 & -2\beta_y & 0\\ 0 & 0 & -2\beta_z\end{bmatrix} \tag{9-40}$$

式中，各参数参见 9.3.3 节。

取 MINS 与 SINS 之间加速度计测量值之差为量测值，则有量测矩阵为

$$\boldsymbol{H}=\begin{bmatrix}0 & -f_{imz}^m & f_{imy}^m & 0 & -f_{imz}^m & f_{imy}^m & 0 & 0 & 0\\ f_{imz}^m & 0 & -f_{imx}^m & f_{imz}^m & 0 & -f_{imx}^m & 0 & 0 & 0\\ -f_{imy}^m & f_{imx}^m & 0 & -f_{imy}^m & f_{imx}^m & 0 & 0 & 0 & 0\end{bmatrix} \tag{9-41}$$

参照 8.2 节解析方法可以认为，在基于式（9-35）的仪表测量参数直接匹配算法中，主/子惯性导航系统之间挠曲变形角可解析。此处仿真从略。

6. *考虑安装误差、挠曲变形与仪表误差时的加速度计测量参数匹配*

考虑 MINS 与 SINS 之间的安装误差、挠曲变形与仪表误差，主/子惯性导航系统之间加速度仪表测量值之差可表达为

$$\tilde{\boldsymbol{f}}_{is}^s-\boldsymbol{f}_{im}^m=\boldsymbol{f}_{im}^m\times\boldsymbol{\mu}+\boldsymbol{f}_{im}^m\times\boldsymbol{\theta}_f+\nabla^s \tag{9-42}$$

取安装误差角、挠曲变形角、挠曲变形角速度为状态向量 $\boldsymbol{X}=[\boldsymbol{\mu}^{\mathrm{T}}\ \ \boldsymbol{\theta}_f^{\mathrm{T}}\ \ \boldsymbol{\omega}_f^{\mathrm{T}}\ \ \nabla^{s\mathrm{T}}]^{\mathrm{T}}$，则有

$$\dot{\boldsymbol{X}}=\boldsymbol{F}\boldsymbol{X} \tag{9-43}$$

式中

$$\boldsymbol{F}=\begin{bmatrix}\boldsymbol{0}_{3\times3} & \boldsymbol{0}_{3\times3} & \boldsymbol{0}_{3\times3} & \boldsymbol{0}_{3\times3}\\ \boldsymbol{0}_{3\times3} & \boldsymbol{0}_{3\times3} & \boldsymbol{I}_{3\times3} & \boldsymbol{0}_{3\times3}\\ \boldsymbol{0}_{3\times3} & \boldsymbol{B}_1 & \boldsymbol{B}_2 & \boldsymbol{0}_{3\times3}\\ \boldsymbol{0}_{3\times3} & \boldsymbol{0}_{3\times3} & \boldsymbol{0}_{3\times3} & \boldsymbol{0}_{3\times3}\end{bmatrix} \tag{9-44}$$

式中，各参数参见 9.3.3 节。

取 MINS 与 SINS 之间加速度计测量值之差为量测值，则有量测矩阵为

$$\boldsymbol{H}=\begin{bmatrix}0 & -f_{imz}^m & f_{imy}^m & 0 & -f_{imz}^m & f_{imy}^m & 0 & 0 & 0 & 1 & 0 & 0\\ f_{imz}^m & 0 & -f_{imx}^m & f_{imz}^m & 0 & -f_{imx}^m & 0 & 0 & 0 & 0 & 1 & 0\\ -f_{imy}^m & f_{imx}^m & 0 & -f_{imy}^m & f_{imx}^m & 0 & 0 & 0 & 0 & 0 & 0 & 1\end{bmatrix} \tag{9-45}$$

参照 8.2 节解析方法可以认为，在基于式（9-43）～式（9-45）的仪表测量参数直接匹配算法中，当舰船处于摇摆机动时，主/子惯性导航系统之间安装误差、挠曲变形角、挠曲变形角速度、陀螺仪零偏、加速度计零偏均可解析，系统完全可观测。此处仿真从略。

### 7. 考虑杆臂长度的加速度计测量参数匹配

上述加速度计测量参数匹配过程中没有考虑杆臂效应问题，因而上述讨论只适用于没有杆臂或没有角运动条件下。舰船实际应用中，杆臂效应问题一定存在。由于杆臂效应只会表现为加速度计测量误差（杆臂加速度），不会引入陀螺仪测量误差，因而在测量参数匹配中，需要考虑杆臂加速度补偿问题，即 $\boldsymbol{f}_{im}^m \rightarrow \boldsymbol{f}_{im}^m + \boldsymbol{f}_L$ 或者 $\boldsymbol{f}_{is}^s \rightarrow \boldsymbol{f}_{is}^s - \boldsymbol{f}_L$。

针对杆臂加速度补偿，一般可采取如下两种措施。一是力学补偿法，即根据式（9-17）构建杆臂加速度量，其中杆臂长度 $\boldsymbol{r}$ 与角加速度 $\dot{\boldsymbol{\omega}}_{im}^m$ 成为关键。由于没有角加速度测量装置，角加速度 $\dot{\boldsymbol{\omega}}_{im}^m$ 需要从 $\boldsymbol{\omega}_{im}^m$ 提取。从 $\boldsymbol{\omega}_{im}^m$ 中提取 $\dot{\boldsymbol{\omega}}_{im}^m$ 需进行差分运算，差分放大效应会严重降低杆臂加速度构建精度。二是低通滤波法，即利用杆臂加速度高频而舰船运动低频的特点，设计低通滤波器以滤除 SINS 加速度计测量值中的高频杆臂加速度成分。但低通滤波器存在截止频率选择、相位延迟等诸多问题，制约了滤波精度，从而限制了该方法的广泛应用。针对上述两种方法，此处不再赘述。

若不考虑主/子惯性导航系统之间安装误差、挠曲变形、仪表误差等，可以认为主/子惯性导航系统之间加速度计测量值仅为杆臂加速度，则杆臂长度未知时，可利用主/子惯性导航系统之间加速度计测量匹配来估算杆臂长度。令 $\boldsymbol{X} = \boldsymbol{r}$，则有

$$\dot{\boldsymbol{X}} = 0 \tag{9-46}$$

量测向量与量测矩阵可表示为

$$\boldsymbol{Z} = \tilde{\boldsymbol{f}}_{is}^s - \boldsymbol{f}_{ms}^m \tag{9-47}$$

$$\boldsymbol{H} = [\boldsymbol{\omega}_{im}^m \times \boldsymbol{\omega}_{im}^m \times + \dot{\boldsymbol{\omega}}_{im}^m \times] \tag{9-48}$$

从解析的角度看，利用式（9-46）～式（9-48）构成的 Kalman 滤波器能够有效估计杆臂长度，但量测矩阵元素 $\dot{\boldsymbol{\omega}}_{im}^m$ 的求解仍是一个难题。

类似地，可在上述问题中进一步引入仪表误差、安装误差与挠曲变形进行分析。此处仿真从略。

## 9.4.2 陀螺仪测量参数匹配

### 1. 仅考虑仪表误差时的陀螺仪测量参数匹配

不考虑 MINS 与 SINS 之间的空间一致性问题，仅考虑陀螺仪测量误差。因两者安装在同一载体基座上，理论上两者仪表测量值相同。忽略 MINS 陀螺仪测量误差，仅考虑 SINS 陀螺仪测量误差，从而有

$$\tilde{\boldsymbol{\omega}}_{is}^s = \boldsymbol{\omega}_{is}^s + \boldsymbol{\varepsilon}^s + \boldsymbol{w}_g^s = \boldsymbol{\omega}_{im}^m + \boldsymbol{\varepsilon}^s + \boldsymbol{w}_g^s \tag{9-49}$$

上述条件下，若选择陀螺仪零偏作为状态向量，即 $\boldsymbol{X}=\boldsymbol{\varepsilon}^s$ ，则有

$$\dot{\boldsymbol{X}}=0 \tag{9-50}$$

取 MINS 与 SINS 之间仪表陀螺仪测量值之差作为量测向量，有

$$\boldsymbol{Z}=\tilde{\boldsymbol{\omega}}_{is}^s-\boldsymbol{\omega}_{im}^m \tag{9-51}$$

从而量测矩阵可表示为

$$\boldsymbol{H}=\begin{bmatrix}1&0&0\\0&1&0\\0&0&1\end{bmatrix} \tag{9-52}$$

利用 8.2 节的分析方法进行分析，可以认为，在基于式（9-50）～式（9-52）的仪表测量参数直接匹配算法中，陀螺仪零偏可解析。此处仿真从略。

2. 仅考虑安装误差时的陀螺仪测量参数匹配

根据式（9-4）与式（9-5），不考虑仪表测量误差，仅考虑安装误差角时，主/子惯性导航系统之间陀螺仪测量值之差可表达为

$$\tilde{\boldsymbol{\omega}}_{is}^s-\boldsymbol{\omega}_{im}^m=\boldsymbol{\omega}_{im}^m\times\boldsymbol{\mu} \tag{9-53}$$

取主/子惯性导航系统之间安装误差角为状态向量，即 $\boldsymbol{X}=\boldsymbol{\mu}$，则有

$$\dot{\boldsymbol{X}}=0 \tag{9-54}$$

取 MINS 与 SINS 之间仪表陀螺仪测量值之差作为量测向量，有

$$\boldsymbol{H}=\begin{bmatrix}0&-\omega_{imz}^m&\omega_{imy}^m\\\omega_{imz}^m&0&-\omega_{imx}^m\\-\omega_{imy}^m&\omega_{imx}^m&0\end{bmatrix} \tag{9-55}$$

利用 8.2 节的分析方法进行分析，上述方程中，存在三个未知数与三个方程，因而方程可解，即无论在基座静止还是晃动条件下，上述方程中的变量均可解析。但注意到，在静止条件下，耦合系数为地球自转角速度，耦合量值较小，因而在载体静止条件下，安装误差角度估计效果较差。此处仿真从略。

3. 同时考虑安装误差与仪表零偏时的陀螺仪测量参数匹配

综合上述两种情况（仅考虑仪表误差与安装误差），主/子惯性导航系统之间陀螺仪测量值之差可表达为

$$\tilde{\boldsymbol{\omega}}_{is}^s-\boldsymbol{\omega}_{im}^m=\boldsymbol{\omega}_{im}^m\times\boldsymbol{\mu}+\boldsymbol{\varepsilon}^s+\boldsymbol{w}_g^s \tag{9-56}$$

令状态向量为 $\boldsymbol{X}=[\boldsymbol{\mu}^{\mathrm{T}}\quad\boldsymbol{\varepsilon}^{s\mathrm{T}}]^{\mathrm{T}}$，则有

$$\dot{\boldsymbol{X}}=0 \tag{9-57}$$

取 MINS 与 SINS 之间仪表测量值之差为量测值，则有量测矩阵为

$$\boldsymbol{H}=\begin{bmatrix} 0 & -\omega_{imz}^m & \omega_{imy}^m & 1 & 0 & 0 \\ \omega_{imz}^m & 0 & -\omega_{imx}^m & 0 & 1 & 0 \\ -\omega_{imy}^m & \omega_{imx}^m & 0 & 0 & 0 & 1 \end{bmatrix} \tag{9-58}$$

当载体处于静止状态（无晃动、无线加速时），式（9-58）中各元素均为常值，参照第 5 章解析分析方法，安装误差角与仪表零偏不可分离，系统不完全可观。当载体处于三轴摇摆状态时，式（9-58）中 $\boldsymbol{\omega}_{im}^m$ 中各元素成为变量，此时安装误差角和仪表零偏可分离，系统可观。

此外，可在式（9-58）与 8.2 节解析方法的基础上，进一步针对各轴的摇摆以及加减速运动与安装误差角、仪表零偏的可估计关系进行分析。此处仿真从略。

4. 考虑挠曲变形时的陀螺仪测量参数匹配

考虑 MINS 与 SINS 之间的挠曲变形，主/子惯性导航系统之间陀螺仪测量值之差可表达为

$$\tilde{\boldsymbol{\omega}}_{is}^s-\boldsymbol{\omega}_{im}^m=\boldsymbol{\omega}_{im}^m\times\boldsymbol{\theta}_f+\boldsymbol{\omega}_f \tag{9-59}$$

取挠曲变形角、挠曲变形角速度为状态向量，$\boldsymbol{X}=[\boldsymbol{\theta}_f^{\mathrm{T}}\ \ \boldsymbol{\omega}_f^{\mathrm{T}}]^{\mathrm{T}}$，则有

$$\dot{\boldsymbol{X}}=\boldsymbol{F}\boldsymbol{X} \tag{9-60}$$

式中

$$\boldsymbol{F}=\begin{bmatrix} 0 & 0 & 0 & 1 & 0 & 0 \\ 0 & 0 & 0 & 0 & 1 & 0 \\ 0 & 0 & 0 & 0 & 0 & 1 \\ -\beta_x^2 & 0 & 0 & -2\beta_x & 0 & 0 \\ 0 & -\beta_y^2 & 0 & 0 & -2\beta_y & 0 \\ 0 & 0 & -\beta_z^2 & 0 & 0 & -2\beta_z \end{bmatrix} \tag{9-61}$$

式中，各参数参见 9.3.3 节。

取 MINS 与 SINS 之间陀螺仪测量值之差作为量测向量，有量测矩阵为

$$\boldsymbol{H}=\begin{bmatrix} 0 & -\omega_{imz}^m & \omega_{imy}^m & 0 & 0 & 0 \\ \omega_{imz}^m & 0 & -\omega_{imx}^m & 0 & 0 & 0 \\ -\omega_{imy}^m & \omega_{imx}^m & 0 & 0 & 0 & 0 \end{bmatrix} \tag{9-62}$$

利用 8.2 节解析分析方法进行分析，可以认为，在基于式（9-60）～式（9-62）的陀螺仪测量参数直接匹配算法中，主/子惯性导航系统之间挠曲变形角可解析。

此处对挠曲变形的估计过程进行仿真验证。仿真条件同 9.4.1 节。仿真时长 600s，仿真结果如图 9-7 与图 9-8 所示，图中实线与虚线分别代表参考值与估计值。

图中曲线表明，在加速度计测量值参数匹配方式下，挠曲变形与挠曲变形角速度均可收敛到真值，但估计值中存在一定的噪声。

与图 9-4 相比，在陀螺仪测量参数匹配方式下，挠曲变形角的估计收敛速度稍缓于加速度计测量参数匹配，其中绕 $x$ 轴的挠曲变形角估计效果稍差；但对挠曲变形角速度的估计效果优于加速度计测量参数匹配。

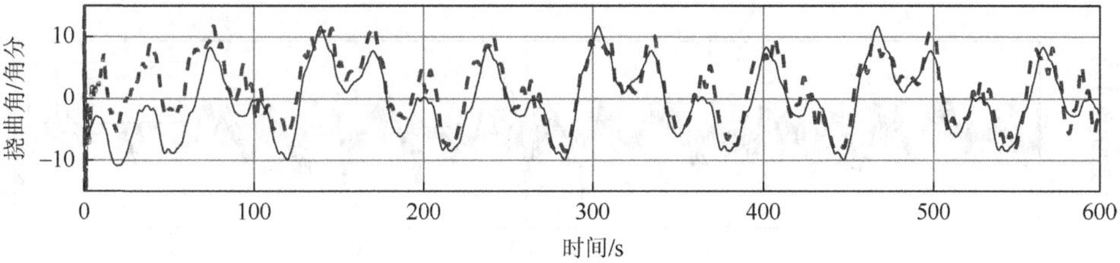

(a) 绕$x$轴挠曲变形

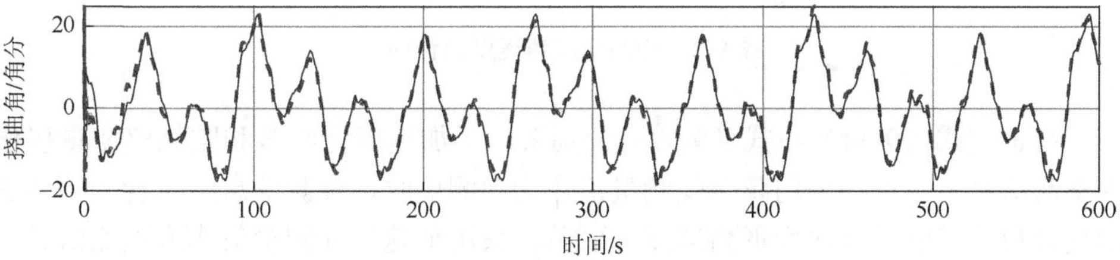

(b) 绕$y$轴挠曲变形

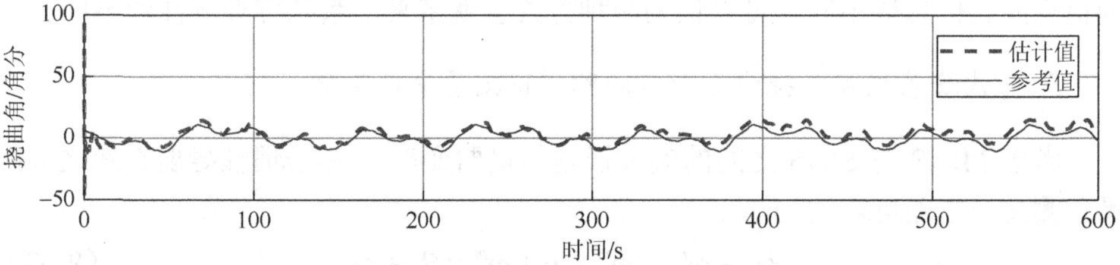

(c) 绕$z$轴挠曲变形

图 9-7　挠曲变形角估计曲线

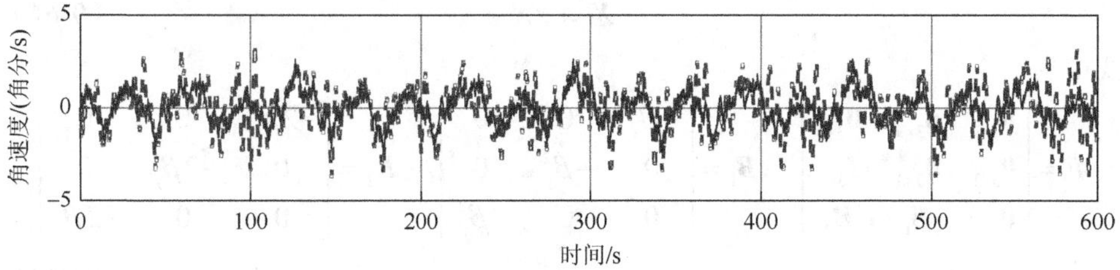

(a) 绕$x$轴挠曲变形角速度

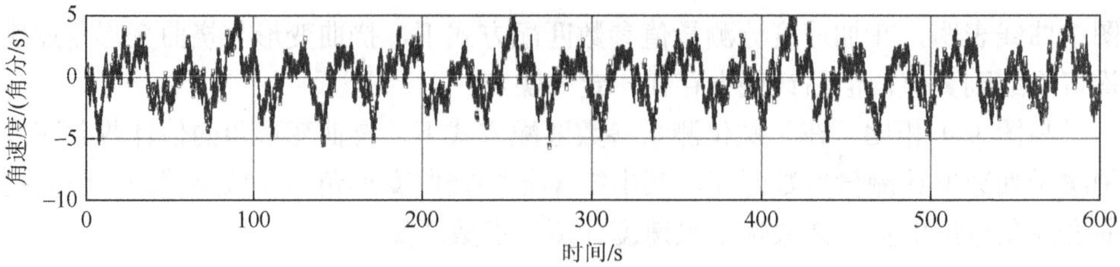


(b) 绕$y$轴挠曲变形角速度

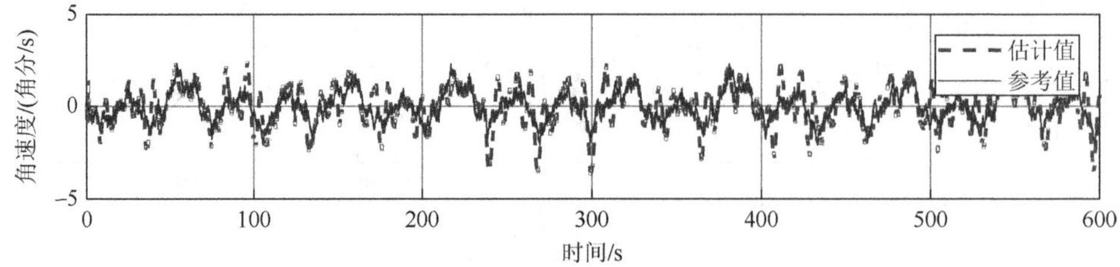


(c) 绕$z$轴挠曲变形角速度

图 9-8　挠曲变形角速度估计曲线

注意到式（9-34）与式（9-59）分别采用了加速度计测量和陀螺仪测量值作为量测信息。当单独采用陀螺仪测量值作为观测值时，量测信息中包含了挠曲变形耦合角速度以及挠曲变形角速度；而单独采用加速度计测量值作为观测值时，量测信息中包含了挠曲变形耦合加速度。因而在两种匹配方式下，量测信息包含的信息源、信息量不同，可以认为两种方式也就带来了系统可观测性的不同。

5. 考虑安装误差与挠曲变形时的陀螺仪测量参数匹配

考虑 MINS 与 SINS 之间的安装误差与挠曲变形，主/子惯性导航系统之间陀螺仪测量值之差可表达为

$$\tilde{\boldsymbol{\omega}}_{is}^{s}-\boldsymbol{\omega}_{im}^{m}=\boldsymbol{\omega}_{im}^{m}\times\boldsymbol{\mu}+\boldsymbol{\omega}_{im}^{m}\times\boldsymbol{\theta}_{f}+\boldsymbol{\omega}_{f} \tag{9-63}$$

取安装误差角、挠曲变形角、挠曲变形角速度为状态向量，$\boldsymbol{X}=[\boldsymbol{\mu}^{\mathrm{T}}\ \ \boldsymbol{\theta}_f^{\mathrm{T}}\ \ \boldsymbol{\omega}_f^{\mathrm{T}}]^{\mathrm{T}}$，则有

$$\dot{\boldsymbol{X}}=\boldsymbol{F}\boldsymbol{X} \tag{9-64}$$

式中

$$\boldsymbol{F}=\begin{bmatrix}\mathbf{0}_{3\times3} & \mathbf{0}_{3\times3} & \mathbf{0}_{3\times3}\\ \mathbf{0}_{3\times3} & \mathbf{0}_{3\times3} & \boldsymbol{I}_{3\times3}\\ \mathbf{0}_{3\times3} & \boldsymbol{B}_1 & \boldsymbol{B}_2\end{bmatrix},\quad \boldsymbol{B}_1=\begin{bmatrix}-\beta_x^2 & 0 & 0\\ 0 & -\beta_y^2 & 0\\ 0 & 0 & -\beta_z^2\end{bmatrix},\quad \boldsymbol{B}_2=\begin{bmatrix}-2\beta_x & 0 & 0\\ 0 & -2\beta_y & 0\\ 0 & 0 & -2\beta_z\end{bmatrix} \tag{9-65}$$

式中，各参数参见 9.3.3 节。

取 MINS 与 SINS 之间仪表测量值之差作为量测向量，有量测矩阵为

$$\boldsymbol{H}=\begin{bmatrix} 0 & \omega_{imz}^m & -\omega_{imy}^m & 0 & \omega_{imz}^m & -\omega_{imy}^m & 0 & 0 & 0 \\ -\omega_{imz}^m & 0 & \omega_{imx}^m & -\omega_{imz}^m & 0 & \omega_{imx}^m & 0 & 0 & 0 \\ \omega_{imy}^m & -\omega_{imx}^m & 0 & \omega_{imy}^m & -\omega_{imx}^m & 0 & 0 & 0 & 0 \end{bmatrix} \tag{9-66}$$

利用 8.2 节解析分析方法进行分析，可以认为，在基于式（9-64）～式（9-66）的陀螺仪测量参数直接匹配算法中，主/子惯性导航系统之间挠曲变形角可解析。此处仿真从略。

6. *考虑安装误差、挠曲变形与仪表误差时的陀螺仪测量参数匹配*

考虑 MINS 与 SINS 之间的安装误差、挠曲变形与仪表误差，主/子惯性导航系统之间仪表测量值之差可表达为

$$\boldsymbol{\omega}_{is}^s-\boldsymbol{\omega}_{im}^m=\boldsymbol{\omega}_{im}^m\times\boldsymbol{\mu}+\boldsymbol{\omega}_{im}^m\times\boldsymbol{\theta}_f+\boldsymbol{\omega}_f+\boldsymbol{\varepsilon}^s+\boldsymbol{w}_g^s \tag{9-67}$$

取安装误差角、挠曲变形角、挠曲变形角速度为状态向量，$\boldsymbol{X}=[\boldsymbol{\mu}^{\mathrm{T}}\ \ \boldsymbol{\theta}_f^{\mathrm{T}}\ \ \boldsymbol{\omega}_f^{\mathrm{T}}\ \ \boldsymbol{\varepsilon}^{s\mathrm{T}}]^{\mathrm{T}}$，则有

$$\dot{\boldsymbol{X}}=\boldsymbol{F}\boldsymbol{X} \tag{9-68}$$

式中

$$\boldsymbol{F}=\begin{bmatrix} \boldsymbol{0}_{3\times3} & \boldsymbol{0}_{3\times3} & \boldsymbol{0}_{3\times3} & \boldsymbol{0}_{3\times3} \\ \boldsymbol{0}_{3\times3} & \boldsymbol{0}_{3\times3} & \boldsymbol{I}_{3\times3} & \boldsymbol{0}_{3\times3} \\ \boldsymbol{0}_{3\times3} & \boldsymbol{B}_1 & \boldsymbol{B}_2 & \boldsymbol{0}_{3\times3} \\ \boldsymbol{0}_{3\times3} & \boldsymbol{0}_{3\times3} & \boldsymbol{0}_{3\times3} & \boldsymbol{0}_{3\times3} \end{bmatrix} \tag{9-69}$$

式中，各参数参见 9.3.3 节。

取 MINS 与 SINS 之间仪表测量值之差作为量测向量，有量测矩阵为

$$\boldsymbol{H}=\begin{bmatrix} 0 & -\omega_{imz}^m & \omega_{imy}^m & 0 & -\omega_{imz}^m & \omega_{imy}^m & 1 & 0 & 0 & 1 & 0 & 0 \\ \omega_{imz}^m & 0 & -\omega_{imx}^m & \omega_{imz}^m & 0 & -\omega_{imx}^m & 0 & 1 & 0 & 0 & 1 & 0 \\ -\omega_{imy}^m & \omega_{imx}^m & 0 & -\omega_{imy}^m & \omega_{imx}^m & 0 & 0 & 0 & 1 & 0 & 0 & 1 \end{bmatrix} \tag{9-70}$$

利用 8.2 节解析分析方法进行分析，可以认为，在基于式（9-68）～式（9-70）的仪表测量参数直接匹配算法中，当舰船处于摇摆机动时，主/子惯性导航系统之间安装误差、挠曲变形角、挠曲变形角速度、陀螺仪零偏、加速度计零偏均可解析，系统完全可观测。此处仿真从略。

### 9.4.3 加速度计/陀螺仪测量参数组合匹配

9.4.1 节中的加速度计与 9.4.2 节中的陀螺仪测量参数可组合使用，不妨考虑安装误差、挠曲变形与仪表误差时的测量参数匹配，取安装误差角、挠曲变形角、

挠曲变形角速度为状态向量：$\boldsymbol{X}=[\boldsymbol{\mu}^{\mathrm{T}}\ \ \boldsymbol{\theta}_f^{\mathrm{T}}\ \ \boldsymbol{\omega}_f^{\mathrm{T}}\ \ \boldsymbol{\varepsilon}^{s\mathrm{T}}\ \ \nabla^{s\mathrm{T}}]^{\mathrm{T}}$，则有

$$\dot{\boldsymbol{X}}=\boldsymbol{F}\boldsymbol{X} \tag{9-71}$$

式中

$$\boldsymbol{F}=\begin{bmatrix}\boldsymbol{0}_{3\times3} & \boldsymbol{0}_{3\times3} & \boldsymbol{0}_{3\times3} & \boldsymbol{0}_{3\times3} & \boldsymbol{0}_{3\times3}\\ \boldsymbol{0}_{3\times3} & \boldsymbol{0}_{3\times3} & \boldsymbol{I}_{3\times3} & \boldsymbol{0}_{3\times3} & \boldsymbol{0}_{3\times3}\\ \boldsymbol{0}_{3\times3} & \boldsymbol{B}_1 & \boldsymbol{B}_2 & \boldsymbol{0}_{3\times3} & \boldsymbol{0}_{3\times3}\\ \boldsymbol{0}_{3\times3} & \boldsymbol{0}_{3\times3} & \boldsymbol{0}_{3\times3} & \boldsymbol{0}_{3\times3} & \boldsymbol{0}_{3\times3}\\ \boldsymbol{0}_{3\times3} & \boldsymbol{0}_{3\times3} & \boldsymbol{0}_{3\times3} & \boldsymbol{0}_{3\times3} & \boldsymbol{0}_{3\times3}\end{bmatrix} \tag{9-72}$$

式中，各参数参见 9.3.3 节。

取 MINS 与 SINS 之间仪表测量值之差作为量测向量：

$$\boldsymbol{Z}=\begin{bmatrix}\tilde{\boldsymbol{\omega}}_{is}^{s}-\boldsymbol{\omega}_{im}^{m}\\ \hat{\boldsymbol{f}}_{is}^{s}-\boldsymbol{f}_{im}^{m}\end{bmatrix} \tag{9-73}$$

有量测矩阵为

$$\boldsymbol{H}=\begin{bmatrix}0 & -\omega_{imz}^{m} & \omega_{imy}^{m} & 0 & -\omega_{imz}^{m} & \omega_{imy}^{m} & 1 & 0 & 0 & 1 & 0 & 0 & 0 & 0 & 0\\ \omega_{imz}^{m} & 0 & -\omega_{imx}^{m} & \omega_{imz}^{m} & 0 & -\omega_{imx}^{m} & 0 & 1 & 0 & 0 & 1 & 0 & 0 & 0 & 0\\ -\omega_{imy}^{m} & \omega_{imx}^{m} & 0 & -\omega_{imy}^{m} & \omega_{imx}^{m} & 0 & 0 & 0 & 1 & 0 & 0 & 1 & 0 & 0 & 0\\ 0 & -f_{imz}^{m} & f_{imy}^{m} & 0 & -f_{imz}^{m} & f_{imy}^{m} & 0 & 0 & 0 & 0 & 0 & 0 & 1 & 0 & 0\\ f_{imz}^{m} & 0 & -f_{imx}^{m} & f_{imz}^{m} & 0 & -f_{imx}^{m} & 0 & 0 & 0 & 0 & 0 & 0 & 0 & 1 & 0\\ -f_{imy}^{m} & f_{imx}^{m} & 0 & -f_{imy}^{m} & f_{imx}^{m} & 0 & 0 & 0 & 0 & 0 & 0 & 0 & 0 & 0 & 1\end{bmatrix} \tag{9-74}$$

# 9.5　计算参数匹配

计算参数匹配是利用 MINS 与 SINS 导航参数间的差异来完成 SINS 初始对准的过程。

## 9.5.1　姿态匹配

### 1. 失准角与姿态误差关系建模

计算参数匹配比较的是 MINS 与 SINS 导航坐标系中的参数差异。但对于姿态矩阵或姿态而言，无论 MINS 还是 SINS 均需要借助载体坐标系来进行描述。也就是说，MINS 与 SINS 两者的姿态差异中不仅包含了两者的导航坐标系差异，同时也包含了载体坐标系差异。

本小节暂不考虑载体坐标系差异引起的姿态不同，假设 MINS 与 SINS 之间无挠

曲变形、无安装误差，此时载体坐标系 $s$ 与 $m$ 均可表达为 $b$ 。MINS 与 SINS 之间的姿态差异主要由计算导航坐标系与理想导航坐标系差异引起。展开式（2-17），有

$\boldsymbol{C}_b^{\hat{n}} = \boldsymbol{C}_n^{\hat{n}} \boldsymbol{C}_b^n = (\boldsymbol{I} - \boldsymbol{\phi}\times)\boldsymbol{C}_b^n \Rightarrow$

$$\begin{bmatrix} \hat{C}_{11} & \hat{C}_{12} & \hat{C}_{13} \\ \hat{C}_{21} & \hat{C}_{22} & \hat{C}_{23} \\ \hat{C}_{31} & \hat{C}_{32} & \hat{C}_{33} \end{bmatrix} = \begin{bmatrix} C_{11} + C_{21}\phi_U - C_{31}\phi_N & C_{12} + C_{22}\phi_U - C_{32}\phi_N & C_{13} + C_{23}\phi_U - C_{33}\phi_N \\ -C_{11}\phi_U + C_{21} + C_{31}\phi_E & -C_{12}\phi_U + C_{22} + C_{32}\phi_E & -C_{13}\phi_U + C_{23} + C_{33}\phi_E \\ C_{11}\phi_N - C_{21}\phi_E + C_{31} & C_{12}\phi_N - C_{22}\phi_E + C_{32} & C_{13}\phi_N - C_{23}\phi_E + C_{33} \end{bmatrix} \tag{9-75}$$

从而有

$$\begin{cases} \tan\psi = -\dfrac{C_{12}}{C_{22}} \\ \sin\theta = C_{32} \\ \tan\gamma = -\dfrac{C_{31}}{C_{33}} \end{cases}, \quad \begin{cases} \tan(\psi + \Delta\psi) = -\dfrac{C_{12} + C_{22}\phi_U - C_{32}\phi_N}{-C_{12}\phi_U + C_{22} + C_{32}\phi_E} \\ \sin(\theta + \Delta\theta) = C_{12}\phi_N - C_{22}\phi_E + C_{32} \\ \tan(\gamma + \Delta\gamma) = -\dfrac{C_{11}\phi_N - C_{21}\phi_E + C_{31}}{C_{13}\phi_N - C_{23}\phi_E + C_{33}} \end{cases} \tag{9-76}$$

以航向为例进行处理，$\tan\hat{\psi}$ 可分别展开为

$$\tan(\psi + \Delta\psi) = -\left(\frac{C_{12}}{C_{22}} + \left(\frac{C_{22}}{C_{22}} + \frac{C_{12}C_{12}}{C_{22}C_{22}}\right)\phi_U - \frac{C_{32}}{C_{22}}\phi_N - \frac{C_{32}C_{12}}{C_{22}C_{22}}\phi_E\right) \tag{9-77}$$

和

$$\tan(\psi + \Delta\psi) = \frac{\tan\psi + \tan\Delta\psi}{1 - \tan\psi\tan\Delta\psi} \approx -\frac{C_{12}}{C_{22}} + \left(\frac{C_{22}}{C_{22}} + \frac{C_{12}C_{12}}{C_{22}C_{22}}\right)\Delta\psi \tag{9-78}$$

从而有

$$\Delta\psi = -\phi_U + \frac{C_{22}C_{32}}{C_{22}C_{22} + C_{12}C_{12}}\phi_N + \frac{C_{32}C_{12}}{C_{22}C_{22} + C_{12}C_{12}}\phi_E \tag{9-79}$$

类似地，可对纵摇与横摇误差进行类似处理有

$$\Delta\theta = -\cos\psi\phi_E - \sin\psi\phi_N \tag{9-80}$$

$$\Delta\gamma = -\frac{C_{11}C_{33} - C_{31}C_{13}}{C_{33}C_{33} + C_{31}C_{31}}\phi_N - \frac{C_{31}C_{23} - C_{21}C_{33}}{C_{33}C_{33} + C_{31}C_{31}}\phi_E \tag{9-81}$$

根据上述关系有

$$\begin{bmatrix} \Delta\theta \\ \Delta\gamma \\ \Delta\psi \end{bmatrix} = \begin{bmatrix} -\cos\psi & -\sin\psi & 0 \\ -\dfrac{C_{31}C_{23} - C_{21}C_{33}}{C_{33}C_{33} + C_{31}C_{31}} & -\dfrac{C_{11}C_{33} - C_{31}C_{13}}{C_{33}C_{33} + C_{31}C_{31}} & 0 \\ \dfrac{C_{32}C_{12}}{C_{22}C_{22} + C_{12}C_{12}} & \dfrac{C_{22}C_{32}}{C_{22}C_{22} + C_{12}C_{12}} & -1 \end{bmatrix} \begin{bmatrix} \phi_E \\ \phi_N \\ \phi_U \end{bmatrix} \tag{9-82}$$

式（9-82）中各元素表明，当且仅当运载体载体坐标系与导航坐标系各轴重合时，失准角大小与姿态误差角大小相等，但方向相反。

进一步考虑 MINS 与 SINS 安装位置间的挠曲变形$\boldsymbol{\theta}$和安装误差$\boldsymbol{\mu}$，此时子惯导姿态矩阵可表示为

$$\begin{aligned}\boldsymbol{C}_s^{\hat{n}} &= \boldsymbol{C}_n^{\hat{n}}\boldsymbol{C}_m^n\boldsymbol{C}_s^m = (\boldsymbol{I}-\boldsymbol{\phi}\times)\boldsymbol{C}_m^n(\boldsymbol{I}+(\boldsymbol{\mu}+\boldsymbol{\theta})\times) \\ &\approx \boldsymbol{C}_m^n - \boldsymbol{\phi}\times\boldsymbol{C}_m^n + \boldsymbol{C}_m^n(\boldsymbol{\mu}+\boldsymbol{\theta})\times\end{aligned} \tag{9-83}$$

对式（9-83）两端同时右乘矩阵$\boldsymbol{C}_n^m$，有

$$\boldsymbol{C}_s^{\hat{n}}\boldsymbol{C}_n^m = \boldsymbol{I} - \boldsymbol{\phi}\times + \boldsymbol{C}_m^n(\boldsymbol{\mu}+\boldsymbol{\theta})\boldsymbol{C}_m^n\times \tag{9-84}$$

令$\boldsymbol{Z}^{\text{att}} = \boldsymbol{C}_s^{\hat{n}}\boldsymbol{C}_n^m$，则有

$$\boldsymbol{Z} = \begin{bmatrix} Z_{2,3}^{\text{att}} \\ Z_{3,1}^{\text{att}} \\ Z_{1,2}^{\text{att}} \end{bmatrix} = \begin{bmatrix} 1 & 0 & 0 \\ 0 & 1 & 0 \\ 0 & 0 & 1 \end{bmatrix}\begin{bmatrix} \phi_E \\ \phi_N \\ \phi_U \end{bmatrix} + \boldsymbol{C}_m^n(\boldsymbol{\mu}+\boldsymbol{\theta}) \tag{9-85}$$

若采用部分姿态匹配，可根据式（9-85）选择对应的矩阵元素。

式（9-82）与式（9-85）采用两种不同的方法推导了两种不同的失准角与姿态误差关系。两种方法中姿态差值具有不同的物理含义。式（9-82）中的姿态差为 MINS 与 SINS 两者姿态的直接求差，而 MINS 与 SINS 姿态描述均以载体坐标系为参考，因而 MINS 与 SINS 姿态差与失准角之间需要进行转换方可建立联系。而式（9-85）中的姿态差为 MINS 与 SINS 两者导航坐标系之间的差异，包括导航坐标系之间的直接差异，也包括载体坐标系中安装误差与挠曲变形带来的间接差异（该差异通过$\boldsymbol{C}_m^n$进行投影转换到导航坐标系）。

本章后续分析均选择式（9-85）方式构建量测向量。

### 2. 姿态匹配中的状态方程与量测方程

选择速度误差、失准角、加速度计零偏、陀螺仪零偏、安装误差、挠曲变形作为系统状态向量，有

$$\boldsymbol{X} = [\delta\boldsymbol{V}^{n\text{T}} \ \ \boldsymbol{\phi}^{\text{T}} \ \ \nabla^{b\text{T}} \ \ \boldsymbol{\varepsilon}^{b\text{T}} \ \ \boldsymbol{\mu}^{\text{T}} \ \ \boldsymbol{\theta}_f^{\text{T}} \ \ \dot{\boldsymbol{\theta}}_f^{\text{T}}]^{\text{T}} \tag{9-86}$$

系统状态方程为

$$\boldsymbol{F} = \begin{bmatrix} \boldsymbol{F}_{11} & \boldsymbol{F}_{12} & \boldsymbol{C}_b^n & \boldsymbol{0}_{3\times3} & \boldsymbol{0}_{3\times3} & \boldsymbol{0}_{3\times3} & \boldsymbol{0}_{3\times3} \\ \boldsymbol{F}_{21} & \boldsymbol{F}_{22} & \boldsymbol{0}_{3\times3} & \boldsymbol{C}_b^n & \boldsymbol{0}_{3\times3} & \boldsymbol{0}_{3\times3} & \boldsymbol{0}_{3\times3} \\ \boldsymbol{0}_{3\times3} & \boldsymbol{0}_{3\times3} & \boldsymbol{0}_{3\times3} & \boldsymbol{0}_{3\times3} & \boldsymbol{0}_{3\times3} & \boldsymbol{0}_{3\times3} & \boldsymbol{0}_{3\times3} \\ \boldsymbol{0}_{3\times3} & \boldsymbol{0}_{3\times3} & \boldsymbol{0}_{3\times3} & \boldsymbol{0}_{3\times3} & \boldsymbol{0}_{3\times3} & \boldsymbol{0}_{3\times3} & \boldsymbol{0}_{3\times3} \\ \boldsymbol{0}_{3\times3} & \boldsymbol{0}_{3\times3} & \boldsymbol{0}_{3\times3} & \boldsymbol{0}_{3\times3} & \boldsymbol{0}_{3\times3} & \boldsymbol{0}_{3\times3} & \boldsymbol{0}_{3\times3} \\ \boldsymbol{0}_{3\times3} & \boldsymbol{0}_{3\times3} & \boldsymbol{0}_{3\times3} & \boldsymbol{0}_{3\times3} & \boldsymbol{0}_{3\times3} & \boldsymbol{0}_{3\times3} & \boldsymbol{I}_{3\times3} \\ \boldsymbol{0}_{3\times3} & \boldsymbol{0}_{3\times3} & \boldsymbol{0}_{3\times3} & \boldsymbol{0}_{3\times3} & \boldsymbol{0}_{3\times3} & \boldsymbol{F}_{76} & \boldsymbol{F}_{77} \end{bmatrix} \tag{9-87}$$

$$\boldsymbol{F}_{11}=\begin{bmatrix} \dfrac{V_N\tan L-V_U}{R+h} & 2\omega_{ie}\sin L+\dfrac{V_E}{R+h}\tan L & -\left(2\omega_{ie}\cos L+\dfrac{V_E}{R+h}\right) \\ -2\left(\omega_{ie}\sin L+\dfrac{V_E}{R+h}\tan L\right) & -\dfrac{V_U}{R+h} & -\dfrac{V_N}{R+h} \\ 2\left(\omega_{ie}\cos L+\dfrac{V_E}{R+h}\right) & \dfrac{2V_N}{R+h} & 0 \end{bmatrix}$$

$$\boldsymbol{F}_{12}=\begin{bmatrix} 0 & -f_U & f_N \\ f_U & 0 & -f_E \\ -f_N & f_E & 0 \end{bmatrix},\quad \boldsymbol{F}_{21}=\begin{bmatrix} 0 & -\dfrac{1}{R+h} & 0 \\ \dfrac{1}{R+h} & 0 & 0 \\ \dfrac{1}{R+h} & 0 & 0 \end{bmatrix}$$

$$\boldsymbol{F}_{22}=\begin{bmatrix} 0 & \omega_{ie}\sin L+\dfrac{V_E\tan L}{R+h} & -\left(\omega_{ie}\cos L+\dfrac{V_E}{R+h}\right) \\ -\left(\omega_{ie}\sin L+\dfrac{V_E\tan L}{R+h}\right) & 0 & -\dfrac{V_N\tan L}{R+h} \\ \omega_{ie}\cos L+\dfrac{V_E}{R+h} & \dfrac{V_N\tan L}{R+h} & 0 \end{bmatrix}$$

$$\boldsymbol{F}_{76}=\begin{bmatrix} \beta_x & 0 & 0 \\ 0 & \beta_y & 0 \\ 0 & 0 & \beta_z \end{bmatrix},\quad \boldsymbol{F}_{77}=\begin{bmatrix} \beta_x^2 & 0 & 0 \\ 0 & \beta_y^2 & 0 \\ 0 & 0 & \beta_z^2 \end{bmatrix}$$

参照式（9-85）构建量测向量，有量测矩阵为

$$\boldsymbol{H}=[\boldsymbol{0}_{3\times3}\ \ \boldsymbol{I}_{3\times3}\ \ \boldsymbol{0}_{3\times3}\ \ \boldsymbol{0}_{3\times3}\ \ \boldsymbol{0}_{3\times3}\ \ -\boldsymbol{C}_s^n\ \ -\boldsymbol{C}_s^n] \tag{9-88}$$

参照 8.2 节的解析分析方法，可以认为在上述变量中，$\delta\boldsymbol{V}^n$ 与 $\nabla^b$ 无法通过姿态角进行匹配。注意到挠曲变形是变化载荷激励的结果，没有角运动则意味着没有挠曲变形，因而在无晃动激励时，可以不考虑挠曲变形。此时，失准角、陀螺仪零偏、安装误差角均按照不同的运动规律进行演化，因而认为上述变量均可以解析。而在晃动基座条件下，挠曲变形与上述各误差状态量的演化规律不同，因而也可估计。

与测量参数匹配方法类似，利用姿态匹配估计挠曲变形需要准确已知挠曲变形各参数。姿态匹配中，SINS 解算会带来失准角，因而各误差的估计，需要考虑失准角，即将失准角作为必需的状态向量。单独考虑如安装误差、仪表误差，不具有意义。

3. 仿真验证

设置仿真条件同 9.4.1 节中挠曲变形。仿真时长 600s，仿真结果如图 9-9～图 9-11 所示。其中，图 9-10 与图 9-11 中实线与虚线分别代表参考值与估计值。图 9-9 中曲线表明，在姿态匹配方式下，失准角可以收敛并保持小幅振荡。图 9-10 与图 9-11 曲线表明，在姿态匹配方式下，挠曲变形角与挠曲变形角速度均可估计。

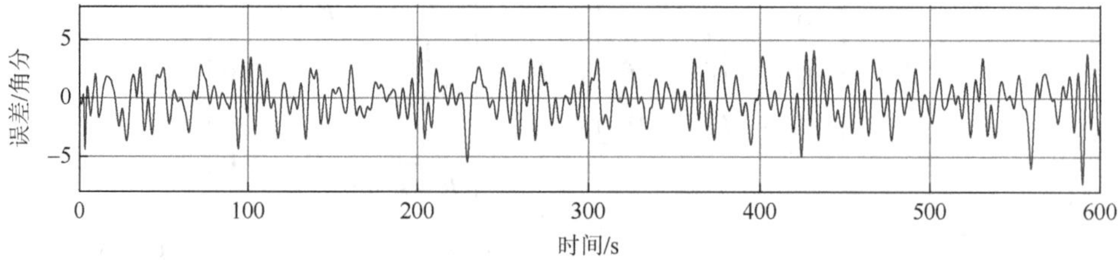


(a) 纵摇角误差

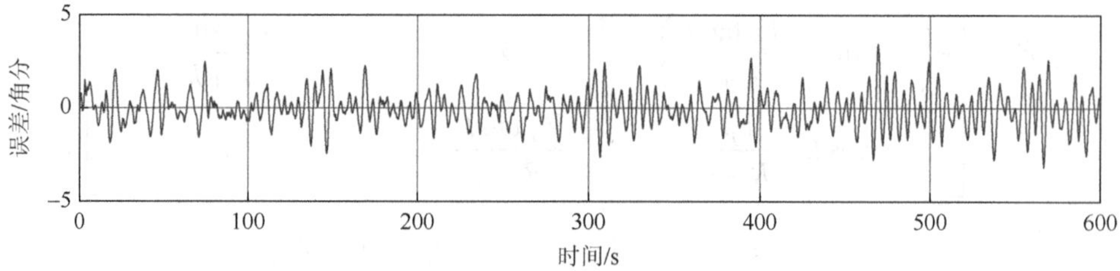


(b) 横摇角误差

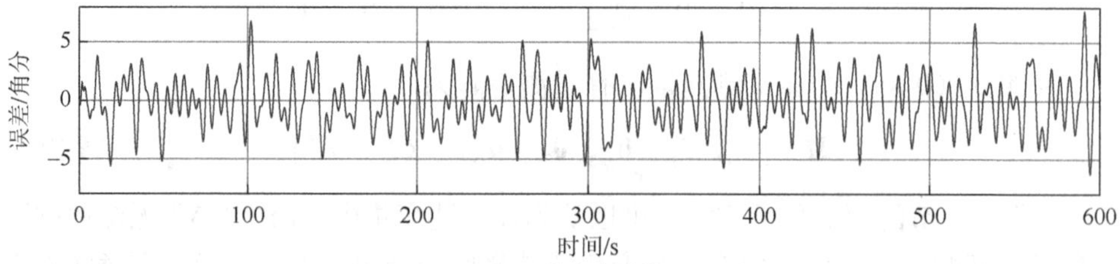


(c) 航向角误差

图 9-9　姿态匹配方式下的失准角估计曲线

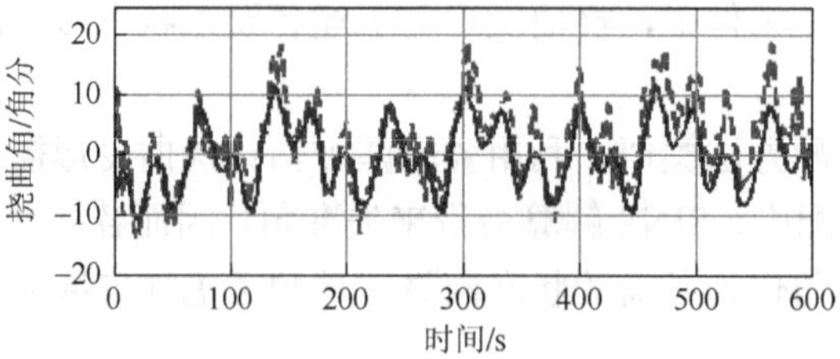


(a) 绕$x$轴挠曲变形

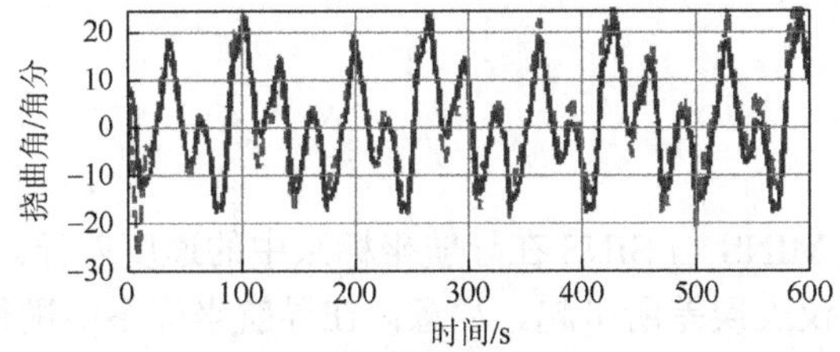

(b) 绕y轴挠曲变形

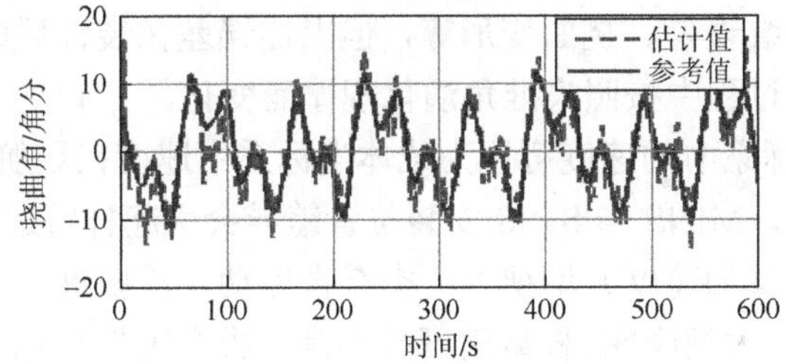

(c) 绕z轴挠曲变形

图 9-10　姿态匹配方式下的挠曲变形角估计曲线

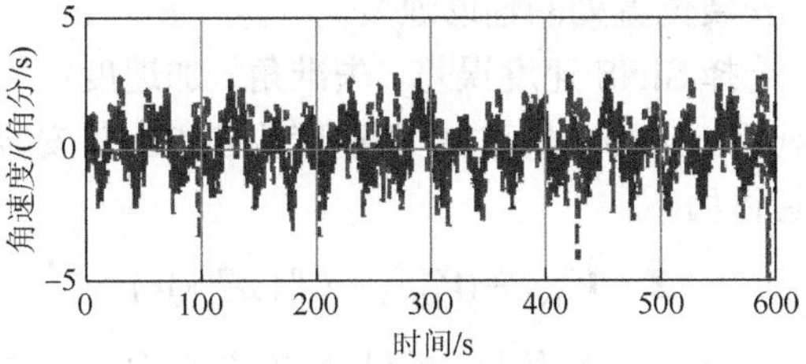

(a) 绕x轴挠曲变形角速度

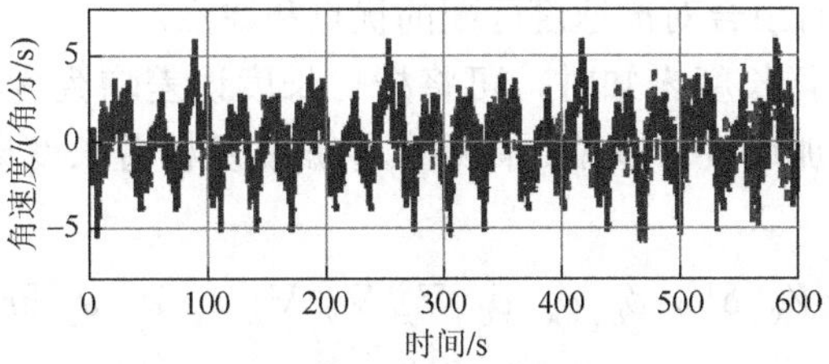

(b) 绕y轴挠曲变形角速度

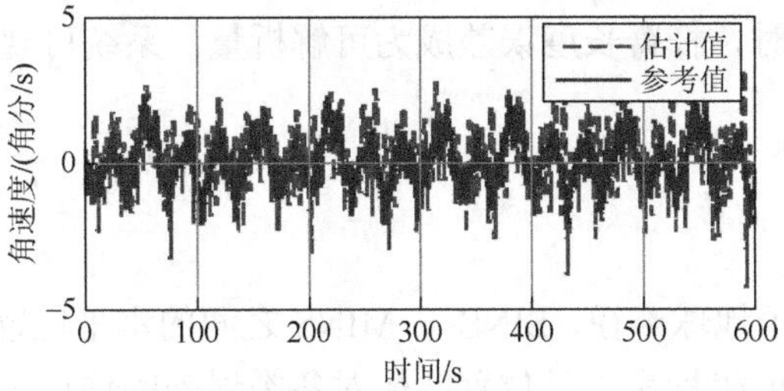

(c) 绕z轴挠曲变形角速度

图 9-11　姿态匹配方式下的挠曲变形角速度估计曲线

### 9.5.2 速度匹配

速度匹配比较 MINS 与 SINS 在导航坐标系中的速度差异。SINS 速度误差主要由失准角误差、仪表误差所引起。注意：在导航坐标系中进行 MINS 与 SINS 速度的比较，两者差异中并不包括安装误差、挠曲变形等。虽在参数装订时，初始姿态中会包括安装误差、挠曲变形等，但上述误差在装订后即作为初始姿态误差，并在导航解算过程中按照失准角演化规律而变化。

另外，导航坐标系中的速度可视为载体坐标系中速度在导航坐标系中的投影。在摇摆运动条件下，MINS 与 SINS 安装位置差异会引起杆臂速度。一般情况下，杆臂速度（包括杆臂加速度）均视为一类有害运动，需要进行补偿剔除。然而对于舰船而言，尤其是大型舰船，杆臂速度并不是一类有害信息。武器系统需要 SINS 提供舰船速度、位置以及杆臂速度、杆臂高度等信息，如高度信息关系到射角设置、杆臂速度关系到弹丸出膛初速度计算等。本章在 MINS 速度的基础上叠加杆臂速度，作为 SINS 安装位置处的辅助速度。

如 8.2 节所述，选择 SINS 速度误差、失准角、加速度计零偏与陀螺仪零偏作为系统状态向量。利用 MINS 速度与杆臂速度构建 SINS 安装位置处辅助速度，并构建量测向量，具体如下：

$$\boldsymbol{Z}=\boldsymbol{V}_{\mathrm{SINS}}^{n}-(\boldsymbol{V}_{\mathrm{MINS}}^{n}+\boldsymbol{C}_{m}^{n}(\boldsymbol{\omega}_{nm}^{m}\times)\boldsymbol{r}) \tag{9-89}$$

传递对准速度匹配下的误差传播方程与量测方程均同第 7 章。类似地，传递对准速度匹配也具有组合对准速度匹配的优点和缺点。

进一步，在杆臂长度未知时，可将杆臂长度误差增列为状态向量。选择速度误差、失准角、加速度计零偏、陀螺仪零偏以及杆臂长度误差作为状态向量，则有

$$\boldsymbol{X}=[\delta V_E\ \ \delta V_N\ \ \delta V_U\ \ \phi_E\ \ \phi_N\ \ \phi_U\ \ \nabla_x\ \ \nabla_y\ \ \nabla_z\ \ \varepsilon_x\ \ \varepsilon_y\ \ \varepsilon_z\ \ \delta r_x\ \ \delta r_y\ \ \delta r_z]^{\mathrm{T}} \tag{9-90}$$

式中，$\delta\boldsymbol{r}$ 为残余杆臂；量测矩阵可参照速度匹配进行设计。根据 8.2 节分析，当舰船存在摇摆运动时，杆臂长度误差成为可解析量，系统可观测。

### 9.5.3 位置匹配

一般地，相对于地球半径，SINS 与 MINS 之间的水平位置差异可以忽略，即可以采用同一个导航坐标系，且位置匹配对各类误差的估计过程较缓慢，一般不采用位置匹配方式。

但是如前所述，SINS 高度信息影响着武器系统参数（如舰炮射角）设置，因而 SINS 需要提供安装位置处的高度信息。一般地，MINS 高度、天向速度可视为零，为此可以利用杆臂长度与 MINS 水平位置，构建 MINS 在 SINS 安装位置处的位置辅助信息。

利用姿态矩阵 $\boldsymbol{C}_m^n$ 与杆臂向量 $\boldsymbol{r}$ 可以构建导航坐标系中杆臂各分量为

$$\begin{bmatrix} r_E^n \\ r_N^n \\ r_U^n \end{bmatrix} = \boldsymbol{C}_m^n \begin{bmatrix} r_x^m \\ r_y^m \\ r_z^m \end{bmatrix} \tag{9-91}$$

从而有位置匹配下的量测向量为

$$\boldsymbol{Z} = \begin{bmatrix} L_{\text{SINS}} \\ \lambda_{\text{SINS}} \\ h_{\text{SINS}} \end{bmatrix} - \left( \begin{bmatrix} L_{\text{MINS}} \\ \lambda_{\text{MINS}} \\ h_{\text{MINS}} \end{bmatrix} + \begin{bmatrix} \dfrac{r_N^n}{R} \\ \dfrac{r_E^n}{R\cos L} \\ r_U^n \end{bmatrix} \right) \tag{9-92}$$

## 9.5.4　速度 + 姿态匹配

速度匹配中方位失准角与方位陀螺仪的可观测度低，而姿态匹配无法对速度误差进行校正，因而可以对上述两种方法进行组合。

状态向量选择如式（9-86）所示，量测方程相应的修改为

$$\boldsymbol{H} = \begin{bmatrix} 1 & 0 & 0 & 0 & 0 & 0 & & & 0 & 0 & 0 & 0 & 0 & 0 & \\ 0 & 1 & 0 & 0 & 0 & 0 & & & 0 & 0 & 0 & 0 & 0 & 0 & \\ 0 & 0 & 1 & 0 & 0 & 0 & \boldsymbol{0}_{6\times3} & \boldsymbol{0}_{6\times3} & 0 & 0 & 0 & 0 & 0 & 0 & \boldsymbol{0}_{6\times3} \\ 0 & 0 & 0 & 1 & 0 & 0 & & & -C_{s,11}^n & -C_{s,12}^n & -C_{s,13}^n & -C_{s,11}^n & -C_{s,12}^n & -C_{s,13}^n & \\ 0 & 0 & 0 & 0 & 1 & 0 & & & -C_{s,21}^n & -C_{s,22}^n & -C_{s,23}^n & -C_{s,21}^n & -C_{s,22}^n & -C_{s,23}^n & \\ 0 & 0 & 0 & 0 & 0 & 1 & & & -C_{s,31}^n & -C_{s,32}^n & -C_{s,33}^n & -C_{s,31}^n & -C_{s,32}^n & -C_{s,33}^n & \end{bmatrix}$$

（9-93）

本节对速度 + 姿态匹配方案进行仿真验证，仿真条件同 4.2.2 节和 7.4.1 节。仿真时长 3600s，仿真结果如图 9-12～图 9-14 所示。图 9-12 中曲线表明，在速度 + 姿态匹配方式下，失准角可以收敛到零值附近并保持小幅振荡。图 9-13 与图 9-14 中曲线表明，在速度 + 姿态匹配方式下，陀螺仪零偏与加速度计零偏均可正

确估计；其中，陀螺仪零偏估计值呈等幅振荡状态，均值接近陀螺仪零偏设置值；加速度计零偏也呈小幅振荡状态，均值也接近加速度计零偏设置值。

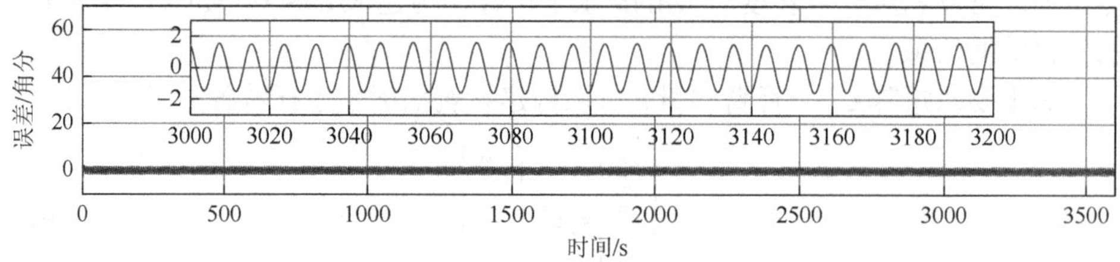


(a) 纵摇角误差

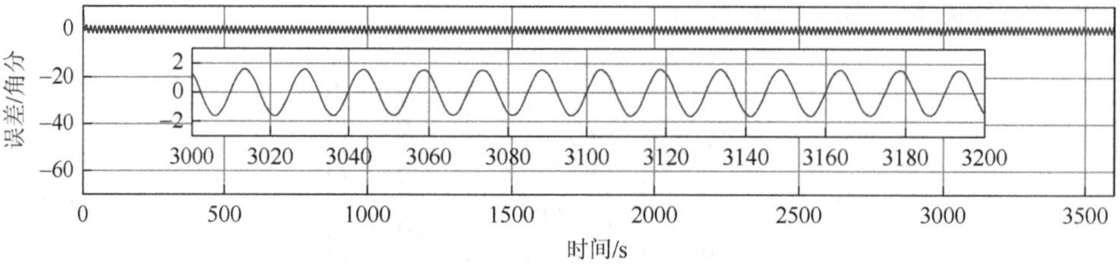


(b) 横摇角误差

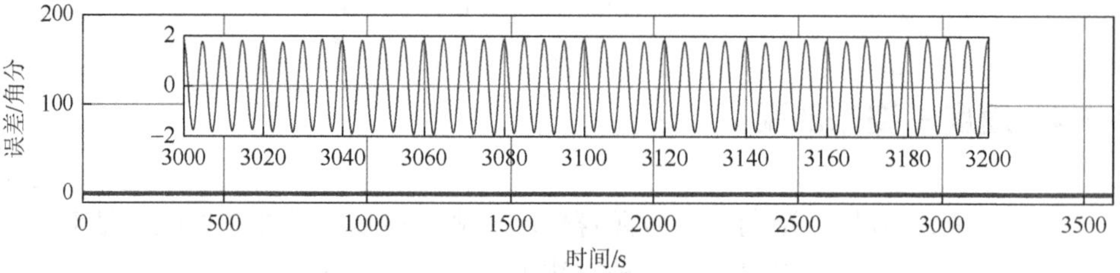


(c) 航向角误差

图 9-12　速度＋姿态匹配方式下的失准角估计曲线

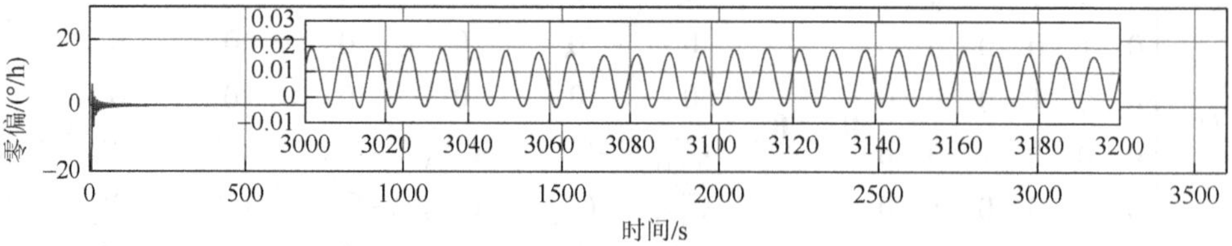


(a) $x$轴陀螺仪

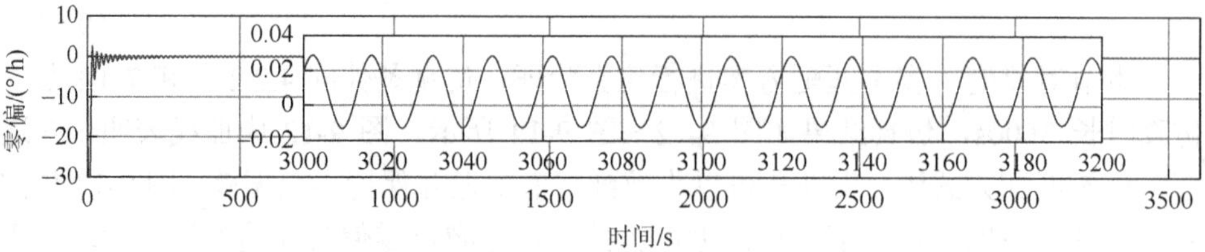


(b) $y$轴陀螺仪

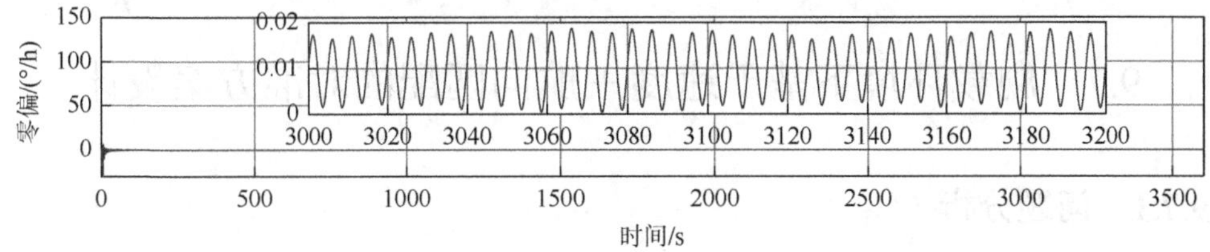


(c) $z$轴陀螺仪

图 9-13　速度 + 姿态匹配方式下的陀螺仪零偏估计曲线

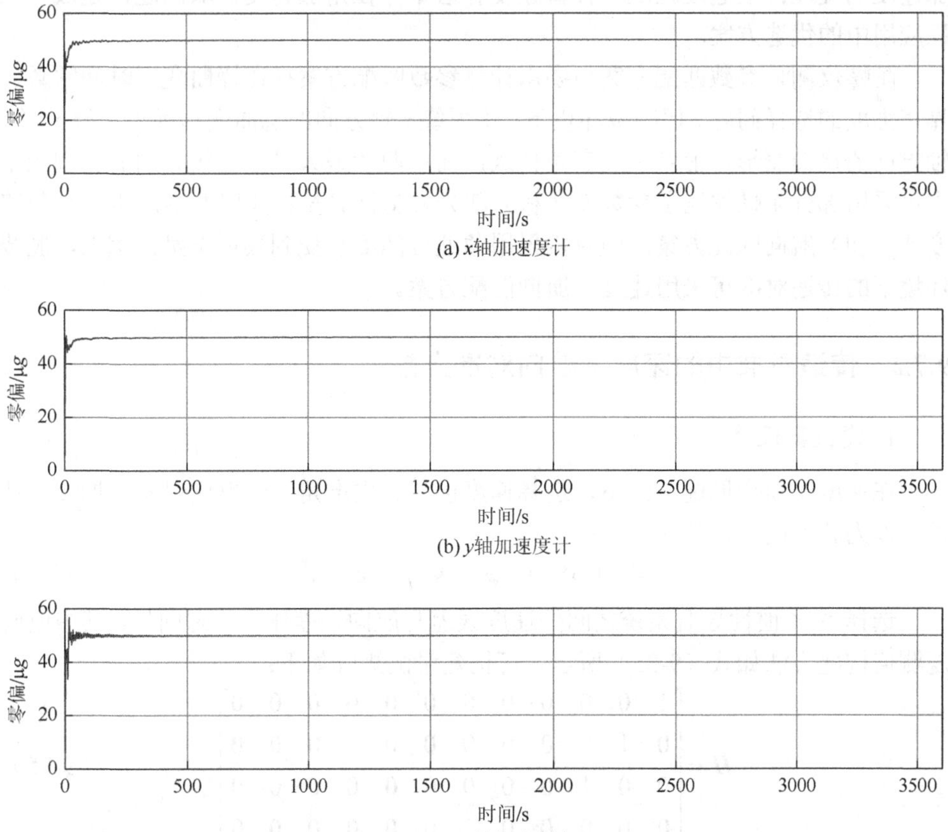


(a) $x$轴加速度计

(b) $y$轴加速度计

(c) $z$轴加速度计

图 9-14　速度 + 姿态匹配方式下的加速度计零偏估计曲线

# 9.6　组合参数匹配

组合参数匹配表示同时使用测量参数匹配与计算参数匹配两种方式。读者可对上述各模型进行组合分析，此处不再赘述。

## 9.7 舰载环境下基于速度 + 航向匹配的对准方案设计

### 9.7.1 问题分析

基于测量参数、计算参数匹配的组合模型分别从原理的角度进行了问题讨论，总结如下：加速度计测量参数匹配方案存在杆臂加速度补偿问题，其难点在于角加速度的提取；但速度匹配中杆臂速度补偿不存在角加速度提取问题，这成为工程应用中的优选方案。

陀螺仪测量参数匹配方案与姿态计算参数匹配方案存在挠曲变形时间常数、噪声强度的选择问题。但舰载环境下，甲板绕 $z$ 轴方向的挠曲变形远小于绕 $x$ 与 $y$ 轴方向的挠曲变形，前者一般在角秒级，而后两者最大可达度级。因而工程应用中可采用部分陀螺仪测量参数或（和）部分姿态计算参数匹配方案，即 $z$ 轴角速度或（和）航向匹配方案。但直接采用角速度匹配易受到噪声干扰，综上，舰载环境下的传递对准可采用速度 + 航向匹配方案。

### 9.7.2 传递对准中的速度 + 航向对准方案

1. 滤波器设计

在速度 + 航向匹配方式下，选择速度误差、失准角、陀螺仪误差、加速度计误差作为状态向量，具体如下：

$$\boldsymbol{X}=[(\delta\boldsymbol{V}^n)^{\mathrm{T}}\ \ \boldsymbol{\phi}^{\mathrm{T}}\ \ (\nabla^b)^{\mathrm{T}}\ \ (\boldsymbol{\varepsilon}^b)^{\mathrm{T}}]^{\mathrm{T}} \tag{9-94}$$

选择主/子惯性导航系统之间的速度误差与航向误差作为状态向量，其中航向观测值构建方法如式（9-85）所示，可构建量测矩阵如下：

$$\boldsymbol{H}=\begin{bmatrix}1&0&0&0&0&0&0&0&0&0&0&0\\0&1&0&0&0&0&0&0&0&0&0&0\\0&0&1&0&0&0&0&0&0&0&0&0\\0&0&0&0&0&1&0&0&0&0&0&0\end{bmatrix} \tag{9-95}$$

2. 仿真验证

本节对速度 + 航向匹配方案进行仿真验证，仿真条件同 4.2.2 节和 7.4.1 节。仿真时长 3600s，仿真结果如图 9-15～图 9-17 所示。图中曲线表明，在速度 + 航向匹配方式下，失准角可以收敛到零值附近并保持小幅振荡。与此同时，在速度 + 航向匹配方式下，陀螺仪零偏与加速度计零偏均可正确估计；与 9.5.4 节类似，仪表误差的估计值呈振荡状态，其均值接近仪表误差的设置值。

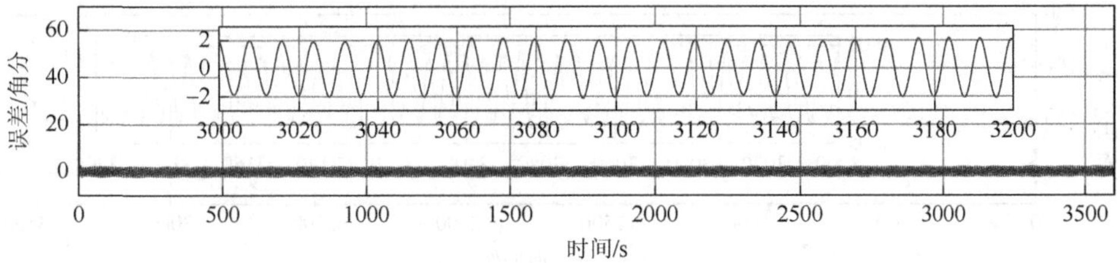


(a) 纵摇角误差

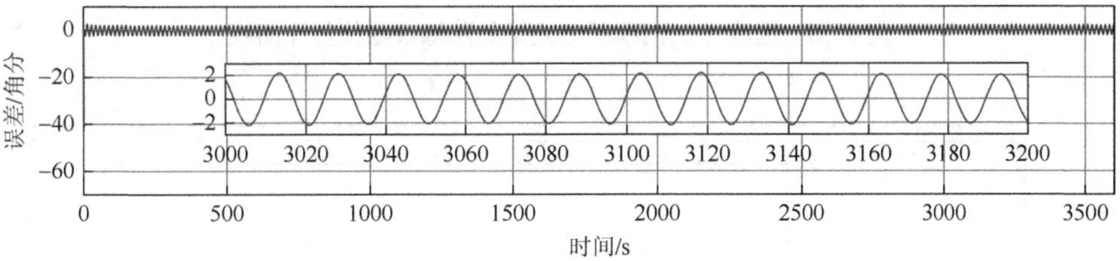


(b) 横摇角误差

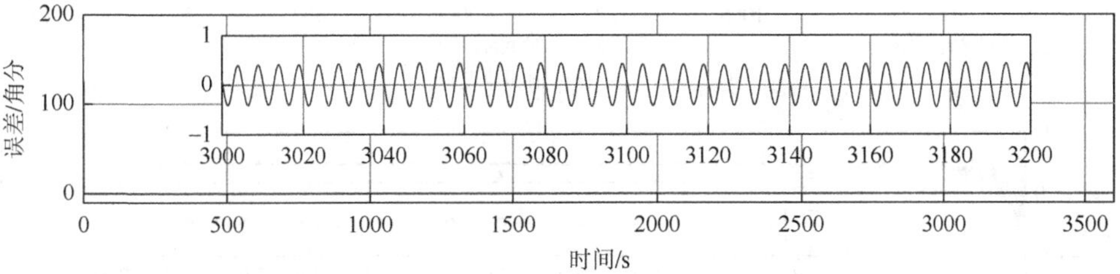


(c) 航向角误差

图 9-15　速度 + 航向匹配方式下的失准角估计曲线

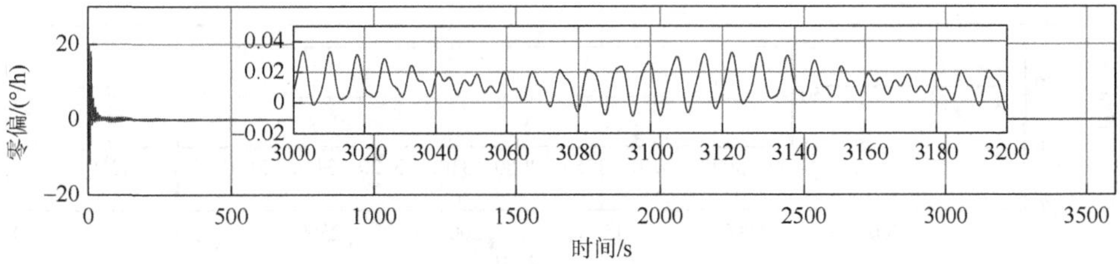


(a) $x$轴陀螺仪

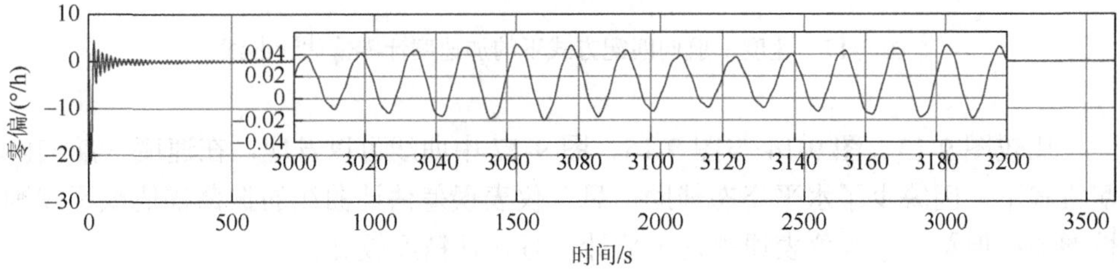


(b) $y$轴陀螺仪

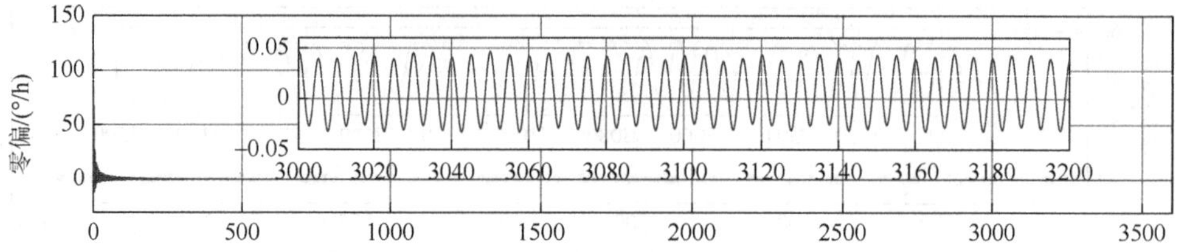


(c) $z$轴陀螺仪

图 9-16　速度 + 航向匹配方式下的陀螺仪零偏估计曲线

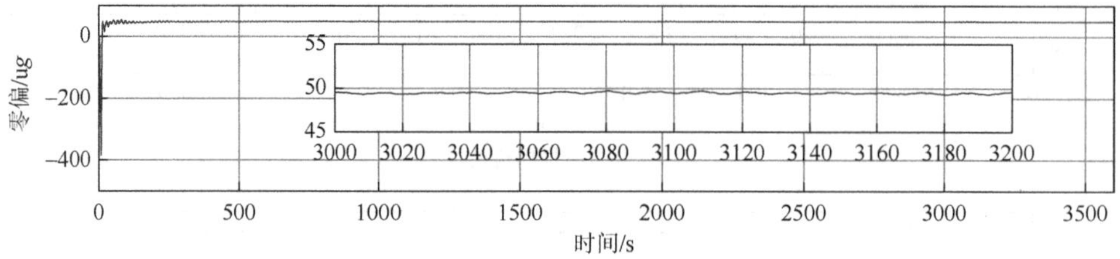


(a) $x$轴加速度计

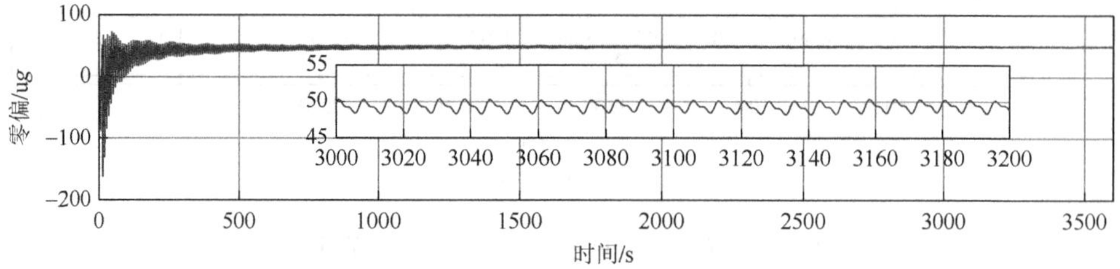


(b) $y$轴加速度计

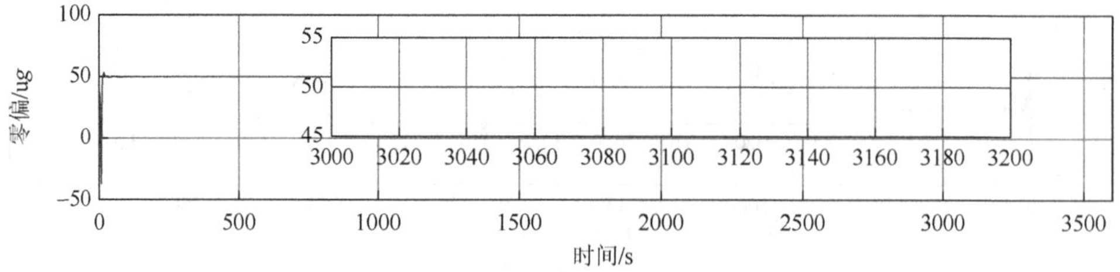


(c) $z$轴加速度计

图 9-17　速度 + 航向匹配方式下的加速度计零偏估计曲线

比较图 9-13、图 9-14 与图 9-16、图 9-17 中曲线可以发现，在速度 + 航向匹配方式下，因缺少了水平姿态辅助信息，仪表误差估计曲线的振荡幅值或不规则性增加；但总体而言仪表误差均可估计，且估计精度较高。

# 9.8　本 章 小 结

本章介绍了传递对准的机理、空间一致性模型以及测量参数匹配、计算参数匹配等。分析了传递对准与组合对准的差异在于空间不一致带来匹配信息的差异。传递对准过程首先需要对因空间不一致带来的误差信息进行分离，方可进行初始对准。

进一步针对挠曲变形难以建模问题，结合舰船特点具体设计了一种基于速度 + 航向匹配的传递对准方案。

# 第 10 章　地磁场辅助解析对准

## 10.1　引　　言

前述各章节介绍的对准方法均对陀螺仪测量精度提出了较高要求。对于 MEMS 惯性器件而言，其精度一般较低，陀螺仪无法感知地球自转，因而由 MEMS 陀螺仪构成的 MEMS-SINS 无法自主实现方位自对准。三轴磁力计可以测量地磁场，从而获得当地磁场北信息，经过磁偏角补偿后获取地理北信息。因此，地磁场信息常被用于辅助低精度 MEMS-SINS 进行航向对准。一般的，MEMS 级 IMU（包括 MEMS 陀螺仪与 MEMS 加速度计）和磁力计组成的系统常用作航姿参考系统。本章讨论航姿参考系统的姿态解析对准。

## 10.2　地磁场辅助解析对准方法及分析

### 10.2.1　地磁场分布特点

地磁场是地球自身的一种物理属性。如图 10-1 所示，类似于当地水平地理坐标系，定义当地地磁场坐标系为 $m$ 。其中，天向轴 $m_U$ 与 $n_U$ 轴重合，$m_N$ 轴平行于当地水平面并指向磁北方向。$m_E$ 轴与 $m_N$ 及 $m_U$ 轴构成右手坐标系。在上述定义中，当不考虑地磁场各类误差时，地磁场分布在 $m_N$ 轴与 $m_U$ 轴构成的磁子午面内；在水平方向上，地磁场沿 $m_E$ 轴的分量为零，而沿 $m_N$ 轴的分量最大。

地磁场在地球上分布并不是沿着南北极方向，地磁场子午面与地理子午面之间存在磁偏角 $D$ ，如图 10-2 所示。对于一个确定的地点而言，磁偏角 $D$ 确定，并具有一定的长期稳定性。磁北与地理北之间可以借助该角度进行转换。

### 10.2.2　地磁场辅助解析方位对准方法

假设三轴磁力计各测量轴与载体坐标系各轴重合，三轴磁力计测量地磁场在载体坐标系上的投影分量，可表示为

$$\boldsymbol{M}^b = [M_x^b \ \ M_y^b \ \ M_z^b]^{\mathrm{T}} \tag{10-1}$$

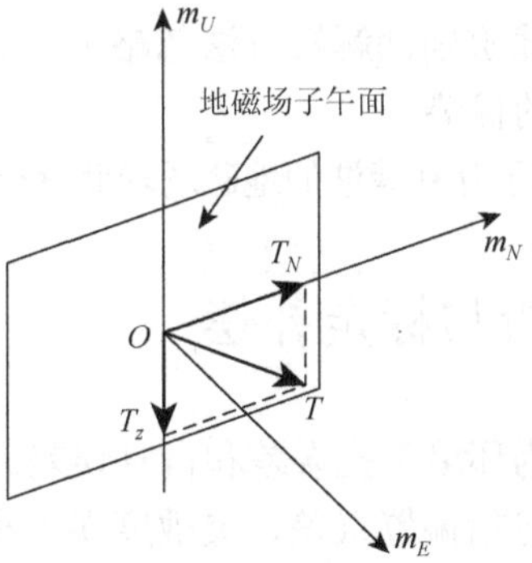


图 10-1　地磁场与地磁场子午面

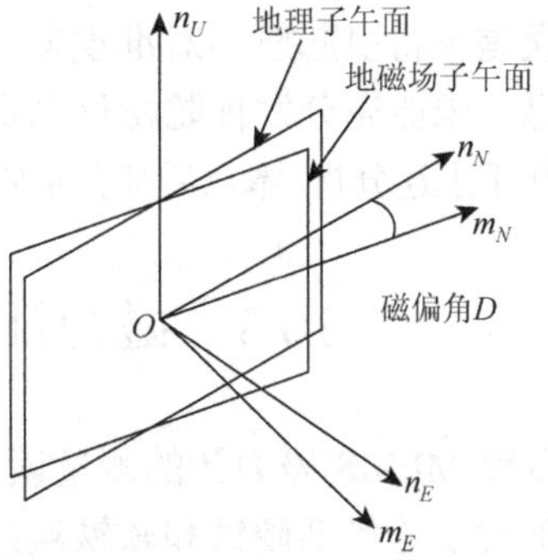


图 10-2　地磁场子午面与地理子午面

利用水平姿态角可将三轴磁力计测量值投影到水平方向：

$$\boldsymbol{M}^L=\boldsymbol{C}_b^L\boldsymbol{M}^b=\begin{bmatrix}\cos\theta & 0 & -\sin\theta\\ 0 & 1 & 0\\ \sin\theta & 0 & \cos\theta\end{bmatrix}\begin{bmatrix}1 & 0 & 0\\ 0 & \cos\gamma & \sin\gamma\\ 0 & -\sin\gamma & \cos\gamma\end{bmatrix}\boldsymbol{M}^b \tag{10-2}$$

式中，$L$ 为水平坐标系，与当地水平地理坐标系 $n$ 相比，该坐标系中不包含北向信息；$\theta$ 与 $\gamma$ 分别为纵摇与横摇角，可以在运载体静止条件下利用加速度计测量值进行求解，具体如下：

$$\begin{cases}\theta=\dfrac{f_y}{\sqrt{f_x^2+f_y^2+f_z^2}}\\ \gamma=-\dfrac{f_x}{\sqrt{f_x^2+f_y^2+f_z^2}}\end{cases} \tag{10-3}$$

在水平坐标系中，磁北方向的磁场分量最大。因而可利用 $\boldsymbol{M}^L$ 水平分量求解磁航向角，具体如下：

$$\psi_M=\arctan\frac{M_y^L}{M_x^L} \tag{10-4}$$

式中，$\psi_M$ 为运载体相对于磁北的偏角，经过象限判断后可获取磁北信息。进一步经过磁偏角补偿后，可以获取地理北信息。

### 10.2.3　地磁场辅助解析方位对准的精度分析

上述求解过程中，直接使用了重力加速度计与磁力计测量数据。磁力计测量数据与重力加速度计数据中均包含了仪表的系统误差与随机误差，也包含了环境带来的干扰。解析过程中上述误差耦合在一起表现为姿态误差，磁力计的标定与补偿成为该方法的重要措施。此外，在进行磁偏角补偿时，地磁场模型带来的磁偏角误差也将引起航向对准误差。进一步，上述磁辅助解析方法忽略了陀螺仪测量信息，未能充分发挥陀螺仪测量短期精度高的优势。

基于上述分析，本章后续介绍磁力计标定与基于互补滤波的地磁场辅助解析对准。

## 10.3 磁力计的误差分析与标定补偿

目前 MEMS 磁力计的测量误差较大，可分为环境干扰误差和自身误差。其中，环境干扰误差包括硬铁和软铁误差，自身误差包括偏置误差、灵敏度误差和非正交误差。

综合考虑上述各误差源，完整的磁力计误差模型可构建如下：

$$\boldsymbol{h}=\boldsymbol{E}_{\mathrm{s}}\boldsymbol{E}_{\mathrm{n}}(\boldsymbol{E}_{\mathrm{si}}\boldsymbol{H}+\boldsymbol{E}_{\mathrm{hi}})+\boldsymbol{E}_0+\boldsymbol{\varepsilon} \tag{10-5}$$

式中，$\boldsymbol{h}=[h_x\ \ h_y\ \ h_z]^{\mathrm{T}}$ 是磁力计的实际输出值；$\boldsymbol{H}=[H_x\ \ H_y\ \ H_z]^{\mathrm{T}}$ 是磁力计无误差时的理论值；$\boldsymbol{E}_{\mathrm{s}}$ 表示灵敏度误差矩阵；$\boldsymbol{E}_{\mathrm{n}}$ 表示非正交误差矩阵；$\boldsymbol{E}_{\mathrm{si}}$ 表示软铁误差矩阵；$\boldsymbol{E}_{\mathrm{hi}}$ 表示硬铁误差向量；$\boldsymbol{E}_0$ 表示偏置误差向量；$\boldsymbol{\varepsilon}$ 表示白噪声。

将式（10-5）整理简化，引入矩阵 $\boldsymbol{K}$ 和向量 $\boldsymbol{b}$，得

$$\boldsymbol{h}=\boldsymbol{KH}+\boldsymbol{b}=\begin{bmatrix}k_{11} & k_{12} & k_{13}\\ k_{21} & k_{22} & k_{23}\\ k_{31} & k_{32} & k_{33}\end{bmatrix}\begin{bmatrix}H_1\\ H_2\\ H_3\end{bmatrix}+\begin{bmatrix}b_1\\ b_2\\ b_3\end{bmatrix} \tag{10-6}$$

式中，矩阵 $\boldsymbol{K}=\boldsymbol{E}_{\mathrm{s}}\boldsymbol{E}_{\mathrm{n}}\boldsymbol{E}_{\mathrm{si}}$ 描述载体受到周围磁场影响后产生的干扰磁场（软磁干扰）；向量 $\boldsymbol{b}=\boldsymbol{E}_{\mathrm{s}}\boldsymbol{E}_{\mathrm{n}}\boldsymbol{E}_{\mathrm{hi}}+\boldsymbol{E}_0$ 描述载体周围环境中的永久磁铁物质引起的干扰磁场（硬磁干扰）。

式（10-6）为描述磁力计误差的经典模型，即泊松模型。对于泊松模型，可以采用 12 位置翻滚法或借助外部姿态参考数据进行最小二乘递推等来得到其 12 个参数。但由于泊松模型包含多达 12 个参数，实际应用过程中操作复杂、计算量大，于是在泊松模型基础上出现了一种简化方法，即椭球拟合补偿法。具体简化方法可描述如下。

对于某一固定位置，可以认为某一时刻的地磁场强度和方向是恒定的。当传感器在空间内任意旋转时，理论值 $\boldsymbol{H}$ 的轨迹位于一个已知球面上，即

$$\|\boldsymbol{H}\|^2=H_0^2 \tag{10-7}$$

式中，$H_0$ 表示磁力计所在位置的地磁场强度。

整理式（10-6），从磁力计测量值中推导理论值，有

$$\boldsymbol{H}=\boldsymbol{K}_c(\boldsymbol{h}+\boldsymbol{B}_c) \tag{10-8}$$

式中，$\boldsymbol{K}_c=\boldsymbol{K}^{-1}$；$\boldsymbol{B}_c=-\boldsymbol{b}$。将式（10-8）代入式（10-7），展开后有

$$\boldsymbol{h}^{\mathrm{T}}\boldsymbol{A}\boldsymbol{h}-2\boldsymbol{b}^{\mathrm{T}}\boldsymbol{A}\boldsymbol{h}+\boldsymbol{b}^{\mathrm{T}}\boldsymbol{A}\boldsymbol{b}=H_0^2 \tag{10-9}$$

式中，$\boldsymbol{A}=\boldsymbol{K}_c^{\mathrm{T}}\boldsymbol{K}_c$。

已知椭球的标准方程为

$$a_1x^2+a_2y^2+a_3z^2+a_4xy+a_5xz+a_6yz+a_7x+a_8y+a_9z=1 \tag{10-10}$$

从几何的角度表示式（10-10）为

$$[x-c_x \quad y-c_y \quad z-c_z]\begin{bmatrix} r_{11} & r_{12} & r_{13} \\ r_{21} & r_{22} & r_{23} \\ r_{31} & r_{32} & r_{33} \end{bmatrix}^{\mathrm{T}}\begin{bmatrix} \lambda_1 & 0 & 0 \\ 0 & \lambda_2 & 0 \\ 0 & 0 & \lambda_3 \end{bmatrix}\begin{bmatrix} r_{11} & r_{12} & r_{13} \\ r_{21} & r_{22} & r_{23} \\ r_{31} & r_{32} & r_{33} \end{bmatrix}\begin{bmatrix} x-c_x \\ y-c_y \\ z-c_z \end{bmatrix}=1$$

整理后可得

$$\begin{cases} [\boldsymbol{X}-\boldsymbol{C}]\boldsymbol{M}[\boldsymbol{X}-\boldsymbol{C}]^{\mathrm{T}}=1 \\ \boldsymbol{X}\boldsymbol{M}\boldsymbol{X}^{\mathrm{T}}-2\boldsymbol{C}\boldsymbol{M}\boldsymbol{X}^{\mathrm{T}}+\boldsymbol{C}\boldsymbol{M}\boldsymbol{C}^{\mathrm{T}}=1 \end{cases} \tag{10-11}$$

式中，$\boldsymbol{X}=[x \quad y \quad z]$表示椭球面上的点；$\boldsymbol{C}=[c_x \quad c_y \quad c_z]$表示球心；$\boldsymbol{M}$为中间变量。$\boldsymbol{C}$、$\boldsymbol{M}$与椭球参数的关系可表达为

$$\boldsymbol{M}=\begin{bmatrix} r_{11} & r_{12} & r_{13} \\ r_{21} & r_{22} & r_{23} \\ r_{31} & r_{32} & r_{33} \end{bmatrix}^{\mathrm{T}}\begin{bmatrix} \lambda_1 & 0 & 0 \\ 0 & \lambda_2 & 0 \\ 0 & 0 & \lambda_3 \end{bmatrix}\begin{bmatrix} r_{11} & r_{12} & r_{13} \\ r_{21} & r_{22} & r_{23} \\ r_{31} & r_{32} & r_{33} \end{bmatrix}=\begin{bmatrix} a_1 & a_4/2 & a_5/2 \\ a_4/2 & a_2 & a_6/2 \\ a_5/2 & a_6/2 & a_3 \end{bmatrix} \tag{10-12}$$

$$\boldsymbol{C}=-\frac{1}{2}[a_7 \quad a_8 \quad a_9]\boldsymbol{M}^{-1} \tag{10-13}$$

比较式（10-11）与式（10-9），可以认为两者的表现形式完全一致，可以认为磁力计的实际输出数据为关于向量$\boldsymbol{h}$的椭球方程。因此，磁力计的误差补偿问题可转变为椭球拟合问题。

标定过程中，可以将磁力计输出数据首先进行归一化处理，即可认为$H_0^2=1$，于是有$\boldsymbol{A}=\boldsymbol{K}_c^{\mathrm{T}}\boldsymbol{K}_c=\boldsymbol{M}$，$\boldsymbol{b}=-\boldsymbol{B}_c=\boldsymbol{C}^{\mathrm{T}}$，只需要将磁力计实际输出值拟合出椭球方程，根据方程系数便可得到$\boldsymbol{K}_c$和$\boldsymbol{B}_c$，从而得到真实的磁场信息。

标定过程中，将$a_{1\sim9}$视为待标定参数，将$x\sim z$视为磁力计输出值，式（10-10）可写成如下形式：

$$\boldsymbol{F}\boldsymbol{X}=1 \tag{10-14}$$

式中，$\boldsymbol{X}=[a_1 \quad a_2 \quad \cdots \quad a_9]^{\mathrm{T}}$；$\boldsymbol{F}$为涵盖了三维空间分布的多组磁力计测量值，具体可表达为

$$\boldsymbol{F}=\begin{bmatrix} x_1^2 & y_1^2 & z_1^2 & x_1y_1 & x_1z_1 & y_1z_1 & x_1 & y_1 & z_1 \\ \vdots & \vdots & \vdots & \vdots & \vdots & \vdots & \vdots & \vdots & \vdots \\ x_n^2 & y_n^2 & z_n^2 & x_ny_n & x_nz_n & y_nz_n & x_n & y_n & z_n \end{bmatrix}$$

利用最小二乘法解超定方程（10-14）有

$$X = (F^{\mathrm{T}}F)^{-1}F^{\mathrm{T}} \tag{10-15}$$

在求解得到 $a_{1\sim9}$ 后，利用式（10-12）和式（10-13）构建矩阵 $\boldsymbol{M}$ 和 $\boldsymbol{C}$ ，并对矩阵 $\boldsymbol{M}$ 进行分解，从而得到磁力计待标定参数 $\boldsymbol{K}_c$ 和 $\boldsymbol{B}_c$ ，从而完成此磁力计的标定。

在完成标定后，利用参数 $\boldsymbol{K}_c$ 和 $\boldsymbol{B}_c$ 对磁力计实际测量值 $\boldsymbol{h}$ 进行如式（10-8）的补偿，即可得到补偿后的参数 $\boldsymbol{H}$ 。

## 10.4 基于互补滤波方法的地磁场辅助解析对准

由于测量原理，加速度计对高频信号较测量，在振动环境下高频干扰较大，低频特性较好；磁力计也具有加速度计相似的特性。而陀螺仪具有较好的动态特性，通过对角速度进行积分来获取角度，具有较好的平滑效果。互补滤波器可充分发挥陀螺仪、加速度计与磁力计的高低频特性，形成优势互补。

一般地，互补滤波器要求两个干扰信号的频率处于不同的范围，通过设置两个滤波器的截止频率来保证融合后的信号能够覆盖预设频率。而在 MEMS 对准的姿态估计中，互补滤波器对陀螺仪使用高通滤波器，以发挥其高频特性较好的优势；对加速度计和磁力计使用低通滤波器，以发挥其低通特性较好的优势。

简单的可以将互补滤波器理解如下：

$$\begin{bmatrix}\theta\\ \gamma\\ \phi\end{bmatrix}_{I,k} = \rho\left(\begin{bmatrix}\theta\\ \gamma\\ \phi\end{bmatrix}_{I,k-1} + \begin{bmatrix}\Delta\theta\\ \Delta\gamma\\ \Delta\phi\end{bmatrix}_{G}\right) + (1-\rho)\left(\begin{bmatrix}\theta\\ \gamma\\ 0\end{bmatrix}_{A} + \begin{bmatrix}0\\ 0\\ \phi\end{bmatrix}_{M}\right) \tag{10-16}$$

式中，$\rho$ 为互补滤波系数；$[\Delta\theta\ \ \Delta\gamma\ \ \Delta\phi]_G^{\mathrm{T}}$ 为当前时刻来自陀螺仪积分的角度增量信息；$[\theta\ \ \gamma\ \ 0]_A^{\mathrm{T}}$ 和 $[0\ \ 0\ \ \phi]_M^{\mathrm{T}}$ 分别为来自加速度计的水平姿态角和磁力计的航向角；$[\theta\ \ \gamma\ \ \phi]_{I,k}^{\mathrm{T}}$ 为 $k$ 时刻利用互补滤波方法融合陀螺仪、加速度计与磁力计信息后得到的结果。在式（10-16）中，系数 $\rho$ 与系数 $1-\rho$ 构成了对陀螺仪、加速度计与磁力计信息的互补应用。

除式（10-16）外，互补滤波器还有其他表达形式，典型的有 Mahnoy 互补滤波器等，此处不再赘述。

## 10.5 本 章 小 结

本章针对低精度 MEMS-SINS 自主航向对准问题，介绍了地磁场辅助航向对准方法。进一步针对磁力计干扰误差问题，介绍了磁力计的标定补偿方法；针对动态条件下的 MEMS 对准，介绍了基于互补滤波的地磁场辅助解析对准方法。

# 参 考 文 献


[1] 袁信，俞济祥，陈哲. 导航系统[M]. 北京：航空工业出版社，1993.

[2] 张树侠，孙静. 捷联式惯性导航系统[M]. 北京：宇航出版社，1999.

[3] 秦永元. 惯性导航[M]. 北京：科学出版社，2006.

[4] Titterton D H，Weston J L. Strapdown Inertial Navigation Technology[M]. 2nd ed. London：Lavenham Press Ltd.，2004.

[5] 万德钧，房建成. 惯性导航初始对准[M]. 南京：东南大学出版社，1998.

[6] 高伟，奔粤阳，李倩. 捷联惯性导航系统初始对准技术[M]. 北京：国防工业出版社，1998.

[7] 王新龙. 捷联式惯导系统动、静基座初始对准[M]. 西安：西北工业大学出版社，2013.

[8] 袁书明，杨晓东，程建华. 导航系统应用数学分析方法[M]. 北京：国防工业出版社，2013.

[9] 严恭敏，李四海，秦永元. 惯性仪器测试与数据分析[M]. 北京：国防工业出版社，2012.

[10] 付梦印，郑辛，邓志红. 传递对准理论与应用[M]. 北京：科学出版社，2012.

[11] 付梦印，邓志红，张继伟. Kalman 滤波理论及其在导航系统中的应用[M]. 北京：科学出版社，2003.

[12] 秦永元，张洪钺，王淑华. 卡尔曼滤波与组合导航原理[M]. 西安：西北工业大学出版社，1998.

[13] 董绪荣，张守信，华仲春. GPS/INS 组合导航定位及其应用[M]. 长沙：国防科技大学出版社，1998.

[14] 严恭敏. 车载自主定位定向系统研究[D]. 西安：西北工业大学，2006.

[15] 严恭敏. 捷联惯导系统动基座初始对准及其它相关问题研究[D]. 西安：西北工业大学，2008.

[16] 练军想，吴文启，吴美平，等. 捷联惯导动基座对准新方法及导航误差抑制技术研究[M]. 北京：国防工业出版社，2016.

[17] 秦永元，严恭敏，顾冬晴，等. 摇摆基座上基于信息的捷联惯导粗对准研究[J]. 西北工业大学学报，2005，23（5）：681-685.

[18] 赵长山，秦永元，白亮. 基于双矢量定姿的摇摆基座粗对准算法分析与实验[J]. 中国惯性技术学报，2009，17（4）：436-440.

[19] Gaiffe T，Cottreau Y，Faussot N，et al. Highly compact fiber optic gyrocompass for applications at depths up to 3000 meters[C]. Presented at IEEE/underwater Technology，Proceeding of the 2000 International Symposium，Tokyo，2000：155-160.

[20] Gaiffe T. From R&D brassboard to navigation grade FOG-Based INS：The experience of Photonetics/Ixsea[C]. Presented at IEEE，Optical Fiber Sensors Conference Technical Digest，Portland，2002：1-4.

[21] Napolitano F，Gaiffe T，Cottreau Y，et al. PHINS：The first high performances inertial

navigation system based on fiber optic gyroscopes[C]. Presented at 9th saint Petersburg International Conference on Integrated Navigation Systems，Saint Petersburg，2002：296-304.

[22] Liu X X，Xu X S，Zhao Y，et al. An initial alignment method for strapdown gyrocompass based on gravitational apparent motion in inertial frame [J]. Measurement，2014，55：593-604.

[23] Liu X X，Liu X J，Song Q，et al. A novel self-alignment method for SINS based on three vectors of gravitational apparent motion in inertial frame [J]. Measurement，2015，62：47-62.

[24] 练军想，汤勇刚，吴美平. 捷联惯导惯性系动基座对准算法研究[J]. 国防科技大学学报，2007，29（5）：95-99.

[25] 李瑶，徐晓苏，吴炳祥. 捷联惯导系统罗经法自对准[J]. 中国惯性技术学报，2008，16（4）：386-389.

[26] 徐博，郝燕玲. 航行状态下罗经回路初始对准方法误差分析[J]. 辽宁工程技术大学学报，2012，31（1）：46-49.

[27] 徐博，陈春，郝燕玲，等. 动基座捷联罗经初始对准误差分析[J]. 系统工程与电子技术，2013，35（4）：812-819.

[28] 翁浚，严恭敏，秦永元，等. 基于大失准角时变参数罗经初始对准算法[J]. 中国惯性技术学报，2012，20（4）：425-429.

[29] 朱兵，许江宁，何泓洋，等. 粒子群算法优化的捷联罗经初始对准方法[J]. 中国惯性技术学报，2017，25（1）：47-51.

[30] 严恭敏，严卫生，徐德民. 逆向导航算法及其在捷联罗经动基座初始对准中的应用[C]. 中国控制会议，昆明，2008.

[31] 何泓洋，许江宁，李京书，等. 捷联惯导系统改进回溯快速对准方法[J]. 中国惯性技术学报，2015，23（2）：179-183.

[32] 刘义亭，徐晓苏，张涛，等. 基于外参考速度辅助的行进间罗经法对准[J]. 中国惯性技术学报，2015，23（2）：165-171.

[33] 经张俊，程向红，王宇. 捷联罗经的动基座自对准技术[J]. 中国惯性技术学报，2009，17（4）：408-412，418.

[34] 周琪，杨鹏翔，秦永元. 基于自抗扰控制技术的捷联罗经对准算法[J]. 控制与决策，2011，26（9）：1386-1390.

[35] 孟乐中，何英. 自主定向系统快速对准方法研究[J]. 导航定位与授时，2014，1（3）：31-36.

[36] 孟祥涛，蔡春龙. 罗经回路在船用航姿系统中的应用与工程实现[J]. 中国舰船研究，2008，3（6）：61-65.

[37] Liu X X，Xu X S，Wang L H，et al. A fast compass alignment method for SINS based on saved data and repeated navigation solution [J]. Measurement，2013，46（10）：3836-3846.

[38] Wu M P，Wu Y X，Hu X Q，et al. Optimization-based alignment for inertial navigation systems：Theory and algorithm[J]. Aerospace Science and Technology，2011，15（1）：1-17.

[39] Wu Y，Wang J，Hu D. A new technique for INS/GNSS attitude and parameter estimation using online optimization[J]. IEEE Transactions on Signsal Processing，2014，62（10）：2642-2655.

[40] 覃方君，李安，许江宁. 基于正逆向与降噪的捷联惯导改进快速对准方法[J]. 中国惯性技术学报，2014，22（4）：453-458.

[41] Wu Y X，Pan X F. Velocity/position integration formula part I：Application to in-flight coarse

alignment[J]. IEEE Transactions on Aerospace and Electronic Systems，2013，49（2）：1006-1023.

[42] Wu Y X，Pan X F. Velocity/position integration formula part II：Application to strapdown inertial navigation computation [J]. IEEE Transactions on Aerospace and Electronic Systems，2013，49（2）：1024-1033.

[43] 高伟，郝燕玲，蔡同英. 摇摆状态下捷联惯导系统初始对准技术的研究[J]. 中国惯性技术学报，2004，12（3）：15-19.

[44] 陈刚，刘红光，王戈，等. 机动对速度匹配法传递对准效果的影响[J]. 中国惯性技术学报，2010，18（6）：653-659.

[45] 张崇猛，刘红光，陈伟，等. 舰载武器捷联惯导速度匹配传递对准技术研究[J]. 导航与控制，2012，11（4）：10-14.

[46] 宋丽君，秦永元，严恭敏. $H_\infty$次优滤波在速度姿态匹配传递对准中的应用[J]. 传感技术学报，2012，25（1）：49-52.

[47] 马智渊，石志勇，王志伟. 捷联惯导/里程计组合导航技术[J]. 火力与指挥控制，2017，42（2）：183-187.

[48] 铁俊波，吴文启，李万里. 惯性/里程计组合导航无地标行进中自主对准[J]. 导航与控制，2013，12（2）：1-6.

[49] 王跃钢，雷堰龙，蔚跃，等. 基于观测量扩展的捷联惯导动基座快速初始对准[J]. 科学技术与工程，2013，13（3）：636-640.

[50] 刘德森，顾浩，余云智. SINS/GNSS 自适应反馈校正滤波[J]. 指挥控制与仿真，2013，35（6）：109-112.

[51] 刘百奇，房建成. 一种基于可观测度分析的 SINS/GPS 自适应反馈校正滤波新方法[J]. 航空学报，2008，29（2）：430-436.

[52] 杨晓霞，阴玉梅. 可观测度的探讨及其在捷联惯导系统可观测性分析中的应用[J]. 中国惯性技术学报，2012，20（4）：405-409.

[53] 林敏敏，房建成，高国江. GPS/SINS 组合导航系统混合校正卡尔曼滤波方法[J]. 中国惯性技术学报，2003，11（3）：29-33.

[54] 赵俊波，葛锡云，冯雪磊. 水下 SINS/DVL 组合导航技术综述[J]. 水下无人系统学报，2018，26（1）：2-9.

[55] 徐晓苏，潘永飞，邹海军. 基于自适应滤波的 SINS/DVL 组合导航系统[J]. 华中科技大学学报（自然科学版），2015，43（3）：95-99，106.

[56] 曹洁，刘繁明，陈勤，等. AUV 中 SINS/DVL 组合导航技术研究[J]. 中国航海，2004，59（2）：55-59.

[57] 杨晓霞，黄一. 激光捷联惯导系统的一种系统级标定方法[J]. 中国惯性技术学报，2008，16（1）：1-7.

[58] Kain J E，Cloutier J R. Rapid transfer alignment for tactical weapon applications [C]. Proceedings of the AIAA Gurdance，Navigation and Control Conference，Boston，1989：1290-1300.

[59] 顾冬晴. 机载战术武器的传递对准及其精度评估研究[D]. 西安：西北工业大学，2004.

[60] 郝曙光，张洪钺. 几种传递对准方程的比较研究[J]. 中国惯性技术学报，2003，（6）：53-58，63.

[61] 康望东，薛祖瑞. 最优匹配处理滤波器在传递对准的应用[J]. 中国惯性技术学报，1994，2（3）：18-24.

[62] 鲁浩，王进达，李群生，等. 一种消除杆臂挠曲运动影响的传递对准方法[J]. 导弹与制导技术，2017，37（2）：44-48.

[63] 关劲，蔡同英，高伟. 捷联惯导角速度匹配传递对准方法研究[J]. 中国惯性技术学报，2005，13（3）：10-13.

[64] 徐景硕，王晓飞，罗恬颖，等. 两种组合匹配方案在舰载传递对准中的应用[J].计算机仿真，2015，32（11）：63-66.

[65] 黄昆，单福林，杨功流，等. 舰载角速度匹配传递对准方法研究[J]. 中国惯性技术学报，2005，13（4）：1-5.

[66] 孔星炜，董景新，郭美凤. 速度与角速度双积分匹配传递对准[J]. 清华大学学报（自然科学版），2011，51（4）：443-447.

[67] 秦永元，苏身榜，俞济祥，等. 捷联惯导传递对准精度的精确评估[C]. 中国惯性技术学会第四届学术年会论文集，1999，（11）：32-35.

[68] 李文新，闫敦才，潘天峰. 传递对准精度评定指标研究[J]. 兵工自动化，2016，35（10）：17-18，30.

[69] 何昆鹏，吴简彤，胡文彬，等. 船用武器捷联姿态基准系统快速传递对准方法研究. 中国惯性技术学报，2003，11（3）：1-6.

[70] 徐晓苏，万德钧. 杆臂效应对捷联惯性导航系统初始对准精度的影响及其在线补偿方法研究[J]. 中国惯性技术学报，1994，2（2）：22-27.

[71] 江红，张炎华，赵忠华.捷联惯性导航系统传递对准的杆臂效应分析[J]. 中国造船，2006，47（4）：71-75.

[72] 李蓓，高伟，王嘉男，等. 传递对准中杆臂效应误差的补偿研究[J]. 导弹与制导技术，2008，28（6）：49-52.

[73] 高伟，张亚，孙骞，等. 传递对准中杆臂效应的误差分析与补偿[J]. 仪器仪表学报，2013，34（3）：559-565.

[74] 陈凯，鲁浩，闫杰. 传递对准姿态匹配的优化算法[J]. 航空学报，2008，29（4）：981-987.

[75] 陈凯，鲁浩，闫杰. 快速传递对准方程与传统传递对准方程的一致性研究[J]. 西北工业大学学报，2008，26（3）：326-330.

[76] 陈维娜，刘建业，曾庆化. 基准信息误差对传递对准的影响分析与补偿方法[J].兵工自动化，2018，37（2）：29-33.

[77] 夏家和，张金亮，雷宏杰. 一种改进的速度加姿态匹配快速传递对准算法[J]. 中国惯性技术学报，2017，25（1）：17-21.

[78] 刘镇波，李四海，王珏，等. 相对姿态匹配传递对准方法[J]. 系统工程与电子技术，2014，36（8）：1619-1625.

[79] 龙瑞，秦永元，张剑慧. 车载战术导弹传递对准仿真研究[J]. 测控技术，2012，32（2）：127-129，134.

[80] 蒋新磊，王跃钢，杨家胜. 车载惯导系统传递对准匹配算法研究[J]. 现代防御技术，2015，43（5）：88-93.

[81] 王清哲，付梦印，肖烜，等. 基于惯性参考系基准的快速传递对准方法[J]. 中国惯性技术

学报，2012，20（2）：168-172.
[82] 陈雨，赵剡，张华强. 传递对准中机翼弹性变形处理[J]. 火力与指挥控制，2013，38（6）：111-114.
[83] 肖艳霞，张洪钺. 考虑机翼弹性变形时的传递对准方法研究[J]. 航天控制，2001，19（2）：27-35.
[84] 解春明，赵剡，王纪南. 传递对准中机翼弹性变形建模与滤波处理[J]. 北京航空航天大学学报，2010，36（8）：931-935.
[85] 刘昕，邓志红，王博. 不确定挠曲变形干扰下基于多模型滤波的传递对准方法[J]. 系统工程与电子技术，2013，35（10）：2145-2151.
[86] 孙昌跃，邓正隆. 舰体挠曲运动在线建模研究[J]. 系统工程与电子技术，2007，29（2）：243-245.
[87] 赵国荣，周大旺，吴进华. 主/子惯导舰上标定挠曲变形补偿方法综述[J]. 海军航空工程学院学报，2015，30（3）：227-234.
[88] 万德钧，刘玉锋. 消减舰船变形的影响和为全舰提供高精度姿态基准[J]. 中国惯性技术学报，2005，13（4）：77-82.
[89] 汪顺亭，汪湛清，朱昀炤，等. 船体变形的监测方法及其对航向姿态信息的修正[J]. 中国惯性技术学报，2007，15（6）：635-641.
[90] 朱昀炤，汪顺亭，缪玲娟，等. 船体变形测量技术综述[J]. 船舶工程，2007，29（6）：58-61.
[91] 夏家和，雷宏杰，李华，等.考虑时空基准差异的传递对准算法研究[J]. 导航定位与授时，2016，3（1）：25-28.
[92] 夏家和，秦永元，赵长山. 传递对准中主惯导参考信息滞后处理方法研究[J]. 兵工学报，2009，30（3）：342-345
[93] 张勇刚，张云浩，李宁. 基于互补滤波器的 MEMS/GPS/地磁场组合导航系统[J]. 系统工程与电子技术，2014，36（11）：2272-2279.
[94] 马龙，张锐，苏志刚. 磁强计辅助 MEMS 惯性器件的新型数据融合算法[J]. 计算机测量与控制，2014，22（8）：2518-2522.
[95] 程向红，万德均.捷联惯导系统的可观测性和可观测度研究[J].东南大学学报，1997，27(6)：6-11.
[96] Goshen-Meskin D，Bar-Itzhack I Y. Observability analysis of piece-wise constant systems. I. theory [J]. IEEE Transactions on Aerospace and Electronic Systems，1992，4（4）：1056-1067.
[97] Goshen-Meskin D，Bar-Itzhack I Y. Observability analysis of piece-wise constant systems. II. application to inertial navigation（military applications）[J]. IEEE Transactions on Aerospace and Electronic Systems，1992，4（4）：1068-1075.
[98] 姜军，杨亚非. SINS/GPS 组合导航系统初始对准的可观测度分析[J]. 哈尔滨工业大学学报，2007，39（7）：1025-1027，1075.
[99] 孙钰琛，段凤阳，陈鹏. 基于可观测度分析的捷联惯导初始对准方法[J]. 压电与声光，2014，36（3）：380-383，388
[100] 戴洪德，陈明，周绍磊，等. 一种新的快速传递对准方法及其可观测度分析[J]. 宇航学报，2009，30（4）：1449-1454.
[101] 张红良. 陆用高精度激光陀螺捷联惯导系统误差参数估计方法研究[D]. 长沙：国防科技大

学，2010.

[102] 王荣颖，许江宁，卞鸿巍. 基于可观测性分析的方位旋转式惯导初始对准仿真研究[J]. 中国惯性技术学报，2009，17（1）：15-19.

[103] 王琦，高春峰，应智慧. 捷联惯导系统单位置初始对准可观测性分析[J]. 中国激光，2018，45（1）：18-23.

[104] 钟斌，陈广学，查峰. 基于 PWCS 理论的单轴旋转惯导系统初始对准的可观测性分析[J]. 海军工程大学学报，2012，24（6）：11-15.

[105] 马艳红，胡军. 基于 SVD 理论的可观测度分析方法的几个反例[J]. 中国惯性技术学报，2008，16（4）：448-452，457.

[106] 孔星炜，董景新，吉庆昌，等. 一种基于 PWCS 的惯导系统可观测度分析方法[J]. 中国惯性技术学报，2011，（6）：631-636，641.

[107] 赵琳，李亮，孙明，等. 基于 SVD 的 SINS 多位置对准可观测性分析[J]. 中国惯性技术学报，2008，16（5）：523-528.

[108] 高社生，王海维，倪龙强. 局部可观测理论在惯导系统快速传递对准中的应用[J]. 中国惯性技术学报，2007，15（6）：642-645.

[109] 肖佳敏，朱锋，张小红. GNSS/SINS 松组合系统的可观测性分析[J]. 导航定位学报，2018，6（4）：35-41，74.

[110] Wu Y X，Zhang H L，Wu M P，et al. Observability of strapdown INS alignment：A global perspective[J]. IEEE Transactions on Aerospace and Electronic Systems，2012，1（1）：78-102.